国粹文丛

古耜 \ 主编

风雅楼庭

马 力 \ 著

中国言实出版社

图书在版编目（CIP）数据

风雅楼庭 / 马力著. -- 北京：中国言实出版社，
2018. 10
　　（国粹文丛 / 古耜主编）
　　ISBN 978-7-5171-2853-3

　　Ⅰ.①风… 　Ⅱ.①马… 　Ⅲ.①散文集－中国－当代
Ⅳ.①I267

　　中国版本图书馆 CIP 数据核字（2018）第 151692 号

出 版 人：王昕朋
总 监 制：朱艳华
责任编辑：严　实
文字编辑：赵　歌
出版统筹：冯素丽
　　　　　张　强
责任印制：佟贵兆
封面设计：杰瑞设计

出版发行　**中国言实出版社**
　　　　　地　址：北京市朝阳区北苑路 180 号加利大厦 5 号楼 105 室
　　　　　邮　编：100101
　　　　　编辑部：北京市海淀区北太平庄路甲 1 号
　　　　　邮　编：100088
　　　　　电　话：64924853（总编室）　64924716（发行部）
　　　　　网　址：www.zgyscbs.cn
　　　　　E-mail：zgyscbs@263.net
经　　销　新华书店
印　　刷　北京温林源印刷有限公司
版　　次　2019 年 6 月第 1 版　　2019 年 6 月第 1 次印刷
规　　格　710 毫米 ×1000 毫米　1/16　20.5 印张
字　　数　264 千字
定　　价　68.00 元　　ISBN 978-7-5171-2853-3

活着的传统　身边的国粹

——国粹文丛总序

古　耕

在实现中华崛起、民族复兴的伟大历史进程中，文化自信至关重要。而若要问：文化自信"信"什么，哪里来？这就不能不涉及优秀的中国传统文化——对于国人而言，优秀的传统文化既是孕育文化自信的沃土，又是支撑文化自信的基石。唯其如此，我们说：从中国历史的特定情境出发，坚守中国文化立场，赓续中国文化血脉，弘扬中国文化风范，重建中国文化传统，是历史的嘱托，也是时代的呼唤。

怎样才能把优秀的传统文化发扬光大，使其重新进入国人的精神生活与社会实践？围绕这个大题目，一些专家学者发表了很有建设性的意见。譬如刘梦溪先生在一次演讲中就郑重指出："传统的重建，有三条途径非常重要：一是经典文本的研读；二是文化典范的熏陶；三是文化礼仪的训练。"（《文学报》2010 年 4 月 8 日）应当承认，刘先生的观点高屋建瓴而又切中肯綮。事实上，近年来中国传统文化在全社会的强势回归与有效传播，也主要是从这三个方面展开的。

在刘先生所指出的三条路径中，所谓"经典文本研读"，自然是指对承载着传统文化基本精神与核心理念的经典著作进行研究和解读。这方面的工作以学术界为主体，着重在"知"的层面展开，其系统梳理和准确诠释固然必不可少，但更重要的恐怕还是立足于时代的高度，扬长避短，推陈出新，最终实现传统文化的创造性转化和创新性发展。而所谓"文化礼仪训练"，则包含对人，尤其是对青年一代进行思想、伦理、道德教育的内容，因而涉及学校、家庭、社会等多个领域，并更多联系着"行"——付诸实践，规范行为的因素。《论语·泰伯》曰："兴于诗，立于礼，成于乐。"意思是说，达"礼"行"礼"是人在社会上安身立命的根本和标志。孔子所言之"礼"与今日所兴之"礼"，固然有着本质不同，但圣人对礼的高度重视和反复强调，却依旧值得我们作"抽象继承"（冯友兰语）。

相对于"经典文本研读"和"文化礼仪训练"，刘先生所强调的"文化典范熏陶"，显然是一项"知"与"行"相结合的大工程。毫无疑问，在通常情况下，"文化典范"自然包括先贤佳制、经典文本，只是在刘先生演讲的特定语境和具体思路中，它应当重点指那些有物体、有形态，可直观、可触摸的优秀文化遗存。如古建筑、古村落、著名的人文胜迹、杰出的历史人物，还有艺术层面的书法、国画、戏剧、民歌、民间工艺，器物层面的"四大发明"，以及青铜、陶瓷、漆器、丝绸、茶叶、中药，等等。如果这样理解并无不妥，那么可以断言，刘先生所说的"文化典范"在许多方面同非物质文化遗产有交集、有重合，就其整体而言，则属于一种依然活着的传统，是日常生活里可遇可见的国粹。显而易见，这类文化遗产因自身的美妙、鲜活、具体和富有质感，而别有一种吸引力、亲和力与感染力。将它们总结盘点，阐扬光大，自然有益于现代人在潜移默化中走近传统文化，加深对它的理解，提高对它的认识，增强对它的感情，进而将其融入生活和生命，化作内在的、自觉的价值遵循。这应当是"典范熏陶"的优势和力量所在。

正是基于以上体认，笔者产生了一种想法：把自己较为熟悉和了解的当下散文创作同文化典范熏陶工作嫁接起来，策划组织一套由优秀作家参与、以艺术和器物层面的"文化典范"为审视和表现对象的原创性散文丛书，以此助力传统文化的重建与发展。这一想法很快得到中国言实出版社社长、实力小说家王昕朋先生的积极认同。在他的鼎力支持和热情推动下，一套视野开阔、取材多样、内容充实的"国粹文丛"，顺利地摆在读者面前。

"国粹文丛"包含十位名家的十部佳作，即：瓜田的《字林拾趣》，初国卿的《瓷寓乡愁》，乔忠延的《戏台春秋》，王祥夫的《画魂书韵》，吴克敬的《触摸青铜》，刘华的《大地脸谱》，刘洁的《戏里乾坤》，马力的《风雅楼庭》，谢宗玉的《草木童心》，张瑞田的《砚边人文》。

以上十位作家尽管有着年龄与代际的差异，但每一位都称得上是笔墨稔熟、著述颇丰的文苑宿将，其中不乏国内重要奖项的获得者。长期以来，他们立足不尽相同的体裁或题材领域，驱动各自不同的文心、才情与风格、手法，大胆探索，孜孜以求，其粲然可观的创作成绩，充分显示出一种植根生活，认知历史，把握现实，并将这一切审美化、艺术化的能力。这无疑为"国粹文丛"提供了作家资质上的保证。

值得特别指出的是，这十位作家不仅是文学创作的行家里手，而且大都有着相当专注的个人雅爱，乃至堪称精深的专业修养和艺术造诣。如王祥夫是享誉艺苑的画家、书法家；张瑞田是广有影响的书法鉴赏家和书法家；吴克敬是登堂入室的书法家，也是有经验的青铜器研究者；初国卿常年致力于文化研究与文物收藏，尤其熟悉陶瓷历史，被誉为国内"浅绛彩瓷收藏与研究的标志性人物"；刘华多年从事民间艺术和民风民俗的田野调查与理论探照，不仅多有材料发现，而且屡有著述积累；马力一生结缘旅游媒体，名楼胜迹的万千气象，既是胸中丘壑，又是笔端风采；乔忠延对历史和文物颇多关注，而在戏剧和戏台方面造诣尤深，曾有为关汉卿作传和遍访晋地古戏台的经历；瓜田作为大刊物的大编辑，一向钟情于汉字研究，咬文嚼字是其兴趣所在，也是志业所求；刘洁喜欢中国戏剧，所以在戏剧剧本里寻幽探胜，流连忘返；谢宗玉热爱家乡，连带着关心家乡的草木花卉，于是发现了遍地中药飘香。显然，正是这些生命偏得或艺术"兼爱"，使得十位作家把自己的主题性、系列性散文写作，从不同的门类出发，最终聚拢到中国传统文化的大向度之下。于是，"国粹文丛"在冥冥之中具备了翩然问世的可能。

"红白莲花共玉瓶，红莲韵绝白莲清。"我想，用宋人杨万里的诗句来形容这套"各还命脉各精神"的"国粹文丛"，大约算不得夸张。愿读者能在生活的余裕和闲暇里，从容步入"国粹文丛"的形象之林和艺术之境，领略其神髓，品味其意蕴！

戊戌秋日于滨城

| 目　　录

兰　亭

在兰亭的竹荫荷影里走，晋人的名士气韵虽已远，也能入心，易于惹我对旧物和古境着迷。

山中风景，颇近桃花源，也就宜邀竹林七贤歌啸或者陶翁耕锄。曾巩谓"方羲之之不可强以仕，而尝极东方，出沧海，以娱其意于山水之间"，是摹状性情之笔。魏晋文人的所好，一是服丹散，一是醉自然，旁的，难说。

右军祠廊下的碑刻，多以王羲之为宗，气象虽然难比长安城里的古碑之林，但放在这里，可以使山阴道在人烟竹树、畦花河桥之外，别添一种深邃的美，犹胜新稻之香。兰渚、鉴湖一带，恍若可望长髯翁叟笔落山水，笑伴牧童清歌。河岸鳞瓦万家，同鲁迅《故乡》中"苍黄的天底下，远近横着几个萧索的荒村"的深冬景象，大不相近。

墨华亭独在池水之上，有人坐在那里摇扇，门外荷花送来一片碧影。亭上一联颇好，是"竹阴满地清于水，兰气当风静若人"，似能应景。

竹篱那边，一道清溪流淌翠峦下。水清，沙石可数。柳河东笔下的小石潭画意并非永州一地独有。也似曲水流觞，漂浮一段修禊故事吗？听流水音，吟千家诗，意在寄远，虽带有游戏味道，其雅，却正同艺术的本质相合。它的出现，也只有在魏晋。

"鹅池"和"兰亭"碑都看了，已无纸上淋漓的墨气。在吴冠中先生看来，写成的字刻成碑，往往面目全非。我也有同感。

《兰亭集序》碑，甚高大，是康熙临帖之笔，风神不似右军。一篇序，值得流连于前，多次念兼吟味（无法上比李世民，爱其翰墨，竟一同带入地下，永伴墓中尸骨）。袁宏道谓："晋人文字，如此者不可多得。"我赞同他的话。

在兰亭，所获是正始、太康那一般文人遗下的散逸风度，书法气象仿佛还不是最要紧。

《越绝书》记，此地旧为越王勾践种兰之地，来这里的人，恐怕不会想起他。

兰亭近旁，有王阳明墓。我曾经写过一篇《游墓》，记所看的古人之冢，当然是只看不吊。自以为还可以添续文。这位儒林丈人的葬地近在眼前，四百年后能来，虽是不期然，也算得了机缘，纵使未入其门庭，明白姚江学派之旨，总也该看一眼。竟未成，只好摇头短叹。

烟 水 亭

洪迈《容斋随笔》有《亭榭立名》篇，云："立亭榭名最易蹈袭，既不可近俗，而务为奇涩，非是。"甘棠湖中的烟水亭，取名恰好，得意境哉。石桥曲折，延及水面，载游客入亭内。粉墙浮于碧波，若素衣佳人偎青莲。望长堤卧湖，翠痕一线。匡庐秀峰如云墨染高空，湖天常浸雨色，仿佛丹青溶于纸帛，真也是烟水如梦之美了。一亭一湖，犹浔阳之眉目。

庐山泉自深涧奔泻，下注为湖，甘棠始得峰谷灵气，亦仿佛专为年少有美才的周公瑾辟出一片操练水军的天地。临水筑阁，传为点将台。壁有景德镇瓷砖画（我在白帝城也曾见过这样的作品，多绘三国故事），题"周瑜在柴桑"，形象颇合罗贯中所状周郎神貌："姿质风流，仪容秀丽。"同陈寿笔下"瑜长壮有姿貌"六字也能相符。瑜所执为剑为旗，像是未有"勇士用之颇壮观"的一柄逍遥羽扇。画中人和景，焯有波澜。在这里镌刻苏东坡的《念奴娇·赤壁怀古》，似为必要。

烟水亭形近一座湖上宫苑。檐楹廊柱，杂以名花美竹，望之有龙楼凤阁气象。肇基者应当是江州司马白居易，听歌女唱愁而泪湿青衫，琵琶曲随他的那首七言歌行而久响未绝。白居易谪降卧病江州三年，留下的，一是《琵琶行》，二是这座亭。亭，初以"别时茫茫江浸月"句而名浸月亭。易为"烟水亭"则是明代故实。昔周敦颐下庐山莲花峰来九江讲学，其子筑亭湖上，取"山头水色薄笼烟"之意赋亭以名。同浸月亭争胜乎？唐宋二亭俱废毁，明末在浸月亭旧址重建，亭成，却将烟水亭之名移此。明人取的是中庸之法，其实也可以不必大费斟酌，两个名字都能融合风景，无有高下。

烟水亭是浮在甘棠湖上的建筑小品，很玲珑，可入怀袖间。离热闹街市，闲行至此，正宜凭栏静读这一幅檐牙出墙的图画，以为极胜之景，诚心与风物会意处。亭榭巧借远山近水，互有掩映，其妙全在结构，得盆景雅趣，犹山人隐居之所。湖光的映衬仿若繁花后的碧叶，且最喜飞雨流云下的微茫烟水、缥缈江波，浓浓淡淡，当效柴桑之翁，聊寄一缕闲逸耳。

殿中悬一架编钟，推想风荷飘举的月皎之夜，必能一发清音，声响吴楚江天。能符汉代宫商否？风流的周郎，长于兵战，亦精音律，善闻弦歌而知雅意，是风采清越之人。《释常谈》："每有筵宴，所奏音乐小有误失，瑜必举目瞪视，时人曰：'曲有误，周郎顾。'"性之所好，大约也是近雅乐而远郑声。然瑜虽雅尚闻弦赏音，也只是谈笑间事，他更喜战帆飞大江。故白使君低叹："浔阳地僻无音乐，终岁不闻丝竹声。"照我的看法，无论汉唐或者周秦，有庐阜际天，有鄱阳涌地，渔唱菱歌、山谣村笛总该飘响于浔阳江畔、枫叶荻花、黄芦苦竹的摹状，像是过于萧瑟了。清爽之气从湖山来，以拂虚室闲堂，便有小蓬莱之观。烟水亭宜于碧柳画桥、风帘翠幕，有别于观沧海横流或听赤壁惊涛。

三 醉 亭

"宽心应是酒,遣兴莫过诗"这副对联,是我近日从一张报纸上读来的。当时便想到,若拿来形容岳阳的三醉亭,怕是最能领略出一番沧桑的。

三醉亭居岳阳楼之左。或许因了岳阳楼气势太壮伟,名声也太大,占尽了洞庭湖畔风光的缘故,常人便容易忽略这座亭子。其实,一讲到八仙中的吕洞宾,众人不会感到陌生。他的名字能从唐代流传到今天,可见绝不是朝暮人物。这亭子也值得人们流连一番,因为它是专为纪念吕洞宾才建的。

吕洞宾通常被称作诗酒神仙。他的诗名按说不怎么响亮。我只从书上读过他的这四句:"朝游百粤暮苍梧,袖里青蛇胆气粗。三醉岳阳人不识,朗吟飞过洞庭湖。"诗含癫狂的野气而少文翰场上的博雅之风,这和他的身世有关。吕洞宾两次考进士,都未中,走不了古来读书为官的路。仕途枯寂如牢笼,倒是隐逸逍遥于大自然中可喜。交友清山秀水,邀伴日月星辰,形胜之处没有留下他的足迹的地方恐怕很少。尤其这岳阳,吕洞宾临洞庭,眺君山,三醉于此,"酒仙"的大名也就远远近近传扬开去,以至千载。他实在太飘逸,传说中便让他沾上了神气——得异人剑术,获长生不死之秘诀,百岁童颜，行走若飞，能朝发岳鄂，暮至苍梧，顷刻而数百里。无论是扶摇青天的大鹏，还是坐地日行的吕仙，都代表一派超然的道家风范。亭为二层，有吕洞宾木雕坐像和彩绘卧像各一，游人真可放开眼底乾坤，吞尽胸中云梦，把酒吟诗了。

吕仙看来是很出世的，可这座亭子却依岳阳楼而建，颇有意思。重修"岳阳天下楼"的滕子京，是赞成"庆历新政"的改革者；写《岳阳楼记》的范仲淹亦是这类人物。所著名文，"忧乐天下"是明显的主题。他们在政治上是积极入世的，绝不像吕道人活得那么轻松恣纵。这就形成了一种境界上的差歧，也能够看出修楼筑亭者的复杂心态，亦反映了漂泊于宦海中的求仕者进退浮沉时的矛盾情绪，这是中国旧知识分子的两重性格。闲云野鹤、晨风夜雨、柳岸眠琴、碧江钓月是他们向往的境界，享乐于内心，又不失清雅的人品。仲长统讲得很明白："名不长存，人生易灭；优游偃仰，可以自娱。"他们既慨叹人生无常，命如朝露，又并不真正排斥做官举大业，至多是一种表面的清高或情绪上的贬抑，故常在"身闲"和"心未闲"之间徘徊，不甘草野又崖岸自高，他生未卜此生休，这其实是很痛苦的。这两种情绪上升为理性，其代表便是中国传统文化中的儒与道。抽象的哲学思想竟在洞庭湖畔以建筑形式寻求到了巧妙的对应，也显示出一种深刻。这里的楹联也常常把二者相互论及："湖景依然，谁为长醉吕仙，理乱不闻唯把酒；昔人往矣，安得忧时范相，疮痍满目一登楼。"很明显，撰联语者也在进行一种糅合，着意把复杂融于单纯，抹平灵魂上痛楚的褶皱。读过这类楹联，我们也自然会在苦笑声中领略传统型的中国知识分子的形貌。

"无声的诗""凝固的音乐""沉默的历史"，都是对建筑的譬喻，很有道理。特别是文物古迹，能够让人读出千百年的沧桑，观览才不是一般性的游目，而具有了历史和文化的品格。

嗜旧也能生津。超脱和功名、独善其身与兼济天下，这种由封建社会形

态铸造出的悲剧性格和矛盾的灵魂，只有在民主政治谐畅的和风中，才能够
褪尽锈蚀，萌生绿色的新芽。

　　岳阳的古旧文物，让人在历史的甲骨中获得哲学的思考。这座三醉亭只
醉过吕洞宾，好在游人清醒，自然不会以一双蒙眬醉眼去看世界。

仙 梅 亭

岳阳楼侧，一亭翼然，曰"仙梅亭"。飞檐流丹，琉璃溢翠，形如一株蓬勃古梅，自有几分娉婷可爱处。

近观之，中矗一石，黑且光滑，依稀有褶痕，显疏网状。上镌数行清秀小字，记录亭之脉络。大略意思：岳阳楼毁于明崇祯十一年。次年重建，掘土得方石一块，颜色如墨，中有纹凸起，宛若画家写意折枝古梅，亦有含霜茹雪的风致。以手抚之，则润滑如砥。守土者异之，目作"神物"，称之"仙梅"，筑亭覆其上，是为仙梅亭。

古人之意不在石，唯在梅，使之"介节犹存，孤芳永驻"，实在是造亭的初衷。

后来，亭倾毁，仙梅石亦不知去向。迄清乾隆四十年，巴陵知县熊懋奖修亭，在民间发现仙梅石原品，已残损，遂摹刻一块嵌置亭壁，并作《仙梅亭记》赞之。即便赝物，也聊以慰人，贵在寒梅之狷介精神存于世界。

以后便引得风雅诗人纷纷题咏："海风吹石洞庭隈，疑自罗浮梦里来。顽性三生修得到，奇葩万古为谁开。独超霜雪花千树，合伴神仙酒一杯。顾我亭边犹带笑，楼中铁笛莫相催。"这是由梅论到云游洞庭水、醉饮于岳阳楼头的酒仙吕洞宾了。故此，我更喜读清代诗人花湛露《书仙梅亭》句"坚贞一片不可转，此是江南第一枝"，算是写绝了仙梅风骨。

今亭为近年按原形制落架重修，将乾隆年间摹刻之仙梅石竖立其中，又种植松、竹、梅"岁寒三友"，伴于亭侧。

梅是花中君子，飘逸云梦之乡，享受一派好风光，真有道不尽的韵味。

沧 浪 亭

　　我乐游沧浪风景，是因为读过沈复的《浮生六记》。那位在刺绣之外，颖慧能咏"秋侵人影瘦，霜染菊花肥"之句的陈芸，曾披中秋晚霞登亭，茗饮兼赏月下的幽雅清旷。一晃，二百多年过去，青衫红袖尽化烟成雾。慕古，思忆，直似醉入旧痕依稀的春梦。

　　已逢叶落的季节，沧浪亭的园径、阶石上随风铺了一层，闪着嫩黄的颜色。百年的朴树和榉树，叶脱而老干犹存精神。有一棵香樟，树身半偃着，斜向园外的碧池，鳞波贴紧枝叶缓缓散去。

　　沧浪亭的门前很清静，有山门之寂。跨水卧着一座石桥。我入园一看，景色倒还真像《浮生六记》所写的那样："叠石成山，林木葱翠。亭在土山之巅。"额镌"沧浪亭"，是俞樾写的。绕阶临亭，在石凳坐下。亭周人迹稀。风吹枯叶，恰宜遥想沧浪韵事。沈复偕妻陈芸"携一毯设亭中，席地环坐。守者烹茶以进。少焉一轮明月，已上林梢，渐觉风生袖底，月到波心，俗虑尘怀，爽然顿释"。亭内"课书论古，品月评花"的逸兴，只稍想想，也会动心。去者日以疏，未如断弦的是故人情丝。由远逝的苏舜钦，至较近的沈陈，往来沧浪之亭，久浸世味的心都会添入一分清凉意，似可暂避许多怅惘与愁苦。来寻旧迹兼发幽情的，只坐于这风中的亭下，默忆古时游乐的佳冶，衣香鬓影就真如近浮眼前。会心微笑过后，又不免生出一缕目送芳尘的凄怨。锦瑟华年谁与度？就茫然如终老吴苑的贺铸，不知梦醒何乡了。亭心坐眺，苏舜钦所记的"草树郁然，崇阜广水"，或是沈复所见夕晖下的数里炊烟，皆为旧日风景。周望，纵览的目光总被丛楼隔断，品论云霞、联吟题咏的兴味似要差些。那就亲近亭边的杂花修竹和傍在山下且可以濯缨的沧浪之水吧。水面不广，只是一个潭，浮着几片半枯的叶子和开残的莲花。初冬的霖雨稍歇了，风却吹得愈加湿冷，更给这凝寒的水景别添一番凄清的韵致。陈芸所言驾一叶扁舟，往来亭下的悠闲之境，何处去寻呢？亭周植太湖峰石，不下五六块，借以点缀园中景观。临其间，也仿佛身在岩岭林峦了。石自取势。我走近一块，看一眼皴皱处所勒"瑞云"篆字，心一动，这就是有名的瑞云石吗？我轻抚着且发出微微的叹息，一时竟珍若怀中之璧了。寒山片石以花光树影为衬，真如玄云一朵，松石闲意当以阮嗣宗作的"芳树垂绿叶，清云自逶迤"一联诗来旁寄。

　　北面游廊的西端，壁镌归有光的《沧浪亭记》。这篇记是应一位和尚之请而作的，似乎不如苏舜钦的那篇有名，也不及他的《项脊轩志》《寒花葬志》悱恻动人。我看了几句，沿廊东折，每行数步，粉垣即闪出一扇花窗，凝目，天然画景入框矣。南人造园的巧妙真是无处不在。穿东北角的小门，迎面一片水。我在临池而筑的静吟亭里站了片时，读着墙上苏舜钦写的《沧浪亭记》，"前竹后水，水之阳又竹无穷极。澄川翠干，光影会合于轩户之间，尤与风月为相宜"，真似临景的摹状。可望园外屋巷的是耸于西南角的看山楼。游过闻妙香室、明道堂，站到双层的楼头，抬眼看去，并不见山，只是一片乌瓦檐。老巷拐得很深，飘着几把印花的雨伞。垂帘的窗后飞出轻语，恰可来伴长巷里响过的清脆足音。由这一幅姑苏冬霖的图上再旁添几笔柳堤蓼渚和曲水长桥，赏玩的滋味同夜倚秦淮河岸南望长干人家的灯火，有何两样呢？

看山楼下为印心石屋，虔修的禅者会对这座宜于焚香的静室抱有兴趣。其南植数亩琅玕，飘闪一片翠光。碧叶在篱栅后摇着，如醉。假定设榻于月下的竹院，邀侣弦歌，煮泉清谈，闲中雅趣比之垂影沧浪毫不相差。绿筠稍北筑一座竹亭，秋夜未央时，月光入户，最宜三五文士雅集。若觉纸窗竹榻前的聚笑意味略浅，则可在雕栏旁摆一张笔砚都齐的条案，壁上再悬几副楹帖，以沧浪亭旧主苏舜钦的七言诗"秋色入林红黤淡，日光穿竹翠玲珑"嵌联，继而做长夜的觞咏，还不够好吗？浮想之际，那七位魏晋的贤士于竹影中放诞的形骸也仿佛印在这浸碧的堂中。放黜的公相，身退三舍而心近仙道，筑造园舍似乎也多在栖息上刻意以不思仕进。入了这样的私家宅邸，把四面的情形一看，亭榭泉石的中间，官户的吏势全消，似只剩得陶渊明的那一声林烟樵唱了。苏舜钦《沧浪亭记》："予时榜小舟，幅巾以往，至则洒然忘其归。觞而浩歌，踞而仰啸，野老不至，鱼鸟共乐。"语中有真意哉。我常游云烟别馆或是山林精舍，非有与古为徒之嗜，只是觉得这些木石之筑，实在久泛着贬官文化的气味。

五百名贤祠中，刻循吏隐士众小像于壁上，盖图形立庙也。登榜者自春秋迄明清，有北宋的苏舜钦吗？我没有细瞅。入于图牒碑版的人物，皆会心仪"芳林列于轩庭，清流激于堂宇"的栖逸之境吧。一祠风流，俱往矣，只有旁栽的几株木槲飘香慰魂。别祠，我好像从登陟的凌烟阁下来，一步踏返人间。出园的时候，不禁朝土丘之上的那座古亭看了看。沈复、陈芸伉俪的昔游之乐仿若还萦系在亭心。丽人幽吟，寒士清咏，相偎的影子被浸月的沧浪之水映着，平日里兰室凤帏后的喧笑对酌，也宛然可想了。轻踩着花叶间的微径，或可出入他俩近在亭侧的芸窗绣户，无妨对闺房之乐和坎坷之愁也来一番体贴。"来时兔月照，去后凤楼空。"对景怀人兼想到那册尽倾鸾凤笃爱的《浮生六记》，辞园，就似动了离忧，不胜杨柳依依之感。欲寄情于平仄，惜我素无诗家的厚赐，才难及。幸而有宋人词可供远求，那就怅望风中亭影而默诵"小园香径，尚想桃花人面"的旧句吧。

燕 喜 亭

《诗经·鲁颂·闷宫》："鲁侯燕喜，令妻寿母。"韩愈给朋友王弘中在连州建的亭子取名，用了这个典。照着程俊英先生的译注，燕者，宴也。燕喜，要倒过来看，就是喜宴。把一个新建起来的亭子叫作燕喜，含着道贺的意思。王弘中和韩愈都是贬官，一个从吏部员外郎谪为连州司户参军，一个从监察御史谪为连州阳山县令。在粤北大山里，希求精神的宴乐而走向内心的宁静，自是一种境界。

中国游记，至唐，文体已臻成熟。其功当然要算在韩愈、柳宗元的头上。韩愈这篇《燕喜亭记》，不足五百字，是一篇祝颂性质的题记散文，抒遣谪迁宦途的身世之慨。贬为县令，情固郁悒，"智以谋之，仁以居之"的心态，也有超逸的一面。他的这篇记，是对生活状态和心灵现实的侧写。

钱基博说韩愈文章"错偶用奇以复于古"。退之虽力学秦汉古文，八代之衰至此开了新局，而在他的散文里，却还带有六朝骈体文的影子。他写燕喜亭左右"斩茅而嘉树列，发石而清泉激"，就是在散句单行中植以骈俪。骈散互见，把山中景物表现得很美。韩愈的咏景诗其实也做得好。《晚春》："草树知春不久归，百般红紫斗芳菲。杨花榆荚无才思，惟解漫天作雪飞。"暮春之景竟撩得百花争妍作态，舞出满眼风光。也只有韩文公能于凋零常景中翻出此等繁丽诗境。"此寻常风景而刻画之使诡者也。"这句赞赏，照例为钱基博先生所发。可咏之景物，负载的还是可抒之情怀。尽心描摹，私心还在托物寄兴。俟德之丘、谦受之谷、振鹭之瀑、黄金之谷、秩秩之瀑、寒居之洞、君子之池、天泽之泉，都是观景而名之。"气载其辞，辞凝其气"，寓含深味焉。借景取譬，如诗教之比兴，根底还在颂美贤者之德，可供细意籀读。

这是一个碑亭，《燕喜亭记》刻在上面，别无长物。有这篇记在，不觉其空。亭，重檐。我望着高翘的檐角，翼翅似的像要朝天飞，觉得中国古代建筑之美，真不能少了它。钱基博以为韩愈之文，长于论辩，抒意立言，波澜畅矣。《燕喜亭记》述游、摹景、状物、说理，迥别于齐梁绮艳、缛丽、浮滥风调，和这亭子的不凡形制，颇能相配。韩柳振起，古文之体得以立。在我看，亭中有碑记在，自添轩昂之气。

亭边，石刻、诗碑装点燕喜山，自唐迄清，历代雅士游憩之迹也。光绪年间的燕喜书院，只留了一块题壁，现在的连州中学延其徽绪。燕归堂、振鹭亭、卧龙亭、流杯亭环立四围。

时令虽在阳春，在我北方人看，岭南之地已有了夏的意思。热风吹动，崖石也仿佛出汗，湿漉漉的，洇出绿润的苔痕。草闲花幽，一片苍郁中闪出点点艳红。凝翠烟光里，多少先贤芳踪。今人载酒宴游，波泛羽觞，飞花落香，咏歌酬和之际，临燕喜亭而眺览巾峰山下海阳湖，恍兮惚兮，不知何日光景。若纵远眸，更有粤北的无边风月。我这番痴思，早就在清人卫金章的旧吟中了，其句是："渔歌牧唱浑相答，一任闲身倚槛听。"意境之雅，颇近山阴路上的兰亭修禊。

丛　台

丛台的出名儿，和赵武灵王相关。颜师古《汉书注》："连聚非一，故曰丛台，盖本六国时赵王故台也，在邯郸城中"，为冀南诸胜之冠。

从外形看，武灵丛台有些像北京的团城，略显高峻。称"台"，很准确；叫城或者宫，都不合适。

眼下的丛台油饰一新，尽显辉煌之色，已经看不出多少旧时痕迹了。台顶的那座据胜亭，是明嘉靖年间增建的，以壮御苑声色，并非赵都旧物。

依雉堞立碑，勒《丛台集序》，邯郸举人王琴堂笔也。始知丛台来历，为武灵王阅军旅、赏歌舞之地。上官仪"送影舞衫前，飘香歌扇里"，王世贞"台上奏伎邯郸姬，台下拔刃邯郸儿"，皆为吟咏的名句。车行酒，骑行炙，该是何等铺张的排场！可怜武灵王赵雍晚年饿死于乱兵之围，悲夫！荒台上那株老槐如残断的孤碣。蝉鸣古树，草蔓斜阳，空余冷雁长唳北飞，笛箫凉。秋风故垒蓬蒿，妆阁粉黛寒影，张弛"犹怜歌者声如燕，不是当年旧舞人"，是千古哀调。歌残舞歇，暮笳声咽，瘦尽前朝宫墙柳，悲风雨。

碧水绕丛台，映着青墙翠檐。水势不及紫禁城前那条护城河宽，却极平缓，静得不漾涟漪。夏秋夜，天上一弯银月闪在河水里，空潭泻春，古镜照神，幽人流水明月，是古今浪漫的情调。阅兵操演似乎不宜，若于清曲中品赏舞袖罗绮春风，且咏且赋，他处鲜有其比。

临高台，邯山远映，滏水绕堤，好看赵都千般风景。最当凌长风而清樽狂啸酒歌。雁影烟痕，翠鬟红颜早凝为历史的皱纹。武灵王丛台上斑驳的古碑，久阅沧桑，站成岁月的化石，空祀赵家楼台。

武灵事业留荒址，乐毅功名剩废祠。丛台之西有湖，水之榭曰望诸，乃因战国时燕将乐毅封号而名之。《战国策·燕策》："于是昭王为隗筑宫而师之。乐毅自魏往……于是遂以乐毅为上将军，与秦、楚、三晋合谋以伐齐。"大将军亦是千秋功名人物，终老于赵，这又很悲剧。墓冢据说就在邯郸县代召乡大乐家堡村北。另有乐毅舞剑房，也成一方风景。

丛台下有七贤祠，乃祀程婴、韩厥、公孙杵臼、廉颇、蔺相如、赵奢、李牧诸燕赵豪俊之所。

最后说到的榭和祠，我已经没有时间去看一番了，只站在远远的地方惆怅地望了几眼。

它们没有丛台那样高，毕竟不是帝王气象。

观 星 台

登封阳城，起于草莽、揭竿反秦的陈胜，是这里的一位英雄。人邈矣，先于他的一些旧物还在。周公测景台就是。武则天万岁登封元年，阳城改叫告成。这个名字传为武则天起的。大周定鼎，事竣告成也。

周公测景的土圭早废，法号一行的唐人张遂是有名的天文学家，刻石立表，以志测景的姬旦。这座石表一直留到今天，在告成镇周公祠里。方台上立的表，是一块长条石，"周公测景台"五字写在上面。这是一个安静的院子。祠堂很朴素，几尊泥像，几块古碑，几棵老树，衬着这座石台。仰观象于天，一行、郭守敬成了周公的传人。

祠后一片平地，耸着郭守敬测暑的观星台。台身高大，像一座城楼。北壁斜下一道凹槽，一条青石砌成的石圭从槽口向南平伸。圭面的刻度很精细。这个大台子，其实是一件仪器。我们的祖先就是用它衡天量地的呀！我不懂天文历法，却知道这座观星台凝结着古人的科学精神和生活智慧。

台的两边都有踏道。我上到台顶。有一个日晷，刻着干支。早些年，我带学生去过北京的古观象台，感觉是一样的。朝南北眺览，仿佛魂返唐尧之世，身临箕山之下、颍水之阳，见着不衫不履的许由、巢父，畅吸着箕颍余芳。

周公选定豫中阳城测日影，观天象，总有道理。在他看，所谓天心地胆正在这里。

观星台边栽着花，一片粉艳。

戏 马 台

云龙山崖刻"歌风戏马"，专为刘项二位秦末起兵的英雄题勒。刘邦的歌风台远在沛县，彭城之内存下的，是项羽的戏马台。

为写戏马台，我连看了几天《项羽本纪》。太史公没有写到戏马台。记正史同采逸闻到底是相异的。

在徐州，欲寻楚都旧迹兼怀故人，不能略去戏马台。它实际是一座演武台，建在户部山上，择址颇高，江东霸气犹不肯散去。苏轼说"其高十仞，广袤百步"，大致不差。举目，黄河故道可入眼底，竟至淮北川原相争奔至衿抱。东坡居士"楚山西断如迎客，汴水南来故绕城"，当属实摹。

台上一片楼阁，大多为明清时补筑的。一篇文章里说它们"多是做别样文章，不免走了题目"，我也有相近的感觉。站在上面，我好像到了赵武灵王的丛台。

雄风殿前的项羽像，是一尊圆雕，就形神看，和我幼时从连环画上看来的样子颇能相同。沛县歌风台的刘邦石像，仿佛同一风神。清人顾大申诗"一剑收秦鹿，秋风万里心"，可以状其气概。风云久散，双雄犹在芒砀汴泗争衡。

《史记·项羽本纪赞》："吾闻之周生曰：'舜目盖重瞳子。'又闻项羽亦重瞳子。"目有二瞳子，是什么样子呢？我仔细端详项王石像，没能看出异处。

能在气魄上同项羽造像般配的，我扫过满台，觉得唯有迎山门高矗的霸业雄风鼎，气雄，势大，如果放在汉皇的歌风台，就不合适。什么道理？这大约是和人的气质相关的。歌风台上，应该久立蔡伯喈的歌风碑。

戏马台多题撰。有两块匾写得好。一在雄风殿，是"吞秦衔汉"，我看只有楚霸王才会胸填如此气魄。这四个字，只能配给他，换旁人，不行。一在戏马堂，是"骓逝楚天"。太史公写乌江弃骓一段，很带感情，总也不比帐中别姬相差许多吧！我听《十面埋伏》那样的琵琶大曲，很揪心。明人汤应曾善弹的《楚汉》，与华秋萍传下的《十面埋伏》或为同一曲调。余生也晚，无缘听到，推想垓下之战的惨怆气会是一样的。《霸王卸甲》我只闻曲目，叙项歌虞舞旧事，其音哀婉自然是一定的。唐薛用弱《集异记》载王维为安乐公主所进新曲《郁轮袍》，即此。盖摩诘谙于音律，妙能琵琶，唐人小说大体也是可信的。

我在秋风戏马院西配殿的南山墙前静阅虞姬《垓下和歌》的嵌碑。司马迁说项王"歌数阕，美人和之"，就是这四句："汉兵已略地，四面楚歌声。大王意气尽，贱妾何聊生。"单从伤情看，真不妨同戚夫人的《永巷歌》相比较。只是虞美人的悲歌，大概很难堂皇地录入汉家乐府。

史载："项王自立为西楚霸王，王九郡，都彭城。"筑台戏马，大约即为此间乐事，攻城野战，斩将搴旗，一时都仿佛远身而去。台上有一块瘦石，镌四字：秋风戏马。字是沙孟海写的，很苍劲。这尊刻石立在一个池塘边，水面浮着几片荷叶，绿意未残。我来时，也算"时维九月，序属三秋"吧，望景思人，难躲一丝凄凉。文天祥："黄花弄朝露，古人化飞埃。"方孝孺："平生费尽屠龙技，今日空留戏马台。"宋明的这两位能死节者，登台忆项王，怅惋大于赞叹。春秋责备贤者，毫不奇怪。

九里山古战场在城北，我前去的路上，车过江苏省柳琴剧团的院门。柳琴戏我在儿时断续听过，早已不存多少印象。柳琴戏俗呼"拉魂腔"，上演连台本戏像是也办得到。杂剧《十面埋伏》原本虽久逸，今人却不难旧史新编，虎贲之士的功罪或可值得闭目细听。如果偏要照搬老一套，先念定场诗，我看干脆就旁借这四句民间小唱，是：

九里山前古战场，牧童拾得旧刀枪。

顺风吹起乌江水，恰似虞姬别霸王。

歌 风 台

我昔年过秦川五陵原，眼扫长陵，深惊其高大。汉世楼台，亦多求此样气魄。

中国古代的宫室，秦汉的几无一存。《古诗十九首》："西北有高楼，上与浮云齐。"纵是夸张，仍可知汉人筑楼，是不怕与山比高的。我在西安，没有见到汉家宫阙，故对上林苑、未央宫那样的胜迹无从想象。沛县，享帝乡之名久矣，今人兴造汉城，以意为之，略求同旧时相似。我入内一看，深沉雄大，汉世之风近身可感。

汉城建在汤沐湖上，实际是一座浮在水上的宫苑。广造殿堂，高筑帝阙，举目一望，檐牙似无尽端。我有些眼花缭乱。司马相如《上林赋》："于是乎离宫别馆，弥山跨谷；高廊四注，重坐曲阁……"土木之工仿佛照此而来。汉承秦制，我想，或只是感到，躲开修齐治平不谈，至少在建筑的气派上，秦汉无别。唐杜牧写秦宫的雄丽，和司马相如真是同等笔墨。阿房宫即上林苑前殿。汉唐赋家，身入黄门之内，只好尽心铺张辞藻。

高祖好楚声，他的《大风歌》我在念小学时即能够背诵。《大风歌》和项羽的《垓下歌》，一抒定鼎还乡之喜，一遣失鹿绝命之悲，同为楚骚的名作。刘、项二人，都不是摇笔杆子的文士，谈不上什么学问艺术，武功之外的这几行诗，后人讲秦汉文学却躲不开。语曰："固天纵之将圣，又多能也。"刘勰即持此论，云："高祖尚武，戏儒简学。虽礼律草创，《诗》《书》未遑，然《大风》《鸿鹄》之歌，亦天纵之英作也。"这像是一段谀辞，完全没有说出个所以然。司马迁谓高祖歌诗后，"乃起舞，慷慨伤怀，泣数行下"。他记项王垓下悲歌，也用了"泣数行下"四字。刘项争锋，得失殊异，吟诗寄志，是本纪中最动人心魄处，太史公在这里不易一字，什么意思呢？我还没能想透。

刘邦置酒沛宫，击筑觞咏，是应该有一座高台的。沛县果然就有歌风台。壁高，殿阔，同《大风歌》的豪气配得上，说它是一座昼锦堂也无不可。唐伯虎的《沛台实景图》不知道是照着什么画出来的。瘦石古柳掩着一角瓦脊，靠右题了数行字，看上去有些清旷，就意境论，和今日歌风台很不一样。

我所见的《大风歌》碑是一件残物，只存上一半，余下的像是补接的。通篇用大篆。年代颇难断定。或曰为蔡邕书，实在也不好确说。假定是真，放入西安碑林也足以有它的高位。伯嗜每临池，"如对至尊"。此块诗碑，大概也是这样写出来的。

太史公谓："高祖为人，隆准而龙颜，美须髯。"后人绘高祖像，大约本此。袁子才《随园诗话》："古无小照，起于汉武梁祠画古贤烈女之像。"照此看，汉代即有刘邦绘像也是可能的。

歌风台塑高祖像，只看脸，真是"隆准而龙颜，美须髯"，有狂霸之气。还可以在一旁配上李白的十字诗，是"按剑清八极，归酣歌《大风》"。这比把他坐佛似的供在神龛般的御座上要好。

沛县是靠微山湖的，云水苍茫，恰是出《大风歌》的地方。项羽家在宿迁，去沛县未远。那里也有湖，骆马湖。湖边会有一座西楚霸王的造像吗？可惜我没有去过，无以言，只是觉得，项羽总该是魂返江东的吧！他尝言：

"富贵不归故乡，如衣绣夜行，谁知之者！"壮志未酬，项王及死，才三十出头，千载之下还惹人为其功罪扼腕。在正统的汉史官那里却并不怎么尊重这位拔山扛鼎的英雄，司马迁说他"自矜功伐，奋起私智而不师古，谓霸王之业，欲以力征经营天下，五年卒亡其国，身死东城，尚不觉悟而不自责，过矣。乃引'天亡我，非用兵之罪也'，岂不谬哉"，真是严于斧钺。

我好像望见沛公站在歌风台上冷笑。在知堂老人看："项氏世世为楚将，刘氏则是吏胥流氓，成败不同，这大概亦是世家破落后的自然趋势吧。"话虽未可上比史家之言，却实在是外无臧否而内有所褒贬也。年纪大起来了，思及刘、项，尤感前引的几句，比起我少时单纯从说书唱戏上得来的皮毛，深透得多。

郁 孤 台

看过苏东坡的八境台，走了一段赣州的古城墙。这中间，隔着雉堞的缺处，把赣水的江身望了几回，并且默诵了数句稼轩词，盈上胸中的一种气，似也配得上"豪放"二字了。

前边斜出一道峦冈，绿色的茂林中耸出楼阁的半角。瞅瞅身前身后江山的形势，我想那就是郁孤台当是无疑的了。还是问了一位提篮采摘古墙上细嫩草叶的本城女人，她朝一条弯下马道的阶径指了指。我便一拐，又上坡，穿进门户相夹的窄巷。瞥一眼门牌，这个地方叫田螺岭。

踏着一路高上去的层阶，目光就迎着移近的古台了，却不是它的正身。我原来是从侧门进来的呀！虽是侧门，气象并不弱，只看那额题的"贺兰山"三字，就要想起西北漠野上向天而横的大山。为什么会把这个名字搬到赣州呢？不必细究，有风概奇恣的辛词在，能够互得气韵。

自唐迄今，筑台、造亭、建楼，这处胜迹数度兴废，形制推想也是多变，终不改"隆阜郁然，孤起平地数丈"的样子。登上这样的楼阁，放眼千里江山，人是会发出一点感慨的。唐代有个叫李勉的刺史，到了这里，目览山川而心居魏阙，改"郁孤"为"望阙"，今天，正面一道门上题的就是这两个字。辛稼轩应该也是到过此处的，他的《菩萨蛮》我熟记在心。此次入赣，非要来看这座郁孤台，一半的理由便在这阕词的上面。

刚才游过的八境台，高供一幅苏东坡画像；这里又有一个辛稼轩，还立起一尊仗剑而立的造像。只消略把宋代文学的成绩想一想，苏辛之词，不是并称于世的吗？钱基博称辛词"抚时感事，慨当以慷，其源出于苏轼，而异军突起。苏轼抗首高歌，以诗之歌行为词；弃疾则横放杰出，直以文之议论为词。苏轼之词，雄矫而臻浑成，其笔圆；弃疾之词，恣肆而为槎桠，其势横。词之弃疾学苏，犹诗之昌黎学杜也"。在这赣州的古城头上，八境、郁孤临江相守，盖筑台者用心深矣。

楼依旧台址而建。入我眼的这一座，应是清同治十年之筑，那天花、斗拱、雀替、梁枋上的彩饰却又极新，这当是今人的功劳。楼三层，踏木梯上去，倚栏看得尽四近的风物，更可把辛稼轩那阕《菩萨蛮》的意境来一番领略。读词题可知，时任江西提点刑狱的辛稼轩，是将词句写在江西造口墙壁上的。罗大经《鹤林玉露》："南渡之初，虏人追隆祐太后御舟至造口，不及而还。幼安由此起兴。"俯视滚滚江流而想到遭受金兵追杀的南宋难民的泪水，更有那无尽的远山，遮断北望故都的目光。词境何等沉痛，何等苍凉！"青山遮不住，毕竟东流去"，蓦然宕出一笔，逸怀浩气，直向江天；终又陷入"江晚正愁余，山深闻鹧鸪"的凄伤中。其用意也幽曲，其遣怀也深婉。"绸缪宛转之情，沉郁顿挫之笔"，当世登楼者之所无也。

现在的郁孤台，对于我，总觉得不是辛稼轩登临时的那种味道了。匆匆一瞥，不见赣江上的行帆，也不见汀洲中的兰芷，更不闻鹧鸪"行不得也哥哥"那一声啼，街巷人家和漫坡烟树，却可以看得见。尤其是那岭脊上的烟树，密得好，也绿得好，把那奇岩怪石的头角全给掩去了。你会感到，距这里不远的地方虽有那熙攘的尘市，因为树的关系，手抚画阁，步踏闲阶，也觉风中有一缕暗香轻轻浮起，自得一种芳菲。若能心倚斜阳，想那山麓深处送出的清幽箫声，更是不古而自古了。

还有一层，在这南方的六月天，杨梅刚下枝，枇杷也正上市。时节这样好，登楼的你，怕是会从风里嗅得一丝甜味呢！

临去，心间已有了一段文章。

越 王 台

　　越王台，是一座大殿，古典式，高踞城门之上，把山势都给压住了。形貌能如昔年吗？出诸想象，得其仿佛，也是可能的。古越之乡，会有这样堂皇的建筑，是我没有想到的。万丈楼台实在不只以北地为家。勾践在"气象开豁，目极千里"的飞楼中坐朝，只会更添一身霸气。王思任"吾越乃报仇雪耻之国"句，传此精神。

　　台临投醪河。这有传说，像是同我在河西走廊看过的霍去病的酒泉略近。

　　越王台上好凭栏，南可望府直街，北能眺越王殿，尽隐在一天烟雨中。

　　越王殿，是新建，用材粗大，其状昂以耸，既从绍兴久祀勾践旧俗，又增府山气势。

　　长阶高入越王殿，少神道气象，左右却立华表、石狮，望中，真也像是一步而入王城。"宫女如花满春殿"也只在往昔，而今，虽无绕梁的鹧鸪低飞，眼前也颇空荡。勾践像，不求诸彩塑，却是壁上的线刻，我只记住了瘦，别的就很模糊。还有相伴的，是那两位曾尽心辅国的大夫。文种像，特点是胖；范蠡，则为常人之相（绍兴人应该感谢范少伯，他观天文，察地理，规造新城，包会稽山于内，始有这方天地），见识却在文种之上，吴灭，"愿乞骸骨，老于江湖"，乘扁舟出齐女门，涉三江，入五湖，像是随风远行，升仙而去。文种则受越王属镂之剑，自到，入了地，实在是比后他几百载，痛发垓下之叹的楚霸王还要窝囊。君臣三人，两千年后共聚一壁，这是今人的摆布，古人也只有听任。小到身后的是非，大到社稷的兴亡，悠悠，哪里说得尽。

勾践自吴地回至浙江之上，造会稽城。《东周列国志》谓："勾践迫欲复仇，乃苦身劳心，夜以继日。目倦欲合，则攻之以蓼；足寒欲缩，则渍之以水。冬常抱冰，夏还握火；累薪而卧，不用床褥。又悬胆于坐卧之所，饮食起居，必取而尝之。中夜潜泣，泣而复啸，会稽二字，不绝于口。"这同司马迁笔于《史记》的"越王勾践反国，乃苦身焦思，置胆于坐，坐卧即仰胆，饮食亦尝胆也"相一致。勾践，身为先禹苗裔，终能尽雪会稽之耻，也真有文身断发，披草莱而浮大泽的血性，太史公谓"盖有禹之遗烈焉"，这是春秋笔。

殿的一侧踱来一位老人，告我，勾践卧薪尝胆之地就在后面山坡上，已无可观。

雨紧，淋湿门上一副对联，读，感其开阔，是"八百里湖山知是何年图画，十万家灯火尽归此处楼台"。联语，凑好，不易；求上佳之境，更难。后来知道，这副对联原是徐渭题撰，抄用时，上下联，各损近半。

独登楼台之先，我曾踏着湿滑的石阶，走进一山烟雨中。满眼碧绿的山色，一伞轻细的雨音，全是诗里的意境。入此山中，嘴边可哼唱村野小歌。顺路看了千年以上或只数百载的摩崖刻石，多残颓，出何人手？大半不知其名。又足踩黄泥小径，寻到文种墓。墓，以方石围成一个整圆，生杂枝，摇枯草，同我曾见的一些荒冢差不多。这里，可以不计平仄，远借隋人卢思道的一句诗，自己续五字为配，曰："夕风吟宰树，晨雨哭宿草。"聊能哀他的丧逝。

碑立四角石亭中，不高大。范蠡在安徽涡阳县的墓，我没有见过，同文种的这一座相比，会怎样呢？或曰："越王知种死，乃大喜，葬种于卧龙山，后人因名其山曰种山。葬一年，海水大发，穿山胁，冢忽崩裂，有人见子胥同文种前后逐浪而去。今钱塘江上，海潮叠叠，前为子胥，后乃文种也。"此虽小说家言，未敢全信，可我站在秋雨中文伯禽的几尺孤坟前，真就想起了滔天的浙江潮，心有所动，意欲逐水而歌。纵是下走无常，呼吸之间，犹能同先贤对语。

烟雨遮眼，难以望鉴湖之波。云梦气象，邈矣。退回到心，犹能体味身在山水间时常会想到的仁智观。迎头乱岩上镌四字："动静乐寿"，明代绍兴知府汤绍恩笔也，已在山中送走四百载风雨。闭目去想，所含的道理深，静观自得，似早将眼底沧桑看透，可见孔门真气象。

严子陵钓台

　　约在十几年前，我去叶浅予的甘雨小院，在那里看过他的《富春山居新图》，青绿山水，略近黄公望画意。吴均《与宋元思书》邀风景入尺牍，我曾读多遍。"自富阳至桐庐，一百许里，奇山异水，天下独绝"，写尽沿江气象，亦不妨在叶先生的画中找到落实的地方。君子求隐，反致成名。怎样"隐"呢？我看也简单。一是入山林。唐尧时，深居箕山的许由、巢父可算初开风气。往后，秦末汉初，避世商洛山（一说蓝田山）采芝的四皓，唐代走终南捷径的卢藏用、归太白山而染烟霞痼疾的田游岩、明朝那位躲在九里山，以梅花屋为宅的王冕，都可入此榜。一是临水湄。处渭河（也作磻溪）而设钓的周太公望、悬丝饵鱼的梁任昉、筑台玉渊潭旁的金王郁，全算。严子陵呢？可说亦山亦水。

　　范晔《后汉书·逸民传》略叙其行状："严光字子陵，一名遵，会稽余姚人也。少有高名，与光武同游学。及光武即位，乃变名姓，隐身不见。帝思其贤，乃令以物色访之。后齐国上言：'有一男子，披羊裘钓泽中。'帝疑其光，乃备安车玄纁，遣使聘之，三反而后至，舍于北军。给床褥，太官朝夕进膳。"这几笔，草绘子陵风神，真叫悠闲！把他视为寒江孤舟上的披蓑钓翁，恰意耳。光武尚贤，想和这位老学友聊聊。"司徒侯霸与光素旧，遣使奉书。使人因谓光曰：'公闻先生至，区区欲即诣造，迫于典司，是以不获。愿因日暮，自屈语言。'光不答，乃投札与之，口授曰：'君房足下：位至鼎足，甚善。怀仁辅义天下悦，阿谀顺旨要领绝。'霸得书，封奏之。帝笑曰：'狂奴故态也。'车驾即日幸其馆。光卧不起，帝即其卧所，抚光腹曰：'咄咄子陵，不可相助为理邪？'光又眠不应，良久，乃张目熟视，曰：'昔唐尧著德，巢父洗耳。士故有志，何至相迫乎！'帝曰：'子陵，我竟不能下汝邪？'于是升舆叹息而去。"严子陵有实才，何以全无城阙之恋？是为了免撄世祸、远害全身，还是厌恨马随鞭影的无聊奔趋？这里未加说明，不好妄猜。可知的是，他在确守自处的极则。往下，"复引光入，论道旧故，相对累日……因共偃卧，光以足加帝腹上。明日，太史奏：'客星犯御座甚急。'帝笑曰：'朕故人严子陵共卧耳。'除为谏议大夫，不屈，乃耕于富春山，后人名其钓处为'严陵濑'焉。"这样一个人，由史官纪德，很不容易。此段旧史，即在今天，也还是有读头的。

严子陵很会为钓台择址，正在子陵峡。江面至此一片开阔，云雾来去，更使两岸山势多了一番雄峭的姿态。通常把这一段水程呼为七里泷，为富春江风景最胜处。岸北耸出两座披绿的山峰，很苍润，顶上都有筑了碑亭的盘石，颇似分坛而钓的样子。西台为谢翱哭祭文天祥处，东台即严子陵钓台。碑石上刻《严光传》全篇，舍此，似无旁物。苍崖俯水，形近李谪仙骑鲸捉月的牛渚山采石矶。

坐钓是很省事的。长竿在手，外添一块能够歇身的光石就足行了。这里距江面，少说也得三百米，何其危矣。或曰：渔矶之高，无过严子陵钓台。庄子的郫城钓台、昭明太子的玉锐潭钓台，名虽大矣，却无法与之比高。我很犯疑，离水波这样远，怎么能钓鱼呢？《庄子·外物》："任公子为大钩巨缁，五十犗以为饵，蹲乎会稽，投竿东海，旦旦而钓，期年不得鱼。"神乎其技矣。钓丝何长？无从想象。假定这样的大钩粗索世间实有，会叫天下钓徒目瞪口呆。对此看得很透的是王思任："空钩意钓，何必鲂鲤。"真是片语解纷，垂丝入水，非为求鱼耳。八字诗，直指钓翁心思。任父是蹲在会稽山上钓鱼的，子陵则端坐富春山，他像是存心仿学这位古时善钓的高人。罗隐诗："世祖升遐夫子死，原陵不及钓台高。"汉光武帝和严子陵，隐化之后，一陵一台的高下总不难分出。诗很深刻，似乎也顺带点明，钓台高筑并非来于无端。范仲淹有句："世祖功臣三十六，云台争似钓台高。"洛阳云台广德殿，总该近于汉唐的麒麟阁和凌烟阁吧！盖希文诗同罗隐律绝用意相似。

严子陵长日孤守钓濑，眼底驰波跳沫，心与水为嬉，他耐得住寂寞吗？身浸溪光，泉声、涧声、竹声、松声、山禽声、幽壑声，天地清籁入耳，一竿烟雨，半榻琴书，同山居修行像是所去不远了。闲钓的他，是在力效隐耕的东野丈人，观时以待，有意来和高卧龙床的同门生暗争短长，至少要在怡心适情上超出一段。对此，汉光武帝是遵之以道的，不违子陵志趣，这也算一点可取的地方。君臣相逢一世，何谓知心？这就是。

刘秀亦能文章。他的《与子陵书》，篇短而字句婉转，不见霸横之气。其言是："古大有为之君，必有不召之臣。朕何敢臣子陵哉！惟此鸿业，若涉春冰，譬之疮，须杖而行。若绮里不少高皇，奈何子陵少朕也！箕山颍水之风，非朕之所敢望。"王符曾《古文小品咀华》专有一节关于上文的赞词说："字字精悍，奇哉！曰'何敢'，恭敬得妙。曰'奈何'，埋怨得妙。曰'非所敢'，决绝得妙。搬运虚字，出神入化，不可思议。"或曰："两汉诏令，当以此为第一。"我读武帝《下州郡求贤诏》，喻藏机锋，同一气概。

严先生祠后面的山上，立着百方诗碑，真是"密若龙鳞"，勒历代咏严高士的留题。我读了一些。作者多是做过各种官的，属于出仕派，为什么还会诗赞严子陵远遁的精神呢？宦途知止，顿悟就不难。贡师泰说："惭愧白头奔走客，题诗也到富春山。"这是甘苦之言，似也能够折映不少同命人的心态。

范仲淹《严先生祠堂记》是写钓台的名篇。我在祠内看到一块碑，刻着这篇记，岁久难辨。文尾四句不陌生，是"云山苍苍，江水泱泱。先生之风，山高水长"，很有境界。对于严子陵，他是颇仰慕的。洞庭湖畔有范仲淹的《岳阳楼记》，是他在政治失意时写下的。"居庙堂之高，则忧其民；处江湖之远，则忧其君。"这种人生态度是入世的，进取的。约隔千年，抱守独善之道的"汉皇故人"竟然会对志在兼济的范文正公产生至深的影响，是值得思考的。严先生之德，真可说"留鼎一丝"了。

江岸筑静庐山庄。碧水东去，缕缕流闪的光纹映上粉白的砖壁。入屋，临窗读过郁达夫《钓台的春昼》，把满纸才子情调的旧书合好，唯愿枕江声做一场崇古的清梦。或许得缘在幻境里和颔飘长髯的子陵钓叟诗酒笑晤。更邀三五栖逸野客，相乐于严滩的月下烟波，同其酣放。

黄　鹤　楼

在京广线上旅行，黄河、长江岸边沃衍的泽野是我望不够的风景。尤其每近武汉，蛇山上的黄鹤楼翼然而起，在车窗前一闪，目光便叫它牵去，只因楼身的上下曾落过我的游迹，登陟而见江山之美，也算把此楼的胜概领受尽了。

古人造楼，巧借山水，占去多少风光！形胜堪赏爱，楼的格局已无人计较。黄鹤楼是高大的，足可抑住蛇山气象。江面至此忽然开阔，气吞楚天的水势似在楼前知趣地收束，平缓流去。和它比较，岳阳楼、滕王阁体段自小，虽则在江南之地并负盛名。

在体大势雄的建筑面前，我感觉不到自己的存在。登过江楼的多半，游情还只浮在几首咏它的旧诗上面，印于心的，只剩了崇宏的影子，和在普通画片上看来的毫不相差，里面的细部却连一点记忆也无。我这样的访客真是枉对千载的名楼。

黄鹤矶头空余楼，纵目古郢旧地，感慨皆为楚骚道尽。在这落日楼头，又恰宜曼咏题满楼身的长联短对。南北之人过此，若听得吴弦楚调潇湘弄自白云深处悠悠飘响,"自教绕梁歌郢雪",似要身御一江清风遥寻鹤梦了。

题咏来为楼阁添妆,是中国建筑独有的美处。若失去楹帖的映衬,这千古的江楼怕会"斜阳孤影叹伶仃"了吧,消损的恰是它的风神。

关于这座峻伟的名楼,翻阅神仙之传、述异之志,可以查出好几宗传说。乘鹤过此的王子安,驾鹤返憩楼头的费文伟,临楼飞升的吕洞宾,颇撩历代游者遐想。刻联以记,传续的是久远的文化信息。倚栏赏读,生不逢昔的我,是在同古代文明对话。

在我旧游的经历中,存有对费文伟的印象。在川北的昭化古城,看过他的墓。这位睡在泉下的蜀汉大将军,早就飘飘登仙。"涉清霄而升遐兮",以明远的碧空做栖神之域,也算寻到灵魂的归托。

因有仙迹,黄鹤楼才显得异常宏丽,岿然山巅也。遍数沿江低昂楼阁,此筑最雄。迎面一望,和浮耸在云烟里的宫阙有何两样?这梦里的楼台!隔江的晴川阁,虽也飞甍昂宇,在黄鹤楼前又怎称巨观?暂把鹦鹉洲中祢衡的恨赋和这楼上崔颢的愁诗相论吧。此种感觉又连向华夏民族的文化记忆。

进了轩敞的厅堂,转过几折宽平的木梯,更走过多扇雕镂的花窗,上到足供眺远的高台。长天一览,荆吴闲美的风物凭栏可赏;况且天边飘着几朵淡白的流云,晨雾又湿湿地浮在江面,同跨鹤巡天的逍遥差能近似。绘于堂中的群鹤,不傍池,不依岸,"八风舞遥翮,九野弄清音",羽翼一振,志在万里江天。翘耸的层檐,是飞鹤翔起的翅膀啊!凭借如此理念支撑的木石之筑,可以读出音韵,可以品出风致,可以寄意,可以言志,声情自得,便是受着岁月的磨洗,也不坍为废墟。我是在登览诗歌的殿堂了。此番话,像是站在楼前喋喋发出的哲语吗?读过李白的《黄鹤楼送孟浩然之广陵》,这楼就如灞桥,如南浦,都是惜别之意了。黄鹤楼的意蕴要在微雨的清晨和日落的黄昏才体味得深。年纪尚轻的李白,凝视春江中渐远的飞帆,动了离情;船上的孟浩然,回望云水间的江楼,亦如看见依依不去的李白。留在诗史上的平仄，让我寻至时光之河的上游，望定那些远去的身影。

中国的楼阁，大约是专意于登眺的，又时时装点着风景，并且连它们自身也成了风景的一部分，若说还有其他的实用功能，我却想不出。危楼高阁、舞榭歌台将新奇的视角、颖异的感觉给了李白、崔颢这样的诗人，让他们寻到一番未曾领略的天地，更把激发的浪漫才情置入艺术灵境中。照此看，山限水湄间筑起的木石之身，实在有着形而上的意味。能够体悟和运用它们的妙处，乃是一种文化自觉。此中滋味似乎尤为中国的旧式才子独享。

在历史编年里永世传存的，是黄鹤楼不朽的生命。看过它的人，精神直朝云端飞升。

岳 阳 楼

中国的名楼总不免文人的批点。滕王阁附着王勃的序，黄鹤楼附着崔颢的诗，岳阳楼自然牵连范仲淹的记。若失去这些，真不知该是何等光景。

岳阳楼在古城西门上，隔着洞庭之水遥对君山。湖山之美固然算得潇湘的胜迹，遍寻海内又有几家？

自范仲淹一篇《岳阳楼记》出来，似无人能出其右。"先忧后乐"的思想对中国知识分子的影响是巨大的。至少是我，不只把岳阳楼当作一座古代建筑欣赏，却看成一种精神象征而宗仰了。

上到楼头，入目的尽是洞庭湖的烟波，"明湖映天光"，我是多么熟悉啊！此处又要说到我的打鱼生涯。我自小出没兴凯湖的风涛，过惯浮家泛宅的生活，却未曾从汤汤之水中悟出什么至深的道理。孔子的"逝者如斯夫，不舍昼夜"固毋庸说，范文正公的"先天下之忧而忧，后天下之乐而乐"也断非人人能言，信受奉行，更难做到。今人不如古人的话就又要重提。

岳阳楼至迟在宋以前就很出名，所谓"前人之述备矣"。范仲淹应好友滕子京之托，为重修的岳阳楼作记。依不成文法，土木之工告竣，大约都要来作一篇文字，勒石以志，方觉圆满，这也成了中国建筑史上的通例。本为普通的应酬之章，到了范仲淹笔下，满纸波澜。绘景兼言志，中国散文史上便多了传诵千古的佳篇。自此，岳阳楼和这位范文正公分不开了。其实写这篇记的时候，范仲淹正贬居邓州，他一生没有来过岳阳也是可能的。笔落洞庭，不是写实，完全出于想象。他把洞庭风光艺术化了。范仲淹是吴县人，虽谪处苦旱的北方，到底还是江南人物，来写湖景应该是从容的。读到范记的人，总以为他是来过洞庭湖的，靠的还是笔墨功夫。

阴晴时分的湖山，使迁客骚人瞩景览物之情无定。"淫雨霏霏，连月不开"同"春和景明，波澜不惊"均是大笔皴染，景变情移，感觉真是"得无异乎"。范仲淹下笔不全在摹景抒情，更在议政，走的仍是载道的故辙。后人不计较他在庙堂江湖间的进退，只记住"先忧后乐"的道理。此言久不废，可称不朽。

檀木雕屏上的《岳阳楼记》前经常站着许多人，诵读兼观景，心得自会各有不同。联语亦多，我看了一些，都是何绍基题的，他把对岳阳楼的感情搬移到楹柱上去，给名楼添了意韵神气，同寻常戏墨者自是不同。何氏为湘南道州人。我前年游于苍梧之野，入道县东门村，看了他的家宅——东洲草堂。何绍基的书艺施于后世，村中能书者甚夥。在老屋前闲步，轻抚雕花板、青砖墙、旧柱础，不免怅叹。望着缓流的潇水，想到了岳阳楼。

岳阳楼和洞庭湖互为依傍。楼临波涌，是一座真正的"水楼"。船过洞庭，泊岸就可登览，比黄鹤楼、滕王阁都方便，三湖五渚仿佛由它统领。四根楠木金柱撑持的三层楼身好似给了倚栏望景者百丈的壮躯，恍若成了洞庭的主人。古今登楼之士皆应如此。岳阳楼使他们一抒胸襟，意致纵横而汪洋大度，品竹调丝，吹弹歌舞也是可能的。杜甫"戎马关山北，凭轩涕泗流"的哀吟，大约是个孤例。暮冬时节，老病孤舟的苦况能无悲戚？皆寄辞于瘁音了。所幸没有影响到身居谪位的范仲淹。

坐揽云涛，望断楚天。呵，楼庭风月消磨我大半的游程。巴陵胜状，远在范仲淹的浮想里，十面湖山却近映我的眼目。我闲时也写一点文章，自叹不是范文正公那样的雄才巨卿，如何做得出诗文来配这天下的名楼？纸上逾千言，只嫌我的笔墨太轻了些，终不抵范记三百字。若说我和他的灵魂各在古今的时空游荡，却因岳阳楼而拉近了距离。便不再空作徘徊，决计进到城里，去领受深街曲巷间的繁华，且听湖湘骚人词客一阕歌吟。

甲 秀 楼

　　贵阳文气，聚在甲秀楼。我登浮玉桥，观楼片时，感到它的飞檐、雕窗、石栏，极尽精致，影落南明河，气派不比其旁群起的新厦弱。

　　南方人临水筑楼，很有办法。宜昌的镇江阁、肇庆的阅江楼、富阳的春江第一楼，怎样望都有十足的画意。甲秀楼还要多添一片用心：科甲挺秀。"几年窗下学班马，吾岂匏瓜，指望待一举登科甲"，语出乔梦符《金钱记》，戏写唐诗人韩君平（名入大历十才子）和府尹之女柳眉儿相爱故事。金榜题名素与洞房花烛并为世人平生得意事，即在今天，也未见有很大改变。我久居京华，单位之东的一条街，就以"贡院"为名。集古人旧句，是："记得春闱同席试（唐姚合《别胡逸》诗），秋榜才名标第一（明唐寅《漫兴》诗）。"事有凑巧，近年，长安大戏院也由西单迁至这一带。科场久废，不见赴会试的贡士身影，青衿学子、朱衣使者，面目俱邈矣，耳边绕响的，却是红氍毹上的奏弦负鼓而歌。能把科场与戏场合于一身的词，像是只有"场屋"，若释义，从我的所见出发，则变双为单，唯余后一解。举孝廉，争廷魁，是古传的风气。人能效家贫的孙康，映雪苦读，似有望由俗街俚巷一步升入博学鸿词。唐李颀"腹中贮书一万卷，不肯低头在草莽"，道出常人心态。等而上之，是深信"人皆可以为尧舜"，这大约也合于天道吧。遍阅春秋，圣人以下，能入史家之笔的，大抵为获享功名者，照此看，以"甲秀"为名的延楼崇阁，实在大有深固的精神根基。在儒风久盛的江南，我好像没有见过这样的古楼。时下，青衿朱衣挟程文墨卷远退，观楼而追往，我仿佛望到贤良方正之士劳倦的影子。

甲秀楼处寻常巷陌间，不自矜，不欲与邻屋争势，很随和，很谦恭，有近人的态度。木石寄志，造楼者是把一缕文人的气质融进去了。楼间的《鸿雪因缘图记》《山水观我册》与《南明揽胜图》，皆绘甲秀楼，虽为清人笔墨，却和今日楼景没有多少异同，只是远近尚有清幽的山水。

我在涵碧亭坐歇，楼的上下尽为往来之客，赏鉴加忆古，颇有滋味。我不懂营造法式，难识楼台之美，假定单士元先生仍在世，我随他游此，听其口讲指画，或可另有一番心得。

翠微园傍南明河岸，同甲秀楼恰相映带。如果缺少它，独占鳌矶的甲秀楼会显得太"孤"。翠微园是旧日应举士子的读书处。能由乡试之场走向殿廷，竟至身入国子监者，为数真是太少了。

浮玉桥头，几个苗家女守着炉中火烤豆腐干，卖与游人。空气中飘着淡淡的卤味，这道吃食有些像浙东乡间常用来下饭的臭豆腐。

此桥本叫江公堤，明万历二十五年贵州巡抚江东之倡建。谁人会记起他呢？我看还是旧有的桥名好，很朴素，且传一缕余情待人临水空忆。

清人郑珍、莫友芝、黎庶昌以诗文入史，合为黔北三巨儒，曾经遗影甲秀楼吗？余生也晚，只好问之于天了。

芙 蓉 楼

芙蓉楼在中国诗史上的出现，是要溯至盛唐时代的。王昌龄送辛渐赋诗饯别其中的旧事，入泮的学子多不易忘记。诵其诗而仪其人，神思像是直飞千年前的吴楚山水间了。

昌龄好咏关塞之词，河东陇右的壮游，尽为边庭军旅放歌。李攀龙赞他的一首"秦时明月汉时关"为唐人七绝压卷，而"寒雨连江夜入吴"诗，遣愁闷心迹，尤可在历代送别的酬唱中拔萃。

几年以前的春末，我游至镇江，在金山寺近处望见一座名为芙蓉的江楼。当地人称，王昌龄送辛渐处即此，这似乎恰合于楼在京口之说。今天身入湘西的黔阳，又看到另外一座同名之楼，绕楼流过的不再是长江，而是沅江。龙标山傍江耸出，故黔阳在唐代是叫作龙标县的，为贬流之所。王昌龄因"晚节不护细行"之罪，由江宁丞谪黜龙标尉，溯江来到这苗汉杂处的遐荒之区。施蛰存说所谓"晚节不护细行"无从查考，不知是怎么一回事。蒋长栋则有一番推测，认为昌龄大概失于好酒贪杯、游手好闲、私养歌伎上。蒋先生是学问家，术业有专攻，此论不能以"牵附俗说于迹象间求之"的见解目之哉。至于谁家芙蓉楼为昌龄宴宾送客处，彼此聚讼非自今日始，暂不得解也罢。

我由怀化坐车南去，入黔城。沿街多清代旧屋，端详门巷，仍可辨出昔年宗祠、客栈的残痕。楚南边州，在迁谪之人看，该有异样的空气吧。龙光甸是道光年间黔阳知县事，他编集王昌龄宦楚诗二十九首，跋文尤好，曰："唐诗人王少伯以相如题柱之才，抱贾傅怀沙之恨。初由秘书而尉汜水，枳棘空有鸾栖。复自金陵而谪龙标，雪泥偶经鸿踏。从来迁客，不废啸歌。自古逐臣，偏工怨诽。盼雁影于衡阳烟外，人远长安。听猿声于湘浦月中，梦怀乡国……"真替千载前失路的骚人道出悲酸。王昌龄自具落拓之怀、逍遥之致，谪途中投赠岳阳友人"遣黜同所安，风土任所适"，毫不以斥逐为意。

芙蓉楼在城西北隅的冈阜上，高临沅水。一带江流闪着澄碧的波影依崖而过。几只细瘦的乌篷船静泊在滩头。有一些隔水呼渡的人。花树繁茂，让我这幽燕之客也要为橙黄橘绿、芷白兰香的三楚之地赞叹。伴楼之筑，我喜欢江矶上的送客亭和丘峦上的望江亭，眺景的意味都是一样的。就想到王昌龄。潇湘冷月、寒夜清猿，赋别愁，洲渚烟景总会浸着南浦伤情吧。昔日情境，在园门之额可赏，其上彩塑王昌龄楚山送客图。构画者黎氏，恰是那位龙知县的母亲。这一家人，值得记住。

进到楼园，不大，非常幽静。到处是花木。王昌龄《龙标野宴》"沅溪晚夏足凉风，春酒相携就竹丛"，应该是写实。芙蓉楼像是新漆过，双层，翘檐，四面有窗，不甚崇宏却颇精整。我想临其顶，领受"君行矣，我惟乘月登楼以望帆樯之逝耳"的高致，未见踏阶。只好默看堂中的王昌龄绘像，品几首他的宦楚诗。像旁附黄山谷自作小像并赞。将唐宋诗人联璧，什么道理呢？随意思之可也。

楼前半月亭为一汪池水映着，王昌龄坐卧而抚琴吟诗，甚有林下风气。他素以清骨闲情自矜，亭下的音唱轻萦于浓芳疏香中，亭楼当飘长洲茂苑之思。昌龄亦擅咏宫词、闺怨一类，"芙蓉不及美人妆，水殿风来珠翠香""闺中少妇不知愁，春日凝妆上翠楼"诸句，吟诵或作笺注，颇涉遐想。

沈从文到过芙蓉楼。竹林间的玉壶亭悬联"风动铃声穿楼去，月移塔影过江来"，是沈先生题的。冰壶之德，是纯正的君子风。前代诗评家释曰："说我宦情已薄，如一片冰心贮之玉壶，淡然无所挂碍。"施蛰存不这样看："我以为全都错了。王昌龄不是一个'不牵于宦情'的人。"他是请辛渐代答洛阳友人，自己做官，一定廉洁清正，守冰壶之戒。谁更近于昌龄本心呢？我想了想，笔不得下。

观楼兴慨，能履先贤旧迹，足够了。前人谓："固不必睹遗址故物而同为惓惓也。"语藏冷暖。

披 云 楼

披云楼一名飞云楼，立风雨中近九百载。肇庆古貌，据此可以略作端详。那天先是从老城门前路过，我并不觉得眼生，想了想，它有些像桂林的古南门；再往远讲，朝鲜开城市中心的那座南大门和它也有一点相仿。古城墙是宋代修砌，主其事的端王，就是后来当了皇帝的赵佶。端州古郡易名为肇庆，也是自他而始。

墙体颜色取传统的深红，仿佛为宫墙所独享。剥落处露出青色的砖石，苍苔点点。城墙周长两千多米，完全不能同我想象中的庞大规模合拍。它太小巧，略具北京团城的意味。古端州的中心地盘皆囊其间矣。

披云楼虽不及黄鹤楼有气象，却也得其仿佛。我登楼时，没什么人来游，古楼略显空旷，但也尽得一缕情绪。这情绪是从哪里得来的呢？从二楼的南明永历帝蜡像哉！这是在旧址上复制出的一段历史情节。永历帝朱由榔听说清兵将至，毫无办法，叫宫女弹起琵琶和古筝消愁。兵部侍郎、大学士瞿式耜进来禀报，说要坚守羚羊峡以抗清兵，死守肇庆。几个人物各有风神，朱由榔瘦长脸，眉目很清俊，像个白面书生，只是亡国在旦夕间，眼神流露着

忧郁。塑像者对人物此时的心理把握得准确，且形诸神色。瞿式耜显得深有
韬略，容止具大将风。在年轻的永历帝面前，又带有长者的气度，说明他是
定社稷于一身的人物。这都很符合原型的性格。这位瞿大人曾在桂林身立矢
石中，率士卒战守达三月，人无叛志，亦曾面对攻城强敌而坐府帐豪饮达旦，
绝无惧色，且在狱中赋绝命诗十余章而慷慨赴死。遗《瞿忠宣公全集》，其诗
"旌心可对三江水，寄迹惟凭一叶船"，言志之词也。他一生有亮节，多悲壮
气，只是所拥之主，下场过于凄惨。言及永历帝被吴三桂绞杀于昆明，后人
不免摇头。宫女的柔指弹不出江山。

旁书一联，情调较为相宜：

但将竹叶消春恨，
应共桃花说旧心。

从花窗望出去，是一家医院。朱由榔监国于肇庆，府署就设在这里。可
惜他支撑不住这片残山剩水，唯有孤望西江之月。奈何？永历王朝，过于
命短。

楼前的一截木棉树不知谁人手植。早已无花叶，枯死了。绿茂如云的是
榕树。又有海棠花，红艳若美人颊，很悦目。树之枯荣，在这里仿佛也能牵
人情丝。城堞覆绿藤，缀满沧桑。铁炮两尊踞于垛口，锈色很重，摆在这里，
似乎有所叙说。

我来时天气响晴，无乱云飞渡，故略失披云楼精神，但能领受一段南明
亡国之痛，也就足够了。

古榕荫下，拼凑三两竹凳藤椅，对饮者极有滋味地埋头喝酒，再无什么
纷扰来惊破醋浓的醉境。

雕 花 楼

　　我从苏南的几座老镇游了出来，品过碧螺春的清芬，洞庭红的鲜香也已甜在齿颊间了。临去，仍不餍足，游情所向，是以赏看留在雕花楼砖木上的纹饰来作终曲前的雅奏。

　　雕花楼在苏州的东洞庭山，濒着太湖。临窗，烟波映眼，飘着几片风帆。楼主很会择址。雕花楼是俗称，它还有一个名字，春在楼，颇为雅驯。"花落春仍在"是俞樾应试的名句。吴门之内还留有他的那座春在堂吗？我就不知道了。雕花楼主金锡之借用其意倒是可能的。镂花绘彩，配着楼外的四时花木，美得真是无从说起。

　　中国的冠冕簪缨之族看重姑苏，惯以"花柳繁华地，温柔富贵乡"的对句吟赞它的山水，退身也爱选在这里。富户楼宅多以高垣周之，将自家华丽掩在门墙之内，外观常常是简素的。身入这样的大第宅，贪享门楼厅廊、漏窗梁桁间雕饰的精妙，自闭其内的宅主似不需受尽户外的风浪。到了今天，东道已邈，云鬟花颜、芙蓉帐暖俱往矣，楼的上下有一种难言的冷清。朱门衰落，谁也没有办法。雕花楼不是很古的建筑，旧主的情感对于今人是较易体会的。雕花无语，可以想见一点他在土木艺术上的趣味。

　　苏南之宅，多会造一个石库门，门前还要设一堵面阔的照壁，雕花楼也是这样。有一个从小说家那里借过的通例，在《红楼梦》里。贾政来逛大观园，看到门后一带翠嶂迎目，道出一番见解："非此一山，一进来园中所有之景悉入目中，则有何趣。"雕花楼的大照壁干脆横在楼院外，两端缺处闪出数角斜檐，愈显深藏若虚了。绕至壁后，单坡板瓦顶的门楼上细雕瑞草祥花与贤德人物，精巧亦无可足述。亲德堂的门栏窗扇和天井四围，全被雕满，葡萄、卷叶、绶带、璎珞……似无一角闲处。为什么不"留白"呢？到了这样的地方，我有点眼花缭乱，竟至茫然无所对了。我的家乡是不大把錾凿的功夫用在这里的，顶多铰一些剪纸贴在窗户上，富丽或许不及雕花楼里的苏式彩绘，表达的意思却是一样的。北方乡居，也有讲究的。我今夏去过山西的几座大院，王家、乔家、渠家，多在晋中的灵石、祁县一带。院主世代以行贩为业，发了。这些巨室富贾回乡造屋，一盖就是一大片，犹似宫苑。唐诗"故人处东第，清夜多新欢"，能状其仿佛。廊角栏边砌阶旁，无不细雕新鲜花样。工匠会是从南方请来的吗？我没有深问。三晋的大院建筑，近些年出名了，在北方，这样的豪宅为数并不多。陈从周曾说"他处羡慕苏州的繁华而移居其地的亦很多，尤以浙北与皖南人为最多"，"而皖南山水影响所及，自有其迹。盖明中叶以后述皖南山水之诗文绘皖南山水之画图，流风所被，盛于江南。至若徽属之人移居杭州、苏州、扬州三地者为数特多，皆宦游经商于其间，建造园林，模山范水，辄动乡情，致移皖南之山水，置异乡之庭园"。我观此楼"雕刻之轻灵，线条之宛转，人物表情之自若"，虽大有吴门派笔意，又为苏式花厅里的一般面貌，却承袭着古歙民居的风格。吴帮徽派在筑屋的技艺上，理当兼善焉。香山木渎的匠师很有名气，蒯祥即香山人。说雕花楼堪为香山帮煞费经营而诚足可范者，自不能有所微词也。

　　小花园倚在楼堂的北侧，很衬。选了一些太湖石置放于适当处，危然山巅也。择势栽植的花木四季都是绿的。楼雕繁而博，园景简而约，疏朗明畅。磨延于竹荫叶影、水石山池间，市肆的嚣闹渐远，甚以为慰，可感静览云烟、坐观峰峦的妙处；亦仿佛溯上去数十年，看到细长之身的宅主透出的遗逸作风。如果雕花楼是以刻绘的精绝而豪视吴中，这园中一片真花柳则略失颜色矣。我有些怅惋地垂下眼去。咦，身在画中，也会低声一叹吗？楼头的雕窗微启，几把贴了大理石面的木凳靠窗摆放，坐在那里，入目都是园景。在我看，金家若以诗礼为尊，月上东山之时，少爷小姐从书房卧室里出来，陪着老人在这里喝茶，烟火气全消。欢情所寄，无妨也学大观园的宝二爷和众才女，争联即景诗，雅制春灯谜，一歌一咏，兴味必不会淡。小杜诗："正是客心孤迥处，谁家红袖倚江楼。"我是北方人，对缱绻于弹词昆腔中的吴娃越艳，犹抱隔雾看花之恨，几欲凛然归燕赵了。浮思未断，孤楼深院内的宅眷，清晓梦醒，推窗，眺见春晨中洞庭山上明艳的繁蕊和缓移在苍茫云水间的太湖的渔帆，枝头的翠鸟连声送来眠中也未曾泛响的自然的欢籁，甚以为慰，且发现了心底的凄冷处。谁肯在深锁的院内垂垂待老呢？悄默中，心之花就迎着流泻的粉霞和湖上的金波欣然半开了，久寂的楼头宛似透出一缕春的消息。

浔 阳 楼

刺配江州的宋公明，自醉于杯盏，壁题反诗，浔阳楼自此大为出名。

浔阳楼为新修，尽从宋式。楼倚大江，重檐翼之，九江城遂添上好游处。正脊下，"浔阳楼"三字大有风神。照《水浒传》上的说法，应该是苏东坡墨迹。这一块新额，不知易字否？我没有留心，但漆板金书，亦非俗笔。南昌"滕王阁"三字，像是从《晚香堂苏帖》里拓放出来的。盖苏老夫子在赣地的才望大过于人。

浔阳楼很气派，至少同宋江眼中的老楼难分上下。《水浒传》中有一笔漂亮文字：

雕檐映日，画栋飞云。碧阑干低接轩窗，翠帘幕高悬户牖。吹笙品笛，尽都是公子王孙；执盏擎壶，摆列着歌姬舞女。消磨醉眼，倚青天万叠云山；勾惹吟魂，翻瑞雪一江烟水。白苹渡口，时闻渔父鸣榔；红蓼滩头，每见钓翁击楫。楼畔绿槐啼野鸟，门前翠柳出花骢。

我登楼头，倚栏所望，是风中长江，是形似七级浮屠的锁江楼，是飞架赣鄂的九江大桥。

楼为三层，正中四字题得好：逝者如斯。虽未必新，但是放在江岸之楼，很贴切。我刚去过的闽北武夷山，九曲溪旁所立摩崖，也有这四字，朱熹笔也。似乎不单纯为了应景，也是脱胎于孔孟的一些儒生借古人语立自家之言。

两壁瓷砖彩画，亦出诸景德镇艺人手。东，及时雨会神行太保；西，梁山泊好汉劫法场。场面大，刻画细，颇有可观。江州旧地，是要倚仗古典的。楹联则大有体现，如杜宣题撰的这一副：

　　　　果有浔阳楼乎将宋江醉酒壁上题诗写得有声有色，
　　　　如无水浒传者则梁山聚义替天行道就会无影无踪。

竖笔横墨，颇能通书和史。

更上一层楼，则见梁山泊众英雄瓷像，凑成一百零八之数，各有神态。这样多的人物像齐聚江楼，我还是第一次见到。顶层设红木桌椅，可堪品饮香茶兼眺窗外江山。对怀古心盛又好赏景的风雅人，真是稀有的享受。当年宋公明唤酒保索笔砚，朝白粉壁上醉题西江月词之先，也是这般贪看风景兼及美食的。原文是：

　　　　少时，一托盘把上楼来，一樽蓝桥风月美酒，摆下菜蔬、时新果品，按酒列几般肥羊、嫩鸡、酿鹅、精肉，尽使朱红盘碟。宋江看了，心中暗喜，自夸道："这般整齐肴馔，济楚器皿，端的是好个江州。我虽是犯罪远流到此，却也看了些真山真水。我那里虽有几座名山古迹，却无此等景致。"独自一个，一杯两盏，倚阑畅饮，不觉沉醉……

行役道上的及时雨，尚能流连浔阳山水，发以唱叹，何况春风里的游冶人。只是我所见到的题楼诗词还不多，很有必要收集一下，编为一册。

浔阳楼名在天下，除去水浒人物，相关的旁人也不妨容纳一些，比方名不在商山四皓之下的浔阳三隐。将隐者之一的陶渊明从东篱下的黄菊丛中拉来，于楼头临风闲饮，且让"匡庐郁黛，扬子雄涛，溢浦飞霞，柴桑远照"奔来眼底，不也饶得意趣吗？

檐下，几株枇杷的翠叶正舞于江风。

花 戏 楼

就我的旅行经验看，乡间城中多戏楼。昆明湖边德和园里的大戏楼，号称当时国内最大，谭鑫培、杨小楼曾登此台，给慈禧太后唱京剧。二位都有拿手戏，谭是《空城计》和《定军山》，杨是《挑滑车》与《长坂坡》。老佛爷爱听哪口儿呢?

那年我走晋北，不意间看见一座戏台立在村上，虽然简陋，却是桑干河畔好乡景。另一年，过赣北乐平，也有古戏台，人们尤喜浒崦、坑口的那两座。前年和金敬迈先生去粤北连州，到了引泰伯为吴氏始祖的丰阳古村。奉祀之日，村人要看戏。丰溪古庙对面，有一座戏台，不知哪年建的，样子之老，似和飞檐触着的古榕经历了同样风雨。祭祖酬神的意味，让我想起湘西凤凰城里的朝阳宫。这座旧军阀的家祠里，经常演傩戏。从前我往里一坐，无戏可看，浮在脑子里的，是领兵的陈渠珍和竿军士卒的身姿，还有《芜野尘梦》的书影。

戏剧演出和宗教仪式相关联，不只是中国的光景。古希腊的演戏之所，便是环神坛而设。雅典卫城山坡下的半圆形剧场，还留着旧日痕迹。古罗马的民间戏剧也是一样。庞培主持建造的半圆形剧场,恺撒下令建的圆形剧场,都是罗马第一座。演戏之外,还办角斗和游艺表演。古希腊、罗马的戏剧演出从广场走向固定舞台,在剧场建筑史上具有标志性意义。文艺复兴时期的意大利,有了装置精致的舞台、光彩耀目的布景,前幕、远景的应用,使舞台不再是一个宽空的平面,观众席也由半圆形改为马蹄形,更有多层楼座和包厢在威尼斯出现,新的结构形式使剧场建筑艺术发生了变革。

中世纪的西班牙,宗教戏剧向民间戏剧转化,巡演之风流行于广大乡村,戏剧演出的外在形式简单。直到露天的庭院剧场被后来的公共剧院代替,演剧的条件才有了改观。而在18世纪之前的德国,职业剧团也因缺少剧院而只能辗转各地,宫廷剧院上演的却是法国、意大利和英国戏剧。幸赖席洛得尔经营汉堡剧院,歌德领导魏玛剧院的艺术努力,德国戏剧才产生了世界影响。

说到西欧的剧场艺术,我又忆起那年游英伦,眺览泰晤士河南岸的伦敦环球剧院,想到莎士比亚的戏剧活动和在这个开放式舞台上演的第一部莎翁浪漫喜剧《维洛那二绅士》。这种美的感觉,伴我到莎士比亚的家乡斯特拉福小镇。

中国的戏楼,更不简单,神庙、宗祠、宫廷、私宅、府邸、会馆、商务的种种特色,都有了。今夏得缘去皖北。到了亳州城北关,青碧涡水流成一条长带,南岸的花戏楼,是山陕商人建的会馆。这些旅外的同乡,到了这里,也要把敬祀关公的乡俗带过来,择址大关帝庙就不是无端。这座花戏楼,献演酬神之外,更为了聚乡情,药材、皮毛等生意自会得利,可说商务、宗教、娱乐三种功能,一个不差。"叙乡谊、通商情、敬关爷"这九字,把山陕商人在各大商埠购田产、造楼阁、建会馆的意图,讲得很准。大关帝庙建成二十年后,才在里面就势修了这座戏楼,时在康熙十五年;乾隆三十一年重葺。清人碑记中"藻采歌台"四字,即述其事。

花戏楼,这个称谓很能传雕绘之妙。工匠有很好的艺术观,用到建筑上,本身就是戏。整座戏楼，可说是一件完整的艺术作品。梁柱、额枋、垂檐、雀替、栏杆之上，雕饰戏文中人物，又以三国故事为多。梁枋、斗拱、天花、藻井、柱头上的彩绘，取材亦类近。山水、花鸟、楼阁、亭台、车马、人物，一出出好戏文，化在木雕上。满眼锦绣，极富丽。我早知道江南工匠手段的厉害，楼檐屋脊、门楣窗扇，不肯空着，总要使些浮雕、透雕、圆雕的技巧上去，故而木雕、砖雕、石雕、瓦塑、陶塑在苏浙皖一带就颇常见。我的记忆里，姑苏东洞庭山的雕花楼本很可观，现如今又添了这座花戏楼。雕镂藻绘之功，绝非等闲。

亳州是曹操故园。花戏楼上，工匠的一雕一刻，都有分寸，不把"白脸"奸雄的形貌压给阿瞒，没有贬曹气味。这是反了一点传统的。

舞台开上下场门，左右设附台，供演员化装、候场之用。雅典的半圆形剧场，为古代希腊戏剧演出的著名场所，换装室设在演出区的对面；有的演剧地，演员退场和场景更换也受限。花戏楼就不是这样，它的基本结构已经接近现代舞台。

明清之际，万里商路上，山陕生意人修建的会馆式戏楼，为数不少。南阳社旗山陕会馆里的悬鉴楼，就是一座戏楼。这之外，北京前门外的平阳会馆、洛阳老城东关西街的潞泽会馆、开封龙亭东侧的山陕甘会馆、聊城东关古运河西岸的山陕会馆、四川自贡解放路的西秦会馆、内蒙古多伦的山西会馆、甘肃兰州城关区贡元巷的陕西会馆、甘肃张掖的山西会馆、苏州平江路张家巷的全晋会馆、上海的晋业会馆，都辟建戏楼，和花戏楼相比，同大而异小，可以等观。这些建筑经典，承载着舞台生命，是可珍的戏剧遗产，要研究中国剧场史，离不开它们。

鹳雀楼

鹳雀楼在蒲州古城西门外，黄河的东岸。它是一座孤起的很大的楼。

楼名古今未变。鹳雀是一种河边的水鸟，长腿、尖喙，形如白鹤，喜食鱼虾。一听这个，我乐了，敢情就是我们兴凯湖的（缩脖）老等呀！以"鹳雀"名楼，挺好。

这座楼是新建的。早先的鹳雀楼，由北周大冢宰宇文护倡建。大冢宰就是宰相。书上说，北齐和北周争天下，蒲州成了要塞，镇守河外之地的宇文护，遂筑层楼以御敌。它其实是一座戍楼。七百年过去，到了金元光元年，金、元二朝攻夺蒲州，火照城中，楼焚，只剩故基。一座楼，能历隋、唐、五代、宋、金，为时不短。

清乾隆二十一年的《蒲州府志》上说，此楼"旧在城西河洲渚上"，到了光绪年间的《永济县志》里，又讲"旧在郡城西南黄河中高阜处"。地方志所言存异，不管踞洲渚，还是临高阜，皆傍黄河而造，料无可疑。

鹳雀楼的出名，在诗。照沈括《梦溪笔谈》里的说法，是"唐人留诗者甚多"。临楼，唐代诗人李翰《河中鹳雀楼集序》谓"悠然远心，如思龙门，若望昆仑"。龙门、昆仑当然是眺览不到的，这样说，实乃形容一种旷阔的心境。或曰李翰为文精密，用思苦涩，就不好说他语多夸张。不这么落笔，颇难写出此楼气韵，也难畅抒凌云心怀。下文的"八月天高，获登兹楼，乃复俯视舜城，傍窥秦塞。紫气度关而西入，黄河触华而东汇"，倒有依凭。这里地处秦晋豫三省连壤处，不知所度的"关"，是风陵渡对岸的潼关，还是河那边的函谷关？而所触的"华"，当是"华岳"吧。

唐宋诸公楼头题咏，也是一时风气。鹳雀楼从瞭望御敌的戍楼变成雅集游宴的所在了。况且永济文风久盛，大历十才子中的卢纶、耿沣，即为本地人。吟诵鹳雀楼的诗，"唯李益、王之涣、畅当三首能壮其观"，这是沈括说过的话。王之涣"白日依山尽，黄河入海流。欲穷千里目，更上一层楼"这首五绝，最入人心。诗的前十字，状楼台外风光，以景显情；后十字，寄登楼人胸臆，以理化景。笔墨虽未直接落在楼上，可是若无此楼，一切便会失了根。这是"不写之写"。辜鸿铭提起唐人陈陶的《陇西行》时讲过："这种中国文学可以将深沉的思想和真挚的感情融汇在极其简单的语言中。"王之涣的《登鹳雀楼》诚然也当得起这一句话的褒扬，这种"接近于白话的简洁"，深含一种放达、豪纵和高远。

王诗，我自小熟读，脑子里却无形象。几十年后上了鹳雀楼，放眼兼默诵，始知"黄河入海流"的样子。这会儿，我已经是一个老人了。他的《登鹳雀楼》，也头一次让我感动。

诗人凭栏，黄河从眼前流过，流进他的心。王之涣素性萧散，不以俗事为要，见容于浊世就成为至难。他的命途断非简单，心中愤怨些是有的。他的大河放游，也图一时的散淡吧。若无闲逸心情，绝难作出这般有情理的诗。此楼回廊上，真就塑着一尊王之涣的立像，以意为之，饶得风神。我站在一旁，眼光凝住了——他戴着官帽，两个帽翅下垂，下颌蓄着一绺短须，登楼这年，他已是五十岁的人了，而意气未消，边塞诗人的风骨也透出几分；他叉腿站着，身子后仰，两道眸光朝远方伸去，投向斜阳下的峰峦；左手展纸，右臂轻扬，手中一支笔正要落下；宽大的袍袖，折线飘曳，仿佛有风来。我依着塑像，留了影。在这样高敞的地方，四外的风景让你放览，心愈发狂纵了。真用得上王右军《兰亭集序》中那八字：游目骋怀，信可乐也。我俯着身子往楼下看时，是有无边风光铺卧在长河畔的。滩涂、岸野、林地、耕田、蒲津渡、黄土塬，被傍晚飘浮的凉雾遮虚了影子，黄河闪出一片白亮的水光，悠缓地盘曲。太华、首阳诸山隐在风烟里，又叫我把轩辕会群仙，伯夷、叔齐采薇隐居的传说略想一遍。长天、大河、苍山、落日奔来眼底，一个有心怀的诗人，总会对远处的景物充满想象，并且"情动于中而形于言"。或许这就叫"从风景出发，回到情感"。独伫楼头，就是站在诗的世界。

旧的鹳雀楼，高三层，已不算矮。李益赞曰："鹳雀楼西百尺樯，汀州云树共茫茫。"唯有居高望远，才有此等眼界，此等襟抱。千几百年后重修，比起原初的形迹，自是有变。楼已经升到九层——三层台基托着六层的楼身，挑出的四层翘檐朝高处收窄。在营造形制上，一看就知道，谨遵唐式。这有根由，鹳雀楼是因王之涣的近体诗出名的，它的最盛期理应在唐。

新的鹳雀楼，楼前有大片的花，红的、黄的、白的，开得极好。我叫不出它们的名字。"花蕾的使命就是绽放"，这是我近日读来的一句话，现在想起了。这些彩花和绿色灌木，是以传统纹饰为底本拼植的，蝴蝶纹、石榴纹、莲花纹和云头如意纹，美如锦缎。栽了不少雪松、泡桐、桧柏和白皮松，互为映带。把平常的花木莳弄得这般俏，真是巧手！叫人大声赞妙。我的眼睛不够用了，我是看花呢，还是看楼？

楼阁这般岿巍，能衬出它的气势的，只有天。云雾拂过十字歇山式楼顶，五脊六兽各安其位，于高处殷勤守望。檐脊之间正是狻猊、狮豸、貔貅、鸱吻诸宫殿神兽和跨凤仙人的天下，本是一团泥坯，升到飘云里，立添神气，比那翚飞的翼角更傲。月台、勾栏、柱础、回廊、门楼，俱作仿唐彩绘，建筑之美不必从笔下一一叙出。

　　宽展的台基砌了多层石阶，通向一层大厅。厅堂极是宏敞，空闲不得。环堂摆列，满满的文史精华在内。供着几尊坐像，通身黧黑，神色沉静，那等鲜活的生命气象已归寂灭。我踱至像前，停了脚，是唐尧、虞舜、夏禹，其部落之所或为河东一带，亦有此说。尧舜禹，圣迹遍神州，炎黄子孙感戴圣恩不尽。尧王访贤、舜耕历山的传说，我们不觉陌生。更有理洪水、量大地、铸九鼎、游海外的大禹，虽是天神，却多人间情味。《太平广记》引《三秦记》："龙门山，在河东界。禹凿山断门一里余，黄河自中流下，两岸不通车马。"这则鲤鱼跳龙门的神话，妇孺皆知，而出典的地方在此段山水间，大概就非皆知了。在黄河边的楼上，设像敬祀，有厚重的意味。乡俗气息亦不淡。民间社火是精神的狂欢，晋南皮影带些汉代画像石的技法，以线造型，装饰性特强。皮影戏的取材，和蒲州梆子应该是有一点接近的。当地人惯呼蒲州梆子为"乱弹戏"。坐在台前瞧演出，能从戏里了解不少历史上的故事，甚或明白一些做人的道理。赏雅观俗的当口，也一定要喝蒲坂桑落酒。这种酒可算"古酿"了，酒味烈不烈呢？我不沾酒，无以言。

　　壁上画像，瞧那容颜，瞅那装束，已有了春秋，叫人记起久经世代的当地名贤。文臣武将这样的人物，暂不去说了，我一心只拣合我兴趣的看。作诗文的王维、王勃、柳宗元、聂夷中、薛道衡、关汉卿，绘山水的马远、阎次平，画道释人物的乔仲常，跟我离得稍近。静栖于中条山王官谷的司空图，我也注意到了。我早年买过一册《司空图诗品解说》，这本薄薄的书，影响过我的创作，倘若细究起来，又会长篇大套地没个完。他分出的二十四诗风中，冲淡、自然、疏野、清奇、飘逸、旷达这几种，我尤倾心，虽则颇费琢磨。司空图的身上，有一股僧味儿，真是个隐逸。

　　和运城相关的圣贤，这里都把他们布设在四面，我好像进了历史博物馆。这些介绍材料，在真实性上没的说，而诗意则不要去想了，似乎委屈了这座凭一首律绝出名的"诗楼"。

调丝弄弦，尽是前朝腔曲；鼓瑟吹笙，又是咏怀情致。在南昌的滕王阁、武汉的楚天台、随州的擂鼓墩，这样的仿古歌吹我也领略过几回，一笔不能写尽其妙。鹳雀楼亦有此般光景。猩红的氍毹铺上舞台，台面不高，当中一张古琴。近前摆设的几把红木椅是留给观者的，我们招呼着坐好了。几个男女演员闪出身来，口拖长腔，把王之涣的五言绝句曼声唱出来，仿佛入梦。我遂低了头，细聆台上平仄，又将这诗来一番咀嚼，殊觉惬怀畅意。女子穿的丝绸衣裳，很艳，袖口肥阔，绣着花，彩帛贴肩，是唐人的襦裙吗？男子则穿圆领袍衫，右衽，袖子收得略窄些。我一边侧耳听着腔曲，一边仰脸瞥着天棚，看见一些绿底黑白团花、青底红色团花、白底缠枝花饰画在平棋上面，外添常用的如意纹和连珠纹，使那宫阁气浓得化不开。细密的方格里，容纳了这么妍美的想象，中国古代纹饰的抽象意韵，跟建筑语汇融合得真好。

楼身已远的时候，片片彩锦似恋在我的头上，袅袅地飘。不好怪我痴，还不是王之涣那五言四句二十字撩着心？耳边遂又响起吟诵的声调。他的遗音在诗史上的意义，更是不消说了吧；而今人还能倾倒于鹳雀楼，抱有赓续中国文化传统的深心，必是确真的。

承 启 楼

客家入山，不畏途远。古时从中原那边越江淮，入赣而迁闽复徙粤，一路相伴的也是这山，也是这水。那些跋涉的身影追寻着美好的生活理想，流云对着他们微笑，峰岭也低下高昂的头颅。我们循迹而来，尤其觉得那迂曲的山路总也行不到它的尽头。龙岩一带山，真叫深呀！

投暮而抵永定县高头乡高北村时，偏西的太阳快要临着折向东南的岭脊了，浅红色的夕照方射到承启楼檐头的黑瓦上。楼前颇敞阔，丛山之中还有这样一片平展的空场。席棚之下，三五老人弹琴、拉弦、吹笛，神情安闲。他们脸色黧黑，细密皱纹间藏着的故事，要到飘响的乐音里去听。

一座圆形的楼堡正用它土黄的颜色染着薄暮的蓝空，明艳的彩霞飞在天边，又轻轻罩上远近峰峦，一切色调、一切光影被调和得极柔和美丽。

土楼的外径很大，围成一个大圈子，极严实。壁以土夯，檐以瓦铺，墙基则用大卵石垒筑，山洪卷来可以不怕。门上檐下开了两层方形的窗子，一圈下来，总也有数十孔吧，很像长在土筑楼墙上的眼睛。匪盗来侵，打枪投石正从这里。土楼的御敌功能，亦和天下城堡无殊。黄泥墙总带古意，长年有人的欢笑，就没有颓为仅供凭吊的废址。

南门横额上题着"承启楼"这样三个字，配着一副对联，是："承前祖德勤和俭，启后孙谋读与耕。"楼名的得来，用意都在里面了。看那楼身，闪出一片大地的色彩，乡民内心也如泥土一般深沉。离乡南迁的客家人，把黄河的颜色带到了这里，也把耕读传家的世风带到了这里。

我的这个感觉，在跨进楼院的那一刻，似更强烈了一些。我犹如走进一座城。环形排列的屋舍、环形伸展的通道，都在圆状的平面上展开。绵长的时间线在这个特定空间绕成一个巨大的圆，仿佛无始，也仿佛无终。你若喜思索，你若爱想象，顺沿那幽深的通廊进入历史的回忆也是可以的。本院多江氏人家，祖堂设在圆心的位置，应该是一个祭祀的地方。门额的"笔花庐"，是林森的字。梁枋下悬几块乾隆年间的牌匾，漆底金书，文辞不出"世德书香""兄弟选魁"之类。堂中摆一张木桌，花盆里的蜡烛还剩半截，够点一会儿。靠后墙是一个佛龛，不大，左右垂幔，当中一尊观世音。门外过道里，有个精瘦老汉坐在矮竹椅上摇扇、抽烟，睡眼乜斜。听说我从山外来，脸上浮笑，夸说这尊菩萨极有灵验。为求庇佑而拜祖，整个楼院里，这间烛影摇红的小小屋子，安顿着数百男女的心。这四道环形相套的楼屋，就从祖堂朝外扩衍，一层层高上去，连向浩阔的天。这涟漪般的建筑哟，这魅惑心灵的宗教！

穿过一道偏门，我的脚边静卧两只眯着细眼的小花猫，摸摸它们又短又软的皮毛，惊也不惊一下，柔顺得可以。二环的楼屋还只是低低的一层，二十多间房。三环增至双层，三十多间房，形制也便阔大了不少。四环是最外的一道，高到四层，屋子多至六七十间，每间一律由下往上布设厨房、谷仓、卧室，供一家居住，与今日"单元"有点相仿。诸房屋同一尺度，长幼、尊卑、高低、贵贱的礼数也是没有的，又不失强烈的秩序感。可知这民宅的出名，一半自然是因为楼身的圆，与造型的特异及鲜见，一半也在邻里间敦睦亲厚的乡风。

晚炊的香味已经叫我嗅到了，心头就添了家常气。若从清康熙四十八年始建算起，穿山越水的流民，总归把家的温暖留在了这里。他们在一声声夯号子里，创造着朴素的民居形式，诠解着"客而家焉"的意义。土木垒筑的物质外壳里，跳荡着一个伟大民系的灵魂。

我从外环东边的阶梯口折上去，倚着顶层的围栏俯视。柳永所吟"烟柳画桥，风帘翠幕，参差十万人家"的光景虽还不及，只看那回环的鳞瓦，只听那入云的弦音，也让我粗知了这座合院式住宅的大略。比起方正的结构，这圆状的严谨与精整，更暗含一种仪式感。默伫于院心的那方半圆形天井，仰观穹碧，俯察坤舆，或许也更来得合适。平展的楼檐荡出一个美丽的圆弧，中间镶嵌一片天。意兴摇荡，精神的旋翼直向天心。目光垂下，抬梁式屋顶的前后，细密地铺设青瓦，缓缓形成斜面，所谓"两坡水"便是它吧。瓦垄如闪漾的鳞片，如放射的波纹，土楼的梁架形式，真有它的美感。连延的竖门方窗，排布得极匀极美，气象也颇俨然。这种营建结构，消除了空间上的距离感。族亲之间的情感纽带，犹似窗前的回廊一样悠长，便是在山水都异的他乡，也还存续。前人读《论语·里仁》，这么做疏："仁者之所居处，谓之里仁。凡人之择居，居于仁者之里，是为美也。"世居此楼的村民，脸上浮闪和平乐业神情，几欲回到羲皇以上时代去种茶植稻。城垣一般高而且厚的楼壁，阻隔了多少尘嚣，护佑里面的人舒享日月。它的那种朴素的土黄，在阳光下格外有一种暖意，这是叫人感动的颜色。一生的安静，带来诗与梦。我若租它一间，山中清居的滋味会是何样呢？

客家人以强韧的生存力筑造起雄实的建筑体。不但浑圆墙身的线条简括、流畅，充满张力，那片纯粹的灿黄更是最美的肤色。我轻轻触叩粗厚的土壁，一种硬度迅速从指尖导入我的全部神经。一阵风来，墙的那边忽然飞响快乐的谈笑。一扇扇敞开的门窗，一张张欢愉的面庞！我分明又感到血脉的弹性，指下便格外柔软了。聚族而居的楼宅，延嗣着子孙，也凝聚着情感。太阳底下看它，一个巨大的生命光环明亮而轻盈，像要飞到天上去，并且在云中飘展一面农耕文明的古老旗帜。

福建最好的几座土楼，多在永定一带。当晚在看了近旁那座民国年间修起的振成楼过后，一路慢品着它妙融中西的新式风味，又上下盘曲地南行到了下洋镇，且听说初溪村里的善庆、福庆、集庆、广庆和余庆这五座圆楼。

赤 嵌 楼

到了台南市，赤嵌楼前的低回也总是难得的。楼不是一座，是由文昌阁、海神庙合起来的，紧相依傍若一乳胞胎。看上去不及黄鹤楼、岳阳楼那么大，海南五公祠的样子似带着几分。虽如此，你也切莫轻估了它。你得细细打量它的上下，若少了这一眼，你心中的台湾图画自会缺去一角。

赤嵌楼上张挂的条幅画轴，叫人想到郑成功。荷兰人的旧筑，成了郑氏的承天府。精神寓意在里面，这样一看，楼台的象征性比起建筑价值来，自是差胜一筹。若只把它当作楼来看，那就太简单了。

郑成功归葬泉州南安老家。石井镇鳌峰山上的郑成功纪念馆和延平郡王祠、水头镇外覆船山下他的陵墓，我去的时间还在五年前。郑氏早从课本里出来，到我心中占了位置，其程度之深不逊于史上任何一位英雄。情见乎辞，亦即是在另一篇文字里寄托过一点感想。现今便是不拿笔写他，心里也是极敬慕的。郑氏攻入台湾虽然远在顺治十八年，其意志精神却是新的。他给我们多难的民族贡献了一种特别的东西。这一刻，隔海驰思，心能够听到天空的声音，清切而真实。悠长的回响，流畅地排列着历史的秩序。青软草坪边的碑碣、石像，在阳光下静静地讲述岁月。

花木的馨香被柔和的风送到心里。亮绿的叶片间飞闪着粉红的花色，柔媚的笑是含在点点嫩蕊中了，很觉得醉眼。游人的足音在楼上的木梯间轻轻地响，也破不了这里的静。

市之西有安平古堡，存在的意义和这里一样。我断非过城堡而不入，只是观览的感觉相同罢了。郑氏像就风神的端凝看，很显露出一种英气，和其旁的石碑真也看不出大的分别。肉身之人成为石质之像，是将可纪念人物定型化，在他后来之人，抬眼一看，可得形象化的认识，虽则觉得其间的时光到底有些邈远了。庸碌者难够此格，弹指一生，仅如轻尘栖弱草了。偶像的崇慕随光阴之久而程度愈深，况且郑成功在民众的土里很有根基，这是从历史来的，受着此番殊遇，可以无愧矣。

平素，我们在山巅水湄看古楼，目光落在重檐回廊之间，发思古之幽情最是寻常，甚而念天地之悠悠，同现实总像是隔着一层似的。在赤嵌楼，有些异样的是，心情还陷在实际生活里面。

流连古楼前，我如面对远逝的风云，亦追念过去的生命，与我所游的普通古迹没有什么不同。也就因为这样的缘故，把此段游感用散文的形式记下来，素材又是很好的，仅得这刚够千字的小篇似说不过去。想多写而写不多，根本原因是我的文字之力亦终有所限。或许我的感受恰是这么简单，所可说的大略只有这些罢了，却非适短而美的那种。料想某日情动于中，文思畅顺，把新的言语另凑作一篇长点的，倒也说不定，在自己更觉得有意义。总之是要尽力于这个预想，此为后话。

天 心 阁

初到长沙，钟叔河先生就建议我去天心阁看看，说原本那里有几副很精彩的楹联。他边吟边在一张纸上随手写出其中一副的上联。下联可惜已记不准了。他认为这一副可推为天心阁楹联中的上品。时下新撰的某些联语，在境界和气象上似乎均有所不及。看来，到天心阁重在赏它的楹联，江山形胜仿佛可以居其次。

待我从桃花源复回长沙，便抓紧去看天心阁。

阁居市区东南冈阜上。《重修天心阁记》中依山造阁"以振其势"四字，不光是据实之词，且很能传神。"天心"二字也不是俗笔。天帝之心，简直没有谁能够与之匹敌。花开得很盛，不是长沙的市花杜鹃花，却是红艳无比的茶花。我在云南多有所见，故别有感情。奇怪的是，茶花为十月花盟主，为何开得这样早？湘云楚水较滇岭异也。花木深处，露出八角亭檐，亭名"逸响"，联语：

绕亭绿树生新籁；

隔叶黄鹂共好音。

新籁，是耳熟的京胡弦响伴着的清唱。湘江畔的古城也时兴京都里边的戏文？歌鸟的鸣啭我没有听见，只醉心于戏迷的唱念，在感情上很能与之亲近。

楼阁多依水之湄，方使江河风景不显平淡。天心阁矗立湘江畔，极有气派，同我刚刚在沅江边看过的那座水府阁势在伯仲。阁三重，尽披楹联，总也在十几副上下，若新嫁娘着盛妆。凭我的感觉揣摩，旧联新补固然有，更多的是今人题撰。有一副很不错，是清代一位叫陈继训的进士撰的：

　　岂天下已安时，看烟火万家，敢忘却屈大夫九歌、贾太傅三策；
　　此城南最高处，更楼台百尺，好管领卅六湾风月、七二峰云岚。

不知是否钟先生所说的那一副。

临楼观，可以远眺望，正与岳麓山隔湘江而互为宾主。故"湘水南来，麓山西峙"联，题得恰好。不单与岳麓山，更同山中的岳麓书院东西遥望，便又有"朱张义理，屈贾词章"相映照。乾隆十年，巡抚杨锡绂因湘江横隔，从长沙城内去岳麓书院应试者动辄为风涛所阻，甚为不便，于是改旧都司衙门为书院，即把天心阁辟为城南书院的一部分，且供奉魁星。这位杨巡抚，是个开明人物。虽然城南书院名声不及岳麓书院响亮，但荆楚学子不该忘记他的树人之功。

我在这里还看到叶圣陶、夏承焘、钱君匋几位老先生的题撰。记得叶老所题八字是"天高地迥，心旷神怡"，同夏老"潇湘古阁，秦汉名城"搭配。

游廊里有坐读者、品茗者。两三对弈者，埋首方格子送光阴。只是街声过于烦扰，失去一份幽静。环阁谯楼雉堞，古关城旧貌依旧。整个看上去，略得北京团城之胜。阳光暖暖地照，照在绿荫下打太极舞剑棍的老人身上。

鹅黄的迎春、红艳的茶花、粉嫩的紫薇和金灿的太阳花，衬着古典的楼阁，天然就是一幅诗意图。

临去，逸响亭里的戏迷们还在那里唱。生净往复，极有滋味。

回到住处，在电话里向钟先生提起陈进士的对联，钟先生说不是他印象中的那副。我有些遗憾。但从字面上瞧，略能得其仿佛。

天 一 阁

　　天一阁在闹市中。我出住处，左拐，抬眼看到一条河，不宽，却很长，笔直地伸出。一岸绿柳，如果有宫墙，总该和紫禁城前的那段风景相差不多了。顺着一溜河沿朝北走下去，过到路东，入天一街，举目就可以望见这座有名的古书阁。门列石狮，高檐出墙，望中的所感，是府院味重而书香气淡。院深，老树之荫遍绿。阁，四百年老筑，列架插书，只其一角，推想也足够供我十年窗下之用。拔高，居今之日读古人书，自信也可添入金圣叹的"不亦快哉"之境了。却未获登梯而入范公久闭之阁的待遇，竟至连剥啄声也难听到。只好在底下一层转，念漆柱上的楹联，赞叹对仗的功夫。或是读板壁上的《全谢山先生天一阁藏书记》，温习老屋旧梦。书，不示人，必是深藏。我若远比黄梨洲，自然是远不久。他有缘，登阁，览书林，阅篇籍，且编卷目。书城虽属私家，能遍读，博学鸿词之关像是可以不过。范钦为官，宦迹也是涉南北，浮生的功名，有所传的，唯以筑阁藏书一项彰显，其所伴，是远朝而近野，以黄冠终老的闲适生活。后人大多只记住了身为古藏书家的东明先生。以胸前一寸之心，对眼底万卷之书，月夕花辰，晏坐习诵，乃通晓上下数千年是非，何等气派！书，纵使不是自己动手写或刻印，单纯的聚藏，也并不容易，博搜精选，上要凭手眼，下要撒金银，相比，金谷园石崇斗富之举，不复齿及。在他的时代，江浙之地，藏书风气盛，或为当时俗尚，收旧籍，也恐非范氏一家，而天一阁独有秀出，其间自有大可圈点的地方。我说不出，不是因为自家的所藏远差于前人，不愿说，是因为流传下来供我们了解其人的东西太有限，这同范东明所积之书的大数量就颇成反差，固然也是不得已。风雨后的遗存，珍若连城璧，能有这一座还算像样的书阁和部分藏书在，我们总该是满足大于遗憾。心怀此想，我虽未能披阅范公亲藏的一卷书，但心造其境，竟仿佛真就望见了埋在灰尘里的古书，还似乎能够闻到纸页间积年的墨香。书色即使已经发黄，也如老酒陈醋，不怕岁久。禅语"一念万年，千古在目"。放在这里，合适。近推，竟像是同东明先生有座谈或文墨之交了。这比之得半日之闲，去逛旧书摊，小如胡同口的，大如海王村的，仿佛更有深滋味。我还使思想之翼飞得更远，范东明有没有上效唐太宗以兰亭墨帖殉葬之法，选数种或者更多的心爱之书，也来个永世伴骸骨呢？即便是真，我们也无话可说。他终归是给数万册的书找到了安身的处所，秦火之劫像是也可以不怕。有功于史的，是修《四库全书》时，在刊刻、抄录和存书目三方面，范家书之为用大矣哉！对这位兵部右侍郎的爱知识，腹藏经义的先儒足以捋髯而笑，亦可博按籍索古的后学开口乐。天之生人，趋庭于父，问业于师，耳听口讲之外，大量的，是眼看书上之学，信受经艺，奉行伦常，能达北人的渊综广博，南人的清通简要，书，实为精神粱肉。金圣叹有关于读书品艺的一节云："儒者则又以生平烂读之万卷，因而与之裁之成章，润之成文者也。夫诗之有章有文也，此固儒者之所矜为独能也。"学则若此，小可持己身，连带说到大，是修齐治平也不是虚飘在风中的空话。

古香樟下的兰亭，同兰渚山麓王羲之修祓禊之礼的那一座不相近，是化崇宏为玲珑，立身池上，可坐观清漪鱼影；又骨立山石数峰，旁植疏花瘦竹，犹得一段小沧浪精神，似赏徐青藤小品画意。古书阁，美园景，如果逢鸟啼晚风，月挂檐边，丝竹弦边的谈笑唱叹，真似梦中说梦，临水闲花也会如笑。我早年游避暑山庄文津阁，凭记忆想，其景大有天一阁的影子在，至少比沈阳故宫里的文溯阁多山水诗书之趣。

书窗可纳东园之美，犹裁取姑苏城内拙政园的一角。高轩低廊，肥叶瘦枝，极有布置，仿佛范东明自笔书画，田村湖庄风味可与相近。望景，是一桩赏心乐事，置此，目不他瞩则可。我踏石桥，身过题为"明池"的一汪碧水，流连于镌满诗句的壁前，抬眼一扫，四外都是花竹，如果是在昔日，我尚有年轻的诗心，或许会轻吟秦少游词："莺嘴啄花红溜，燕尾点波绿皱。"总之是感到，眼前之景值得拈几句好诗为配。

千晋斋是一排大屋，以千秋石室和百川书屋相左右。古物，自然价珍；题撰，亦尽名字，只是看看也会有兴味。及至身在鲒埼亭上，先心诵张宗子"可坐、可风、可月"六字，后想到人物，自然是浙东史学的领军者全祖望，恍若见其临亭治他的经史。他，另加梨洲先生和阁之旧主，有资格供入乡贤祠。陶庵老人的《越中三不朽图赞》我没有看过，推想可相对照着，观浙东师匠风神。逢什么佳日，或许会有人结队而来，行焚香敬祭之礼。

前人所写关于这里的文章，我读之不多，记下的只是昔日黄梨洲写下的这二十字："尝叹读书难，藏书尤难，藏之久而不散则难之难矣。"纸上文字，眼中景物双双入心，遂知天一阁名之所重，并非无端。

住笔前还想附几句。阁之赋名，大多从《易经》，认可水火之说。这或许为范东明本意。我是旁人，也不妨别求知解，虽未必贴切，却也可标榜为另外的境界，这出自《庄子·大宗师》，是"安排而去化，乃入于寥天一"。

滕 王 阁

　　我见到的滕王阁，已非李元婴始造的那一座。汉唐旧筑，能够留至今天的，恐怕是稀如星凤了。只好不去闭目画梦。眼前这座举步便可以登览楚天风景的新阁，前临苍茫赣江，后倚南昌古城，至少要胜过遥接千载的浮想。

　　阁为仿建，形制却尽力依照旧貌，不离唐阁大势。查根据，盖本于梁思成留下的一幅《重建南昌滕王阁计划草图》。梁先生是在建筑界享大名的人物，当然可以视作权威。这座新耸之阁，我看或许要比王勃为之作序的老阁有气象。

　　历史无法修补，建筑却可以再造。滕王阁自唐以降，多有修建，古今相加，二十九次。楼阁之筑，能让人如此器重，恐为少见。如果没有王子安的那篇纸上文章，它还会这样出名吗？恰如岳阳楼依仗范仲淹的那篇"记"，滕王阁同王勃的"序"是不能分开的。讲到古代的骈体文，照例无法躲开这篇名作。钱基博先生说，王杨卢骆四杰，"承江左之风流，会六朝之华采，属词绮错，可以代表初唐之体格，而勃为之冠"。韩愈错偶用奇以复于周秦之古，是要把骈俪之风逐出文场，他却独对王勃的这一篇四六文甚加激赏，且亲撰

《新修滕王阁记》，云："愈既以未得造观为叹，窃喜载名其上，词列三王之次，有荣耀焉。"细说一步，还在于王勃的"序"做得好。在他之后，有王绪做《滕王阁赋》，王仲舒做《滕王阁记》，均未见称引，以致失传，不难推想和王勃的《滕王阁序》自有高下。

滕王阁的特点是大，想必是增其旧制的缘故。大，好处不光在气派，还在于可以容纳较多的内容，颇有可观。唱主角的是书画楹帖，也上演古典戏文。常常登台的，不妨有待月西厢的崔莺莺，更多的，我想应该是游园惊梦的杜丽娘。玉茗堂主是临川人，来登滕王阁，甚近便。不单倚栏眺览，还把写的戏搬来演，且"自掐檀痕教小伶"，眉飞色舞地导演一番。不难推知，在那个年代，汤显祖的才望即已不算浅。《滕王阁轶传》载其事较详：明万历二十七年重阳节，逢新修滕王阁举行落成大典，江西巡抚王佐在阁上大排宴席，在宰相张位的建议下，恭请汤显祖赴宴，并由浙江海盐班王有信领班演出《牡丹亭》。幕自黄昏启，深夜方落。汤显祖有《滕王阁上看〈牡丹亭〉二首》记其盛。引其一：

韵若笙箫气若丝，牡丹魂梦去来时。

河移客散江波起，不解销魂不遣知。

汤显祖自识："一生四梦，得意处唯在牡丹。"孤赏若此，又以名阁为舞台，谁人能不将心中喜悦化为纸上诗呢？真也饶得曲终奏雅的妙境。名士登高，以诗文相酬唱，已为寻常的风雅；在阁上演戏，大概史不多见，滕王阁算是首倡吧。这也是借了久有的歌舞之风的光。唐朝尚乐舞，朝廷设大乐署、鼓吹署、教坊、梨园，习百戏，享燕雅之乐，歌珠舞翠，或为一时风气。滕王李元婴从政未有作为，艺文之事却能精通，"工书画，妙音律，喜蝴蝶，选芳渚游，乘青雀舸，极亭榭歌舞之盛"（明·陈文烛《重修滕王阁记》)，且为游冶乐憩和歌扇舞衣之赏而筑滕王阁。阁成，遂纳由河西之地传入中原而广及江东的柘枝舞、胡旋舞、胡腾舞、伊州大曲于其上，良宵旨酒，翠幕红筵，番乐胡舞，纵横腾踏，极尽宴赏之欢。杜牧有诗咏其事：

滕阁中春绮席开，柘枝蛮鼓殷晴雷。

垂楼万幕青云合，破浪千帆阵马来。

这个传统迄今未断。我在阁的最高层看到一座戏台，节目单上写着赣剧、越剧、采茶戏、黄梅戏选段和钟磬古乐《春江花月夜》、江南丝竹《采茶舞曲》，也有舞蹈，是《仿唐舞》《化蝶》《踏青》诸种。可惜来不逢时，只瞧纸上名目，未闻管弦之声，空望槛外江自流。后来读到一首清人作的《竹枝词》，可以遐想云廊高阁之上耳聆丝竹之喧的境界了：

滕王阁下木兰舟，远笛声声渡水流。

喜和洋琴歌一曲，弋阳腔调豁新愁。

滕王好才艺，这座古阁似也染上几分风流气，不像岳阳楼，曾和兵战之事相关。

阁峙赣江，王勃"滕王高阁临江渚"是写实之笔，至今也未变。千里赣江气势很大，浩浩汤汤。阁以檐脊耸，以江天衬，取凌虚翚飞之势，便觉峻峭无穷。这同黄鹤楼之于长江、岳阳楼之于洞庭湖，大体仿佛。

岳阳楼里布置一扇清人张照所书《岳阳楼记》石雕屏，这是点题的一景，不能缺少。滕王阁也是一样，正厅那幅铜刻《滕王阁序》，是从《晚香堂苏帖》中拓出放大的苏轼墨迹。东坡居士到过滕王阁吗？无考，所书王"序"却绝不会假。历史上手书这篇名序者尚有赵孟頫、董其昌、文徵明、康熙帝、翁方纲之流，现在独选豪放的苏书，很合适，萧散风神同"襟三江而带五湖，控蛮荆而引瓯越"的高阔气派颇能相融。极处的"滕王阁"三个镀金大字，亦为东坡手笔，气势尽足，放在飞甍雕阑、朱门画戟之上，能压得住。

王安石也来过滕王阁，他是临川人，算是汤显祖的前辈同乡，过访南昌，应当不会困难。王安石看到过苏东坡的手书吗？他俩政见不相合，能在远庙堂之事的古阁里使心情平和一些吗？正、野史均未必详叙。可以知道的是，王安石对韩文公的《新修滕王阁记》很看重，所吟"愁来径上滕王阁，覆取文公一片碑"句，至少能够推知已为归隐之人的他，心情不好，随手从石碑上拓下韩"记"，也算可以同前朝知己相对语了。韩愈是没到过滕王阁的，几次机会，偏偏错过去，兴许是无缘。然韩愈却在袁州任上写下一篇"记"，紧步王"序"之踵，成骈散竞爽、古今争胜之势。这倒很像范仲淹未到岳阳楼却在邓州作出那篇"记"。盖韩、范非同代才子，经历却有凑巧。韩愈是八大家的领军人物，为一座阁作记，滕王阁有幸矣。昔王勃作序，虽未陷入红妆美女、青骢少年的情调，却毕竟年轻。钱基博先生称："勃作文初不精思，先磨墨数升，则酣饮，引被覆而卧；及寤援笔成篇，不易一字，时人谓勃为腹稿。"他在滕王阁上作序，不知是何情态。少年意气的才俊，落在滕王阁自身的笔墨并不多，而偏好摹风景，抒胸襟，词采纷华，独存狂傲之气。韩愈承公命作记时，已是五十出头的人了，笔下较王"序"平实得多，在翰藻，也在意旨。这似乎要回到孔夫子质和文、野与史的讨论上去了。韩"记"较王"序"至少从形式上看，是"由骈俪相偶之词，易为长短相生之体"；内容上则多述自己数次欲游滕王阁而未成之事。由"愈少时，则闻江南多临观之美，而滕王阁独为第一，有瑰伟绝特之称"一句，可知他对名阁向往之甚，亦让旁人生出江山万里的遐想：螺江烟柳，鹤汀云树，青萍红蓼，孤鹜蛱蝶；耳闻野水兼葭采菱歌声，目送宿草迷堤凫雁鱼鸟；怀长洲旧馆，忆帝子仙人，情绕梅岭南浦，梦断彭蠡衡阳；当举彭泽之樽，援临川之笔，效流连当阳故城的王仲宣，悲吟《登楼赋》，或学苏子由，云阁旷览，一醉沧江之月。所近者，楚天赣水的浩荡雄风；所远者，亭台楼榭的小家春色。

我很欣赏清人尚镕的这几句诗："天下好山水，必有楼台收。山水与楼台，又须文字留。"所谓"楼观非有文字称记者不为久，文字非出于雄才巨卿者不为著"。遥想阁前纷陈千年足痕车迹，题咏撰述必不会少。盘鄂渚的黄鹤楼、据巴丘的岳阳楼也多是一样。同滕王阁相关的序、记、诗、词、赋、联，大都是名流宿儒、硕彦豪士记修葺之事或志游观之乐的赋得体，不出王"序"韩"记"境界。可以做"胜赏"之观的，我以为唐人韦悫的一段文字颇堪玩味："春之日则花景斗新，香气袭人，凭高送归，极目荡神；夏之日则鹦舌变哢，叶荫如练，纨扇罢摇，绮窗堪梦；秋之日则露白山青，当轩展屏，凉风远来，沉醉易醒；冬之日则檐外雪满，幄中香暖，耐举樽罍，好听歌管。"四时景物，犹翩然入画幅耳。

江西古为文华之地，代有俊秀辈出。滕王阁里有一幅壁画长卷，题《人杰图》，所绘皆赣地名人。中间不少是熟其名而疏其貌，为我第一次看到，颇能同想象相合。人物凡八十位，不能悉记，只好据自己的立场，从偏于文的角度择录拔萃者，凑出十一人，依齿尊排序：陶渊明、晏殊、曾巩、黄庭坚、曾几、洪迈、周必大、杨万里、姜夔、文天祥、汤显祖，文理二学不分家的朱熹、陆九渊也不能少。我来南昌之前，曾去过赣东北铅山县的鹅湖书院，对这两位先贤深有印象。画师是在为"序"中"人杰地灵"四字作注，以同古阁之势互为映带；对于初访江右之地的我而言，概览过后，深知八州之人的不凡。对阁，我近于无感慨。作文，有王"序"在先，好话都已被他说尽，想新翻杨柳枝，也难。但至少，滕王阁使中国的古典文学多了一篇足供传世的作品。凝仁楼头，默对半江之夕阳、千里之明月，心绪亦逍遥吴楚湖山外。"五云窗户瞰沧浪，犹带唐人翰墨香。"文山先生诗，似在摹状我怀古的心情。

蓬 莱 阁

蓬莱阁得海天之胜，是借了丹崖山的形势。天是那么高，海是那么阔，什么楼阁建在上面，气象也不会差。

蓬莱阁大概就是用来临高远眺的，眺览沧海。

站在阁上，目光迎着的长岛，小山似的从海波里浮出它的影。很多年前，我往岛上去，船正好走在辽东半岛和胶东半岛相接的地方，一边的水显得清，一边的水显得浊，渤海与黄海正在这里分界。望舷边的澄波漾，听风中的鸥鸟叫，觉得有一条"线"在，虽然瞧不见，却是在心里的。遥想旧时代，寻仙访药的秦皇汉武，思绪也曾经跟着浪花飘吧。

蓬莱阁满是道教的风神。仙家恋山，山林之气成了精神的一部分。丹崖山虽然不很深，却不矮，从这里朝海上望，不见边。山在虚无缥缈间，是蓬莱、方丈、瀛洲三座仙山，住着神人。《山海经》多述远古奇闻，今世听来也极浪漫。就颇涉遐想，愿学那史上的徐福，做一回入海的方士，飞离尘世，去凡人莫能及处。云卷、雾浮、烟飘的海景，仿佛也真能造出如此的境界给神意悠远的闲游人。若再记起苏东坡"东方云海空复空，群仙出没空明中。

荡摇浮世生万象，岂有贝阙藏珠宫"这几句诗，极尽逍遥，不是神仙而似神仙了。

蓬莱阁满是营造的妙谛。这是一个建筑群。如果在峭岩上盖一座孤阁，也成，只恨太单薄了，压不住山势，也镇不住海。有公输之巧的匠人，开崖凿岩，筑起三清殿、吕祖殿、苏公祠、澄碧轩、普照楼、卧碑亭、天后宫、龙王宫、弥陀寺、观澜亭……祠庙、殿堂、楼台、亭坊，百屋漫布一山，构成蓬莱阁的大观。这是北宋嘉祐年间的事。明清续其工。满山的楼阁，低昂有态，矮的衬着高的，小的衬着大的，无尊卑，无贵贱，谁也离不了谁。这是理想的结构，缺了谁，就打乱了内在的秩序，就不是完美的蓬莱阁了。层叠的甍宇、轩敞的殿堂，在丛林间藏着，露着；挺着腰身的，掩着面容的，一眼看过去，真也摸不透它们的深浅，这意味就更是仙家的了。建造这样的楼阁，要有道家的想象。苏东坡的意态近乎道，旷达诗文比那仙家传说更能撩人。《东坡先生年谱》载："（元丰八年）八月十七日得旨除知登州，十月十五日到登州，二十日以礼部员外郎召还朝。"可知东坡在登州任上时日极短。他的《海市》诗前有小序，曰"予到官五日而去"。日短，留下的文味却长。上面的《海市》诗外，他的《蓬莱阁记所见》是一则小品，同样风味："登州蓬莱阁上，望海如镜面，与天相际。忽有如黑豆数点者，郡人云：'海舶至矣！'不一炊久，已至阁下。"文字极简，韵味却丰。观海而咏景，烟树、琼楼、洲渚连成的海市蜃楼幻影，恰是他所得意的一幅画。苏公祠曾印坡仙履迹吗？只消做片时的浮想，海月朗照之际，漫躞于亭、殿、廊、墙之间，默观楹联、碑文、石表、断碣、题刻，神舒意畅。

横在蓬莱阁檐下的那块匾，是铁保题的，力沉气雄。梅庵初学馆阁体，后宗颜真卿，转师多家而终成自家风貌。东坡行、楷，笔意丰腴而有劲骨，姿媚而能朴茂。坡仙论书，尝云："自言其中有至乐，适意无异逍遥游。"所谓

"神逸"，是其意之所向。匾额能传建筑之神，蓬莱阁上的这块匾，若是换了东坡的笔墨之迹，大概就是另一个蓬莱阁了。

阁中置八仙彩像，那各异的神态，完全出诸匠人想象，颇能传神，竟至浮想众仙凌波踏浪的风姿。我凝视片时，感受着中国古代神话的烂漫。

文 昌 阁

贵阳有文昌阁，建在东门月城上。文昌阁别处也有。扬州的那一座就在城北街心立着，毫无遮拦，有些像跨在贵阳南明河上的甲秀楼，逛大街者，抬眼就可以望到。嘉峪关的文昌阁在东瓮城外，有孤峭气，登阁，迎大风，能够隔过雉堞放览大荒之野。在离中原较远的那里，会有这样一座浸在文昌星光环下的古阁供人游眺，总也是难得的。

几座文昌阁，全在明代始筑，什么道理呢？我寡识，找印象的残片，自然想起明代的小说、散文和拟话本，皆有成就可观。此朝不废文章，至少没有复蹈暴秦焚诗书、坑儒士的旧辙。以我的偏好，很有兴趣在文昌阁上流连不去。举相近的游历，在南京夫子庙旁，寻过乌衣巷陌，从桃花扇影中的媚香楼下来，经泮池之东的奎星阁，在倚石栏花墙坐赏柳烟水雾中的秦淮河房、画舫春灯外，尚有余兴近观书肆之侧的贡院学宫，文枢坊、尊经阁历历在目，撩我遥想科场上魁星点斗的旧事，遂叹金粉风月故地亦不失文光书香。

贵阳东门的月城，犹存一段老墙，不及嘉峪关的版筑墉垣高大，但是把文昌阁造在城头，遍观南北实不多见。此阁三层，望过去略近密檐塔的模样。

九角翘檐，欲飞动，似同天上文星争势。说起各处文昌阁的造艺，总要算到贵阳的这一座吧。

瓮城已无水可临，墙外一片市声。凭眺片时，黔灵山隐为一团青绿的影子。我好像回到长沙城中的天心阁，静望岳麓山。

仰观星相而俯测气运，是旧时术士通天的手眼。满空夜星虽含无尽玄妙，总像是同心隔得过远。我还是灯下埋头，在纸笔之间自觅一丝文星的微光吧！

山 海 关

　　我十五岁那年，从永定门坐上火车，往北大荒去。过了大半日，忽然望见海，颇撩少年之心。不多时，车停山海关站。朝北看去，暮色里隐约浮着城楼的影子。再向东走，就出了关，倏地品到了离家的滋味。待到车轮又转，天色已转暗，孤耸的楼身模糊了，我的眼里忽然涌满泪水。一步跨出去，猛觉得这苍然的榆关化成一片沉沉的暗影，把身后的乡路也隔断了。窗外的夜色墨一样深，连秋风都像是凄紧了几分。

　　这是我对于山海关最初的记忆。此后我北出居庸关，西越嘉峪关，便是未读唐人出塞诗，那番征人的感慨又怎能少得了呢？

　　十几年光阴荏苒地过去，我和爱人到秦皇岛小住。游过北戴河，又让游屐踏响山海关的城头。临镇东门，站在"天下第一楼"的古匾下，雄关内外的胜景都入眼界。我是把冀辽两省的地面都跨着了。朝东走一程，侧耳去听，口音的异样最是无奈，还需揣摩方言里面的意思；而在那里，所见之人，皆极豪爽，大约又是昔年出关讨生活的齐鲁汉子带来的气性。辽蓟不同俗，此关似可当作文化上的要隘看待。精神越过高大的墙体，在古今漫游。

关城的千户人家，市街上的稠密店铺，入眼的却是一片细密鳞瓦，如网。苍灰的颜色连向寥廓的海天。此时的我，实在是换了一种心情。行有余力，才把一点闲思遐想寄放于这座险固的名关上面。燕山渤海恰好从南北两边来为我的驰怀骋目布设天然的背景，仿佛趁我复述历史细节时，刻意增加真实的现场感。马道上放置的铁炮，究竟是哪一代的旧物，我还真说不准。其实，只消明白它微微锈蚀的躯体覆满前朝烽烟就已足够。古堞雄峙，如今已修得利落得体，纵使不见荒丛、野草、昏鸦、寒烟，体验沧桑，这尊铁炮也有一顾的价值。

海山竞雄争胜，其势壮矣，竭天下之力相抗，断不可得。真如韩退之"有海无天地"一句所说。从前我觉历代诗文，语多夸张，临关一看，胸次也添一番气象。是我轻薄了前人。"非涉身其处，谁知其言之有味哉？"屠隆的见解恰合我此刻所思。

明太祖高筑城垣，置卫设戍，一座立在海山之间的雄关，成了京师东面的屏障，进出中原的门户也是它了。过往无数人物，千秋功罪似和此关牵连不断。年来月往，驰驱的甲胄连影子也无。"沧沫之躯倏然而灭，为兹海之云气久矣。夫身挟名而俱尽者何艰！"昔有骚人临海讲出此话，感慨发抒至足，晚来者更无须说。我之生人，早已不沾旧时代的风烟，却因怀古的心重，常在史海中流连，前尘也就宛然如画。现今真的站在披覆旧迹的古关上，凭高历览，接纳我的思情的是旷远的海天。低眉忆往，轻抚处，一雕栏、一柱础，都有故事。已无人对我说起，只靠自己细悟罢了。有时，也便真能面影依稀。历史的梦多半是残碎的，若论其间滋味，又是浓于绕在身边的日常生活的。所谓虚境胜过实境这话的玄奥，就此不难领解。

风景在我，是分作宜看和宜思两类的。宜看常在山水，画里活着自然；宜思常在古迹，史里活着人事。一则以触感动情，一则以悟道兴慨。山海关到了我这里，是偏向后一半的。若把话往深处说，我的兴趣多在烟霞泉石之间，游迹近岸芷汀兰而远古楼残碣。况且以中国历代佛道的盛行，庙观又总多见。每入内，眼扫千年不易的一统形制，情无所动。依文题，这里所涉当然限于名关。放宽范围，其给我的感觉都是一类。寄情山水，不废人文，登临胜迹，恰可把我这方面的弱处补足。

　　城堡墩台一片悄寂。北眺，目光是跟着长城雄峭的影子朝天边去了。南面的渤海之浪又引着我的脚步，抵近老龙头。筑垒的关基伸入海水，久受波浪的啮噬而不改峭然的姿态。澄海楼看去也有三丈高，带着"天开海岳"的气势筑在长城东尽之处。孤楼昂然迎向万里风云，千顷奔浪皆伏其下。廊柱的漆色虽已褪淡，威势却不减弱。假定找词语状之，只需一个雄字就已够了。纵览，大畅襟怀，未及怀古，先自添一段胸臆。望海观澜，水云乡的幻景和兴凯湖颇有一点近似。每见大海，都会像读到新风格的诗文，陌生而新鲜！海面的平阔又不带丝毫领受上的隔碍，宽畅心情几乎完全同渔家一样。碑上所刻让我留心看着，并且不断地想着从史书上读来的旧事。明人《观海亭记》起首谓："愚尝读孟子观于海者难为水，知观海则天下之水皆不足为水矣。"真是一番好字句！郭沫若说"我们人类好像都有种骛远性"，时间上希求如岁月一样久长；空间上企盼神思飞越而无际涯。大海，正是寄放心灵的所在。依山襟海，我虽无古人壮概，体悟却自家独得——养吾浩然之气唯在沧溟，又似孟子"挟太山以超北海"这句话的变体了。照此看，高矗的关楼吞吐着气韵，静立的碑碣凝聚着气韵，连观海的人也用目光接纳着气韵。故呼山唤海，颇为自负。海市蜃楼大约只在蓬莱阁上可以幸览，非随处能遇。在山海关，浪里渔船的一景，却远近可见，无须做如梦的遥想。入诗文，也有浪漫之美。

　　溯往，在晚清一代人那里，从沧波中读出的已非秦皇的入海求仙，却是经国治世的文韬武略。魏源《筹海篇》、慕天颜《请开海禁疏》、曾国藩《拟选聪颖子弟出洋习艺疏》，一新朝野眼目，真是"所资在天下之大，百世之远，宁仅江南一隅足饷一时已哉"。临海而读，精神之翼远翔瀛寰。

扯了这样一通，该到住笔的时候了。只恨我游历不广，未将南北名关踏遍，取得为其立传的资格，只好铺纸罗列凌杂之思。

黄 崖 关

　　从北京东去，越过闪着银亮水光的潮白河，身入燕山之南的大平原，过邦均镇，至蓟县而北折，在绿杨覆荫的津围路上行二十多公里，朝远近的山岭略一举目，在望的，是一道飞峙的城墙和数座凝着静影的敌楼。蓟镇总兵戚继光戍守的黄崖关正在这里。

　　号称万里之长的古长城上，黄崖关是以八卦城池出名的险隘。我对于长城实在只限于粗知，秦时的垒砌，明代的修筑，南北故道，大约总不离长城古旧的影子。倾有涯之生，也很难游尽它的首尾。初见此关，当然一惊。

　　南门的城阙，不似居庸关的高大，透出一种清俊之美。东面崖头那扇势峭的巨岩，正把午后的日光折射过来，散放一片淡黄的亮色。浸在这柔和光照中的人不难明白，此处何以叫黄崖关。

　　以八卦之阵筑城，我在汗漫孤旅的长途中，看见得很少。忆及旧游的山水，似只有浙江兰溪畔的诸葛村有相近的地方。中国的古人"仰以观于天文，俯以察于地理"，头上总像顶着一幅久闪光环的太极圣图，手握画满阴阳卦爻的卜筮之书，从伏羲氏的卦台山上施施下来，以为天人之理自此可以穷探。我到过据传是羲里娲乡的古成纪，看了遍植松柏的伏羲庙，听着乾、坤、坎、离、震、艮、巽、兑，不得要领。现今，在燕山深处的这座关城，轻步踏响卵石铺出的长巷，想着正走在符咒般密排的爻线上，阴阳二气在此交感，身体仿佛被一团云雾悠悠托举，飘然而入无何有之乡。紧随迷藏而来的恍惚，足可使初游者不辨全城三十六条衢道的南北。至少是我，目光常被青色的街墙隔断，脚下就感到迟疑。旧日牢筑的营盘早已宁寂无声，低檐下的暗影却从四周悄悄挤压过来，静中正含着天地水火、雷山风泽的灵异的力量。就攻守之战看，八卦城的三关九门六洞，细数其功，恰可用关前牌楼上的四字来点明：金汤巩固。

太极台，即提调公署，在关城的中心。戚总兵一定就是在这里坐镇的吧。厅堂多间，虽说有些像刘公岛上的那一座北洋水师提督署，却少了丁汝昌彩色蜡像那样的纪念物供来人敬祭。幸而在太平寨造起一尊戚继光的戎装石像，以长城为靠山，有无尽的威风。他在蓟镇十六年，修饬疆备，蓟州遂为九边之冠。人们争来黄崖关一览的初衷，在怀慕长城的伟大之外，是要礼赞先贤的功业。不看八卦关城的巧妙，昔年兵将们屏障京畿的苦心是悟不出来的。每忆及此段长城的佳处，聊可一偿平生快意。

黄崖关长城，并非一色。北齐垒石，明朝砌砖，都还存下不少旧貌。王帽顶一带墙体，自西绕山奔来，至关口而东偏，成了数百米倒悬似的危墙；太平寨所筑的那一段，盘在岭上，自半拉缸山的断崖西垂，前无去路。两道其势若飞的长城，撩人去遥想敕勒川上扬鬃啸风的牧马。垛墙低昂的曲线和俯仰的姿态，若来入画，必用夸张的笔触。隔开的地带并不闲，日夜流过发源于兴隆县的沟河。今夏水小，大片的河床裸露着，所谓沟河谷地即此。水盛时，清波雪浪，崖前的长杨随风舞绿，踏水而歌的欢笑声隐隐在耳，在多旱的北方，该是鲜有的吧。总之，这河边一景，就成了黄崖古关的绝胜。入山公路傍河北去，一直通到塞外的承德。河身上方数丈的地方，飞架一道有五孔栅障闸门的水关，尽用青砖墁砌的雉堞马道照直伸往河岸两端的战台，东西比邻的长城至此而接。此水关同蓬莱丹崖山下的水城，总有近似的用处。我在这里登眺，犹似追往。守御的旧迹仍在，"江花边月笑平生"的戚继光则已是四百多年前的故人，望风怀想之余，竟至有一些惆怅起来。

关城北面的高台，有一座明成祖朱棣筑的北极阁在那里，恰同当关而耸的凤凰楼互为雄胜。阁中塑像奉祀玄武大帝。人神相揖别，在这里办不到。戚总兵若曾焚香来拜，心中滋味，我们则无从去猜。南海碣石的元山寺，也供这位北极武神，龙袍裹身，一脸长须，样子差不到哪儿去，皆以《绘图三教源流搜神大全》为据吧。黄崖关这一处的香烛似不及元山寺盛旺。像前的幔帐垂地，有两个发旧的蒲团，供登阁者跪叩。接下来是灵签妙卜一类寺观里常见的情景。还可以举起早被众手握亮的圆杵，用力去撞那口吊在一角的永乐年间的铁钟。游城之乐，至此似会加深几分。

我却偏爱临门朝青苍的高处望去，满眼的核桃、蜜梨、杏、栗，给悠闲的山意旁添几抹缤纷的花色。前人对长城风物的歌咏，仿佛尽可以拿来对照。

阁内一片沉寂。没有城隍神相伴，玄武帝大约会感到孤独吧。

夜月浮天。我在古关前的八仙公寓睡下，入梦的犹是一山松风。

居 庸 关

居庸关，我在三十多年前即已到过。由西直门至青龙桥，来去全由火车载着，毋庸再借骆驼的缓足。京绥故道的风景留给我的印象，如今多已模糊，只记得行经关沟，窗外闪过一块带深痕的硬石，据称是穆桂英的点将台。再就是那座名为青龙桥的小站，像是近临八达岭隧道，很冷清。站旁立一尊青铜像。当时，我从母亲的话中始知詹天佑其名。我的外祖父是铁路工程师，母亲自小随他各处迁徙，对同铁路相关的人和事，不会感到陌生。很多年后，我去赣东北的婺源，才知道这位在中国铁路史上大可圈点的人物，原是这座偏译小县里的人，且和朱熹同乡（一说其籍为广东南海，与康有为共乡谊），那尊远埋于记忆深处的青铜像似在眼前又一闪。

忆往，初游居庸，我还曾迎着塞外的风，在城台上紧偎母亲照了相。奈何三十载，检旧物，这帧照片仍在，母亲却逝去很久了。

旅迹重蹈，我已不是昔日的少年。放眼荒旷的山上，遍摇着枯瘦的寒树，古长城随山势而舞，不改千年的面目。霜天早无过雁，初冬的清寒之气远深于晚秋。龚自珍尝谓："自入南口，木多文杏、柿、苹婆、棠梨，皆怒华。"他过关，满目春景。我迟来，盛时花木已随风雨而去，衰草疏林，挂枝的是连一片枯叶也难见了。

由眼前的所看而及怀旧的心绪，我的感慨一时像是有些，嘴边却无片语。李长吉的一句"天若有情天亦老"似早将悲愁抒尽，我还能有什么可以补足他的诗意呢？

临景而纪胜，是我数年养下的习惯。来居庸关，也是一样。沿山层上的戍楼、烽燧，就其险固说，足可一望而惊心。这大约是借了两旁山形的缘故。冯沅君说这一带山"不是以明秀称胜，而是以雄壮见美"，此话可以代表我的看法。筑墙垒关，以御偏邦，这样历久的屏藩，天下怕也只存古长城一家。思绪撞在冷硬的砖壁，迸响的是金戈相搏的悲壮回声。当风之际，似应大有李太白"裂素写远意"之心。可惜我为动笔犯难，还是退一步，读古人的成句吧。高适是来过居庸关的，云："莫言关塞极，云雪尚漫漫。"殷璠说"高诗多胸臆语，兼有气骨"，纵马越关，应该吟出气吞河岳的诗。

居庸关内，可游处不少。又甫毕修复之工，"俨骖騑于上路，访风景于崇阿"，从立功德的角度出发，总该邀一位才近王子安的风华之人为作《居庸关新葺记》才圆满。或可进一步，勒记于碑，南北之人，四时而来，犹能为美境所醉，是"爽籁发而清风生，纤歌凝而白云遏"。

以我历游关塞的经验看，居庸关和嘉峪关颇近似。也有相异处。嘉峪关以大戈壁为根，纵目无遮拦，文昌阁、关帝庙、将军府、演戏楼各占其地，很平阔，很放得开。居庸关就不行，它的许多楼观完全建在山上，书馆、衙署、寺庙和高大的关阙，尽被无边山色掩着，一半云遮，一半烟霾，自具连天的傲气。

照着上面所谈，多种楼屋中，我最抱兴趣的是叠翠书馆。四合之院，为主的是聚乐堂，"习业儒生朝夕会讲"就在这里。守关城，假定能够临敌而诵览，其境总不会比招隐山中昭明太子的读书台差吧！可惜院门深锁，未得入其内。如果能趁闲留住几日，真是福气。仲夏之月最为相宜。《礼记·月令》文曰："可以居高明，可以远眺望。"推窗，一山绿树迎人，真当得"叠翠"二字！

能够与这座书馆为配的，是卧在山根下的泮宫。原筑不存，荒草封死了旧迹。蔓草间孤余的石坊，似在残照里峙立一尊文化的碑碣，不肯坍圮。苍茫的山色铺成一幅深邃的衬景，又用岚烟缭绕着它。青衿入泮，坐读经史，在我看是最有意思的事情。思往游，我每遇学宫书院，身过棂星门，影映泮水池，就觉得那一处山水蓦地闪出独异的光彩。

文经谈罢，转而说武纬。此处和嘉峪关一样，也让汉寿亭侯居圣位。我没有入庙看，不看也能知道里面会塑一尊红脸关公像。追史，武庙的祀典稍亚于文庙，千百年下来，关圣帝君已经演化成护关的灵符，使人安享慈恩。我看，其间颇含天佑生民的愚气。

在居庸关落户的，以道教神为众。我在城隍庙里转了一会儿，端详这位护城之神的出巡和回銮图，皆为新绘。我不过把它当作古仙人悠然风姿的写状来看。

真武大帝也来就伴。我对此神早已粗知，因为曾二度在广东碣石的玄武山见其造像。此君是北方之神，照理，辞南海之浪而把牌位设在这里才对。

佛老多歧。洪武、永乐之朝，道教坐不上至尊的位子。居次席还能够撑住体面的排场，不得了。至少在居庸关，城隍和真武挤走了释迦，其势可说不弱。

登关远眺天寿山，明陵诸胜或可印证史部的旧录。

看过各处，转到云台近前。它其实是一座过街塔的基底。塔毁，约在以明代元之际。塔基未伤，竟至可以当作一件石雕作品欣赏。券洞的四大天王和众佛，刻艺至精，可以看到北魏佛雕的影子。

佛境不离经文咒语，在云台，多行。刻上去的文字不止一种。汉字以外，野利仁荣的西夏文、八思巴的新蒙文，悉有可观。我在甘肃武威的文庙，见过《重修护国寺感应塔碑》，西夏文，方形，细瞧笔画，费力不小却无一字能识。隔年，去贺兰山下的西夏王陵，默倚秋风斜阳苦寻李元昊旧迹，远路而来却无力读懂纪事颂功之文，深以为憾。这回在云台又见西夏文，依然毫无办法。

券洞可通方轨之车、并行之骑。铺石的路面尽为历代轮蹄压踏出凌乱的辙痕，互有深浅。现今，此处已久绝驰越的车马，商旅道上，轸联毂接的热闹景象也只在昔年。入关求仕的学子，出塞充边的戍卒，身影邈矣。转念想，古关下，征夫来去、徭役往还的景况，却大可催人吟出千古的绝调。弹剑作歌，发为哀音，乐府古曲可举《饮马长城窟行》和《关山月》，比之吴地的《丁都护歌》，亦自悲切。

足供欣羡的是深居城下的住户，迈出矮门楼，闲靠黄泥墙就有山巅上奔越的古长城可睹；游关者，临半山亭，城堞与野岭兼览，且遥想驿路扬尘的旧景，可算得其仿佛。仰而望，俯而思，难抑的心绪或可同古城的长影相随，飘往高天的远端。

孤城于野，望后的所感多是苍茫的情调。不久前，我独伫夕暮时分的嘉峪关下，由河山兴废而想到似水流年，同此滋味。

函　谷　关

　　从三门峡去函谷关，要过陕县，走灵宝。灵宝多苹果，山坡上的果树已经疏疏落落开放洁白的小花，若媚人的春雪。半月前，我刚去过延边朝鲜族自治州，在从延吉通往龙井市的公路上，望见过好大一片苹果园，在亚洲可以行二，很出名。想必这时节也该花白如絮了。

　　远山是茶褐色的，近处的丘陵则浑黄。梯田里的麦苗绿出了青春，油菜花也已经金黄，但这色彩掩不去黄土高原的本色。山中掏了一孔孔窑洞，还有人居住吗？远望仿佛巴蜀山中的古栈道遗迹，加上一垛垛麦秸，显示着浓浓的豫西风情。黄土院墙很矮，在风雨中秃了棱角，仿佛很有沧桑。奇怪的是，许多墙头都覆满了仙人掌。这是干什么用的呢？海南岛荒滩上那些仙人掌，一大片一大片的，撂在那里荒着，这里的农民却把它派上了用场，决不仅仅为了装饰一下门面，赶走单调的土黄色吧。泡桐淡蓝色的花朵却格外鲜亮，在墙头屋檐支起一蓬彩色的云。

　　车窗外闪过一块很旧的碑，被风尘吹打得如挂了很厚的黄锈，上刻"墙底遗址"四字。函谷关的城墙大约从这个小村庄中逶迤过去。

黄河可望，波光一闪一闪，在我们行路过客的眼中，它竟很温柔。

老子当年骑一匹青牛悠悠出关时，走的也是这条黄沙路吧？大河两岸烟云风物，会是什么景象呢？

如今，这位老人被后代的工匠塑成一尊像供奉在太初宫的黄帐里，手执一杆笔，仿佛那部《道德经》还没有圈上句号。不知是谁在老子像的膝前放了一面青铜镜，古时称为鉴。我至今还不明白它的作用。

从一张很有年头的照片看，太初宫原是极残旧的，老子写作《道德经》时的条件大约清苦。现在，太初宫已修得颇见辉煌。道观的味道同我在丹东凤凰山上游过的紫阳观接近。一间西周时代的房子，能将大体规模维持到今天，简单吗？道德经幢我没有看到，只瞧见后人以工整的墨字把它抄了满壁。当地同志送每人一册《道德经》，加译注的。这当然是一笔财富。

鸡鸣台紧邻太初宫，是坡上一座亭。中立一碑，刻写"鸡鸣狗盗"的原委。藻井绘孟尝君赚关东出的连环画。碑上两只公鸡对鸣图案，线条生动、细腻如飞凤。我疑心那公鸡的尾巴是大有夸张了。

这是一个起纪念作用的碑亭。真正的鸡鸣台是什么样子呢？我猜测，不过一丘黄土坡。

这里要建碑林，石匠们正在风中凿镌。碑身或直立或偃仰，题得不俗，顺带抄下几幅。如康有为的"斯文在天地，善行表乡间"、李骆公的"雄视千古"、赖少其的"一夫当关，万夫莫开"，还有"青牛白马，望气鸡鸣""青牛西去，紫气东来""雄关古迹"，均为名声不著者题撰，但字和词都很好。有一块碑特别让我注意："东来紫气满函谷"，这字体我太熟悉了。细一瞧落款，正是蜀人侯正荣。我遂想起他在嘉陵江畔皇泽寺为我写的一幅颇有神韵的"虎"字。见碑若见到他的音容。

碑林的规模不弱，两千多个春秋过去了，道家精神没有受到冷落，老子应该感到满足。

函谷关的丹阳楼早没了踪影，古道就在脚下。黄土路很平软，踩上去发暄。春雨后的湿气浸得空谷沁凉，这仿佛更多些苍茫的意韵。人走进树丛深处，影子都会被绿荫隐得朦胧。叩关攻秦的六国联军是在这里伏尸百万，流血漂橹的吗？

箭库里存放过成捆的箭镞，如今盖了彩色亭阁把它作为文物围护起来。我趴着玻璃窗看了半天，只能从黄泥块儿中辨出星星点点的锈斑，大概这就是锈蚀了的铜箭头儿吧。古城墙倒还残存下一段，全是黄土夯筑的，曾有几千米长，但风华已逝了。商周烽火、秦汉烟云，一座泥木古关如何能安稳？好在有老子的《道德经》为关墟添尽风雅。文武之功，均在这座古道上的雄关找到了依托。

虢公败戎、修鱼之战、无忌伐秦、五国败师、庞煖征秦……我真像在读一部《东周列国志》。

函谷关凡三处，除去这座秦关，尚衍生新安县的汉关、灵宝县城东北的魏关。俱往矣，只剩下关门和烽火台遗址了。

湿凉的风漫过赭黄色的丘陵，从弘农河面吹来，摇乱泡桐树影。这条从陕西商洛山流过来的河，在函谷关前甩出一片开阔的浅滩，有人弯在水中挖沙子。泊在河心的船很宽，比我在北大荒的兴凯湖划过的渔船敦实。

离去时，朝高坡上望了一眼瞻紫楼。当年，关令尹喜就是站在这座土山望见紫气升腾，知是祥瑞，果然盼来了出关的老子。尹喜善察天象，那团东来的紫气怕是只有他才能够望见，寻常人是没这种特异功能的。行色匆匆，我们对这座古楼也只剩下望望的份儿了，或许能望出福气来？

汪元量"老子骑牛沙上去，仙人化鹤苑中还"，很凄凉。我从三门峡市文联《洛神》杂志封面上看到的老子出关图很特别，老子居然是倒骑青牛。难道他和张果老一样吗？不知根在哪里。老子大约是很怀念故乡的。这也算画出了他的人情味儿。

灵宝县的不少住户已迁离窑洞，院门上方写着"千祥云集""春华秋实""钟灵毓秀"一类吉祥词。雪白的梨花探出墙头，同田地里金黄的菜花相映，真好看！路过北坡头乡集市，长街堆满了大葱、青蒜、韭菜，均扎成很规矩的捆儿，挺顺眼。菠菜长得好粗好壮才薅来卖，保准压秤；但老到这份儿上再下锅，恐怕艮得够呛，不会好吃。雨后的街面腻腻糊糊，可并不影响老乡们做生意，衣帽绸布照例摆在垫好的木板上，花花绿绿一片，真扎眼！

老子出关故道上，已是新的风情。其淳朴韵味仿佛渑池的仰韶酒，会叫人悠悠醉去。

剑 门 关

秋风竟吹得如此萧瑟，将漫天云絮变作簇簇翩跹的雪浪。蓊郁的绿柏摇撼着沉重的树冠，仿佛叙说一个披满历史烟尘的传说。远野好苍茫。

是蜀道，是蕴含无数神奇的古蜀道。

自然便要怀古，便要想象剑阁先民在这片土地上创造史前文化的灿烂图景，便要追溯蜀王五丁迎金牛、秦公剑门西入川的久远故事。心中也就叠映古人在崖壁上凌架栈道的史诗般雄浑图景。那长廊般蜿蜒的古栈道，在群山峻峭的褶皱中艰难地伸向大山深处，该是中华奋斗史上何等壮丽的篇章！

残破的青石板路一级一级朝前延伸，秋阳微黄的光芒给四野景物笼罩一层睡梦般的朦胧。巨柏的树冠在淡蓝天空结为蓬蓬连理之状。郁郁葱葱，使人愈加体味到幽邃的古意。忍不住回眸望来路，那灰白石板上的树影依依地晃动起来，极令人遥想安史战乱中，唐明皇夜雨闻铃的凄婉传说，忧忧郁郁叫人断肠。

古人形容蜀道的巨柏"霜皮黛色高参天，虬枝四茁盘云巅"，并称之为"翠云廊"。是的，何处能够见到如此壮观的绿柏的阵列，绿浪一般逶迤到那远山苍翠的尽头？游伴自豪地说，这蜀道旁的十万株巨柏，有三百里长程呢！相传为蜀汉车骑大将军张飞率兵所植。后人便得以享受这片先人的遗荫。

传说尽可以美丽地编织，为了情感的寄托，没有谁去推究存在的真实。走在古蜀道，你相信自己是在一部金色的编年史中徜徉。从那绿柏皴裂的躯体上，你能够读出岁月的年轮，可以凝神俯听石径裂隙间积存的军旅橐橐的步武声，且隐约嗅到那风中残留的征尘。空气里似乎仍回旋颜真卿《大唐中兴颂》昂奋的余音，觉苑寺沉宏的钟磬也仿佛响得激扬。精神之翼会从现实飞向苍茫的远古，唱大秦的壮阔，赞盛唐的瑰奇。

是情感诗化的翔舞。

一群穿红绿衣衫的川妹子从浓碧深处跃出玲珑倩影，歌声仿佛把空气都唱甜了，朦朦胧胧，只觉得飘过来蓬蓬青翠的花。

我手中的相机睁着亮眼，对准她们。其中一个极俊俏的，从竹篓拽出一把彩色的尼龙伞，搭在浑圆的肩头，轻轻一摇湿漉漉的秀发，宛若荡起一泓黑色的瀑流。她又将伞猛一旋，立即就有一团彩雾飘在她的背后。她的面庞变得朦胧了，只有一束星辉似的目光，一片月影般的微笑……

"再往前走，就是剑门关。"她细细的手臂朝高远秋空中起伏的剑山轻扬，且是一脸的骄傲。

红红绿绿的倩影远远地去了，像流淌的溪水。依依地，我用目光送那风中甜脆的歌声，直到这声音渐渐细去，消融在树荫漾动的绿流里。

我的心溅起一片浪花。

暮风如鼓，深峡似的剑门关森然、神奇。血红的夕阳在临风的古碑上镀出一派辉煌，使那"剑门关"三个遒劲大字闪出冷铁一般凝重的金红色。

是一尊历史的浮雕啊！

那曾雄壮巍峨的关楼到底残旧了，但当年这"天下雄关"的万千气概仍能想见。蜀汉炎兴元年，姜维扼守剑门关以拒魏国十万精锐之师；清世祖顺治六年，李自成部将大破剑门；1935 年，红军攻克剑门关，北上抗日……雄关漫漫风云路，古关上的一轮夕阳，染红了锯齿样的城堞和摇动的军麾。烽烟滚滚，鼙鼓声声……啊，我的思绪像历史一样悠长。

我轻抚着古碑，仿佛从冰冷中感到了一丝温热。在这"蜀北之屏障，两川之咽喉"的雄关险隘，石匠们的一凿一錾，是否把凭借自然之势，以庇佑天府之国祥福的渴望也深镌在里面了？古碑岩石般峭立，任岁月的风尘从瘦硬的身躯沉重地掠过，刻下斑斑残迹；也任金戈铁马碰撞出血光，留下紫色的烙痕，它绝不肯颓圮，总以顽强的挺耸支撑起不朽的意志。它就是古蜀道的灵魂。人们从它裸露的创痕里，领受到沧桑中的永恒。

古碑后的石崖危耸云天，且在路面投下铁色阴影。嶙峋山石上藤蔓簇生，登峰的幽径掩映在野花的斑斓中。拾级而上，纵目远眺，低昂的山岭和亮绿的清溪间，是块块锦缎般的稻田。屋舍散落，被袅袅的烟雾笼在一片朦胧中。一只山鹰在天空盘旋，滑过苍翠的峰巅，背衬辽阔的原野，刻下一道坚硬的曲线。

倏忽又有极遥远的歌唱声被晚风轻揉，雾似的飘在山野的翠影里。啊，一定是那群花雨般俏丽的川妹子吧？若不是一条清清嘉陵江的滋润，若没有剑门蜀道上透明的山风，她们是难有这甜脆的歌喉的。

她们在唱什么？唱古老蜀道上的千般美丽故事，还是唱万种神奇传说？总不是《长恨歌》那番幽怨苍凉的调子吧？那种离乱中的凄艳与军笳的悲咽，只会伴随昨日的风雨。今天的这一条蜀道，是连接川陕两省的纽带，它所负载的，该是曙光中驰骋的绚美憧憬。

晚霞里的蜀道雄关，闪熠一片灿烂光芒，那是历史在微笑。

娄 山 关

　　去娄山关。车走川黔道上，一路看山。宋人谓"春山淡冶而如笑"，单从字面上体会，我未能得其神韵，因为我是北方人，近如燕赵，远如北大荒，到了春天，山色也还是灰黄的，了无诗意。只有南方之山，才会迎春而绿。这样绿的山，看上一眼，虽身不能游于濠梁之上，亦足可忘忧。

　　娄山多云雾，坡岗上散落的村寨、背竹篓缓行于道的农人，都变为隐隐约约，殊有滋味。

　　娄山关不像剑门关有一座气势雄伟的城楼，它就是一个高大的山口。连峰对峙，谷壑狭而深，设防据守，全借地理之势。"娄山关"三字刻在临崖的危石上，乱枝舞其前，野意尽足。下望，道路从关北沿山谷弯折过来，比之蜀道或者六盘山，毫不相差。辞书上所说"历岭九盘，始达其顶"是对的。到了这样的地方，我常常会想起李华的《吊古战场文》，"蓬断草枯，凛若霜晨"，"鸟无声兮山寂寂，夜正长兮风淅淅"，今人来写沙场之景，无逾唐时笔墨。此境宜于追史。仍是人马的厮杀。明代四川总督李化龙征讨播州（今遵义）土司杨应龙。兵自重庆来，攻破娄山关。杨氏退据海龙囤，苦战百日，不守，军败，历时近八百年的播州土司制度也就往矣哉。余生也晚，视惨烈的杀伐如远逝的云烟。却有替古人垂泪之瘾，推想旧史上的秦晋之战也大抵如此吧！娄关之险正可同殽函之固互比。为寻平播之役旧迹，我踏阶上到山顶，这里高过千米，杂石间摇着荒草。此时已是早春的午后，黔北的天气到了这种时候也还是湿冷的。空中飘着几缕灰白的云，雪松和竹子在风里低语。我默立多时，南北皆苍山之望，尽荡英雄气。临此，假定拟万重关山为画卷，说铺展于眼底的是惠崇的《溪山春晓图卷》似不合适，因为它太过秀润虚旷，我还是觉得六百里娄山有李唐《万壑松风图》的气韵。

越关北去，为桐梓，即唐夜郎县。李白因任永王李璘僚佐获罪，长流于此。这时的谪仙已经是五十八岁的人了。我没有读到他写娄山关的诗，以他彼时的心境，虽也"抚剑夜吟啸，雄心日千里"，终究是笑傲气敛，泪眼看古关，感伤己遭，不大可能再有《蜀道难》中隐士兼游侠式的豪情壮采了。或曰李白从未到过剑阁，出此赋体乐府，全凭奇幻的想象。如果移用，"连峰去天不盈尺，枯松倒挂倚绝壁"十余字，放在娄山关，差能得其仿佛。

遥看云山青霭、逸峰寒石，我有心效诗仙，抚膺坐长叹。

未闻云中嘹唳，天上大约已无飞雁的远影。

台　城

南京，是深藏典故的地方。

我虽是第三次来，近看秦淮河，远眺紫金山，似曾相识之外，是感到隔年后的亲切。手触媚香楼粉墙上的系马环，眼观临水的河房，心，也还能有所流连。更上层楼，是身过来燕桥，一头钻入夫子庙前后的老巷深处，去店铺里摩挲古玩，翻览旧书，依然能够消遣闲情兼略有获得。这在旧时代，怕是只有王谢子弟才会独享的风光，如今已为寻常。朱自清说"逛南京像逛古董铺子，到处都有些时代侵蚀的遗痕"，我赞同这话。

比温旧更能赏心的，是"乐莫乐兮新相知"。新，实在也只是古迹，不过是入我眼界太晚，就不免"陶陶然乐在其中"。随看，也暗中品味，照旧是借朱自清所言，"这些也许只是老调子，不过经过自家一番体贴，便不同了"。不同，推想也无非是给古都添一些新的印迹上去。这当然只是希求，至于心底流出的这泓情感之泉能否同六朝金粉相融合，则不必先去预期。

台城，这次位在中华门之前，做了首游之地。据我看去，台城宜远望，位置，至少应该有两处，一在玄武湖，身入莲萼洲而抬眼，角度是仰；一在鸡鸣寺，是登豁蒙楼而驰目，角度是俯。俯仰之间，是想象之翼可以尽情飞，竟至远于目力所及，心也能上越千年，《玉树后庭花》虽不复听闻，却无妨有所遥想。想，大约也是《南史》中所载的旧事。梁武帝病饿外加陈后主投井的样子，都是闭目就能摹画出来的。这情调品得久了，未免陷于悲，悲的近邻是伤，伤六朝覆亡者，千年前就已有人。韦庄诗云："江雨霏霏江草齐，六朝如梦鸟空啼。无情最是台城柳，依旧烟笼十里堤。"口诵兼心品，虽是二十八字，似也沾些花间词气味。香艳和凄婉互为形影，用来描摹梁陈间事，我看颇能相宜。这首绝句，照理去推，金陵人应该都能知道，日久，已为旧调，可是望台城，偏就难以躲开它。

台城的近处，有古井，枯且浅，却出名，这有原因，同它相关的史实，我一时也难测其深。照碑上"胭脂井"三字理解，隋兵陷城，陈后主和张贵妃就是躲在这里的，"襞采笺，制五言诗"的风流尽随东逝之水而去了。临春、结绮、望仙三阁，复道交纵，金玉珠翠之辉、奇树花药之香已是不可重睹及嗅。桃花面、柳叶眉也是"愁红一片风前落"。朝胭脂井去，无像样的路，不能不踩着坡下的荒草。换一个角度想，这也像是颇有心思的布置。最好是在微雨的黄昏或是清秋的月下，独坐井旁的亭间，斜倚着彩槛，想些千载之下的兴亡故事或是活在史籍中的人物。金陵王气尽收，如花宫女都去，以我这北方之人的所能，吴歌越调一时唱不出，却也想凑几句律绝来吟石头城。

照朱自清先生看，所谓胭脂井，不是这一口。他这样说："寺后有一口灌园的井，可不是陈后主和张丽华躲在一堆儿的胭脂井。那口胭脂井不在路边，得破费点工夫寻觅。井栏也不在井上，要看，得老远地上明故宫遗址的古物保存所去。"他的考证从哪里来？原文没有更多的交代。我看关系也不大，在台城与鸡鸣寺之间的荒草中，有这么一口真伪莫辨的井，为的，仅是那一点怀古的意思，浓浓淡淡，别无他求。眼前之井，算不算当年实物，可以不管。

　　台城无柳，至少是我未曾见，也就不必去附会灞桥送别、攀折他人手的离合故事。或谓"白石粼粼，丹林点点，装缀东皋南浦"，是不袭旧例之语，别有心裁。一溜城墙，已非旧观，却是在旧基上的重修，以意为之，得其仿佛，也就足够了。在步道上走兼四外望，意味或许要在踏尽绿树白沙堤之上，是很值得的事情，同游京郊的长城在感觉上相近。以往空通的金陵怀古诗词，像是真就有了着落。郑板桥、龚自珍多有吟咏，我喜欢的，却可以选出自号江东老剑的一首《扬州慢》："牧马西风，暗蛩残堞，故宫绿遍秋芜。问渔樵白首，也一半模糊。莫重认、琉璃片瓦，碧苔荒矣，年月都无。更妆楼何在？当时谁画眉图。秣陵王气，算先朝、遗恨南都。尽凤阁龙楼，江山麦秀，夜月啼狐。漫说宝衣化蝶，寒烟古井落青梧。只金鱼池水，年年犹长菰蒲。"口念或哼哼唧唧的吟唱，都不难体味和文字泡在一起的伤情。夏完淳《一剪梅》也咏亡陈之事，有句"昨岁陈宫，今岁隋宫"，所得，也是满纸的泪与笑。

　　来南京，虽不止一次，玄武湖却从没进去过。在波光中的浮堤上闲步，情醉白使君"最爱湖东行不足，绿杨荫里白沙堤"诗境总当是很好吧！这回也是一样。聊可慰情的，是从台城上望湖之水，以为气象要比人在船头，于随风荡远的桨声里赏景大得多。苍茫烟水，一片白亮，可阅尽千顷波。殆不知水藏蒲笋菱藕之实乎，只是极目处未见单舟叠舸在缥缈的橹歌中采莲折芰。这样广的一片湖，和浅池清涟自是不同，好处是欲将临近的九华山、稍远的紫金山乃至更远的幕府山的翠色统统拢入怀抱。袁宏道的话可状其大略，是"湖光献碧，须眉形影，如落镜中"。湖面横斜之堤，巧裁碧水，洲屿便自得形状。"隐约丛荷深处，三两采菱舟"尚未及从诗画中飘临水上，游舫也不曾望见，想象却不很难。不是吗，凡是能借得山容水貌的地方，最不会寂寞的便是诗人。山、水、情，合而为一，乃制成风景的衣裳。

　　望水，我还想到两个不同时代的人。一是惯作游仙诗的郭璞，他的衣冠冢就在湖洲之上。二是陈后主的宠妃张丽华。国破，她屈己意，在青溪被杀头，是走在命丧马嵬坡的杨玉环之先了。"风声吹树总为云，婵娟冷挂南朝月"，这是空无所依的想望。风鬟雾鬓，红巾翠袖，均是梦里悲欢。九曲青溪，桃叶古渡，有人曾立一座祠祭她。宫花依稀胭脂色，寒波烟水雨后山，选中这样的地方，是凄婉意大于香火气，漂着点点落花的溪水也不会流香。怅叹之外，又想到草木丛杂处的那口古井，至少是我，虽身在九春风光，想的，却是秋风宿草、斜阳冷月。及深，则升为庙堂之事。张丽华祠如今还在吗？我没有打听。假若认其有，依旧例，总也该塑一尊像吧？李延寿曾以史笔写这位贵妃："发长七尺，鬓黑如漆，其光可鉴，特聪慧，有神彩，进止闲华，容色端丽。每瞻视昡睐，光彩溢目，照映左右。尝于阁上靓妆，临于轩槛，宫中遥望，飘若神仙。"人死，仿塑的泥身会低眉含愁吗？对她，南京人好像不大感兴趣，这和陕西人常将杨贵妃挂在嘴边，多有不同。

一味地忆古，心，沉在旧史，举目似不见山水，仁智之乐亦飞远。需要解释的是，我不是专想翻陈年的旧账，述其本末，只因为眼前闪动粼粼春水，惹我想到菱花应照美人面，而引出山河兴亡的话题。像我这样到了鬓惊秋的年纪，更易对伤情有所触发。明知麟史难修，也还爱去碰碰。推想往后的长日里，上倚鸡鸣寺、下临玄武湖的这座古台城，会常撩我做烟霞之忆。

同台城一乳胞胎的，是中华门，它的气派大，人穿行在里面，像走入一部线装古书中，也能"览故宫以徘徊，问遗事于田老"了。筑墙砖石，厚重无比，壁上爬满藤蔓，像筋脉也像垂须，在暮烟里看它，自然就是一位冷着铁面的石头人。我知道藏兵洞，是得于他人文章。中华门的妙处，多半也就在这些横列的大洞。洞广如厦，纳兵数千，用于攻防，应该是于史有据的。南京城墙，明代人大加增筑，在旧有的十几座城门中，中华门是保存较完好的一座。不只在南京，以我的所见，就是举国之内，也是数得着的。

走尽高墙前后，踞城台视远，不见广野，唯观城郭，层楼叠舍，皆入旷览。秦淮河南，一片市声，不知长干巷究竟是哪一条。李太白"同居长干里，两小无嫌猜"，崔颢"同是长干人，生小不相识"，再及古乐府，一时都到眉睫前。古时男女的相慕之景，不但可以想象还仿佛能够看见，以至意若有得。身在兵战旧地，心系人间情爱，金陵古城，让人长相忆的种种，大如王朝兴废，小至百姓家常，真是不少。取悟于此间者，笔墨不能尽，留待文章以外去寻表达，也当别有境界。

佗　城

由赣南过粤东北去，途上有一条东江。这江水流经龙川县境，到了一个名叫佗城的古镇。镇南边小山上立着一座唐朝的正相塔。塔身如楼阁，人若登上去，正可把这个秦时筑起的方形老城中的一切看尽。古邑门、古街巷、古楼宅、古渡头……全在一江烟波里。屋檐前、宅窗后，普通人家还在闲话祖上随南越王赵佗屯戍岭南的遗事。前尘影事忆当年，做了龙川首任县令的赵佗，他的功业亦给后人的日子添了滋味。

我在佗城印有旧游的屐痕，距上一次离开这里，其间匆匆已过去五六载的光阴。又来，也如再游玄都观的刘禹锡，要以前度刘郎自称了。

佗城的改变，不减它的古韵。多年前的眉目，都还看得出来。唐朝建起的那座龙川学宫，经过这几年的修茸，堂皇之气足可一惊我的眼目。更把大成殿、明伦堂、尊经阁看过一番，不禁要将"层台耸翠、飞阁流丹"八字给它。前面一片空场，我初次来时，见着的满是积水的泥路和芜杂的青草。一抹黯淡的天光从湿云深处泻下，民国年间修成的影剧院脱落了墙皮，站成一幅苍灰的剪影，还有一头啃草的黄牛我也记得尤其清楚。那番景况到底过去了，影剧院的旧墙新粉过，日光底下白得耀眼。横额重饰，本镇新渡新塘村人萧殷题的"佗城影剧院"五字，光鲜如新拭。

百岁街一带，楼屋相依，店铺、祠堂都还留有一个旧日的样子。不满千家烟户的小镇，姓氏竟然过百还不止，大概尽是那几十万秦朝兵士带过来的。黄氏、刘氏、曾氏、蔡氏、张氏、叶氏、吴氏、李氏的宗祠，门墙高大而院落幽深，老者倚门聊家常。骑楼下，几个门店开市迎客，站柜台的多是青年男女。不必舍家西去广州，南下深圳，小镇亦有不差的生意。行至街的尽处，没有去前次游过且临河伫立片时的大东门古渡，就向右折入中山街了。北宋治平元年初建的南越王庙就在这一条街上。数度寒暑过去，我的鬓角添了霜丝，庙貌仍如故。山门前的几棵细叶桉，枝干也粗了一些。庙不大，二进，四面廊，长方形天井铺了青砖。正殿垂覆金色帘幔，供着的便是尊享奉祀的南越武帝。这庙的修造当然是因他而来。赵佗的姓名，大凡粗晓南越国兴衰的人，多是知道的，比起同在镇上敬祭的文昌君和城隍神，殊觉亲近。在世居龙川的百姓那里，日子到了，总要进到这座古庙，焚起几炷香，在烟缕烛影中默祷。前回我来，天不是这么晴朗，心里想着年轻的赵佗随主将任嚣率军平定百越的旧事，又默望瓦檐听了一阵雨，恍若眺见秦时明月。

清乾隆年间龙川知县胡一鸿撰写的重修南越王庙碑记，也嵌上了后殿右侧的砖壁，算是这座老庙代有修缮的一件证物。东边廊下，立着古人像，襟袖飘举，颇有风神，是苏辙、吴潜等十位贤人。这么一个小县，竟也来过苏辙，来过吴潜那样的大名人。吴潜，南宋开庆元年拜左丞相兼枢密使，因反对立度宗为皇太子，遭劾落职，黜徙循州，治所就是今日的佗城。吴潜曾在正相塔下的古寺寓居，俯眺东江之水，目随浪中桅帆，擅诗词的他，也会临风觞咏吧。他的作品，明人辑有《履斋选集》，我诵览不多。

赵佗凿而汲之的那口井，上次曾入我的一瞥，这回本想看也不看它一眼。过其旁，老井早从荒草中露出它的面目。井口立起一块石碑，上镌"越王井"

大字。墙那边清朝光绪二年建造的考棚，也重修了一番，已非前些年的荒秽景象。那院落的深与廊庑的阔，在科场故址中又都是不常见的。一个做学问的人，一个认真的人，到了这样的地方，流连不去，便是费时多些也是值得的。我从至公堂、衡文堂里转出来，在题着"天开文运"四字的匾额下静思了一刻，又读读廊下关涉科考的简述，也算增广常识了。一块木牌上有两段语录："科举制无疑是中国赠予西方最珍贵的知识礼物"，这是美国汉学家卜德的话；"科举制度为所有西方国家以考试录用人员的文官考试制度提供了一个遥远的榜样"，这是崔瑞德《剑桥中国隋唐史》里的话。西方人这样看我们的科试，颇涉深思。

在中山街的西端，还有一处好景，就是那历史上舟楫往来的西门古码头。汤汤东江流经故城南边，从北面流过来的一条护城河与它相衔。这一座宋代的码头是修在西城门外、护城河的东岸，又靠了一座石桥，与河西那清波摇漾的鳌湖相连。我原明白货运的热闹和"万顷湖平长似镜，四时月好最宜秋"的佳景断是看不到的，怎奈怀古之心未灭，就要来到这城西一角的老码头寻故迹。越过数百年，看那河的两岸，铺砌红砂岩条石的台阶、装载货物的梯形平台以及灰沙夯墙，还能略略看见一些旧痕。可惜谯门废毁，风味顿失一半。不然，夕天、晚景、斜晖、轻霞、澄波、暮阴，一幅绝美水墨。秦少游"雾失楼台，月迷津渡，桃源望断无寻处"词境，可堪领受。更有一棵垂荫的古榕长在路边高处，斧锯未能摧，干也不曾枯，数百年风雨被它阅尽。昔年，满枝叶子也曾和城门厮守有情吧。树下水边，两个小姑娘洗着衣服，叶影下，一河清涟更见幽绿，丝丝缕缕，映上她俩的脸，且带着天真笑纹，荡远了。

河之西，旧为宋时辟筑的鳌湖。湖上烟景之美可入一吟一咏。故而"平湖秋月"这个天下都知的好名，就从杭州移用到这里。宋元符二年，谪为化州别驾的苏辙，复迁循州，卜居此地。一个佐吏，晨昏与明暗波光晤对。山高水远，夜短梦长，低眉捋须之际，静听隐隐江声，默望苍苍烟霄，想到蜀国迢遥的乡路，内心的郁悒也是可揣的。对月独酌，杯中多是苦。

　　辙之学出于孟子，诗文饱蕴浩然之气。这既和他自谓"乃观百家之书，纵横颠倒，可喜可愕"有关，也和他累贬筠州、雷州、循州，最终被罢斥到许州，做起"颍滨遗老"的浮沉身世不可分（在我看，宦海生涯，亦让他广行天下，以达四方，也是一种人生经验）湖畔日月，文章上，他更能体味欧阳修的闲逸气调、韩愈的雄矫风骨；诗歌上，他更能领受王维之清丽，杜甫之奇横。少陵野老的"好义之心"，尤为服膺。湖边照影行，一个在新旧党争的政治旋涡中挣扎的官人，一个体恤民瘼的文人，哪里只知贪赏新风月？筑堰浚湖，以抗旱涝之灾，便是他的作为。那道绕水的土石路，也得了"苏堤"这个名字。他的策论、他的唱叹、他的德政，皆能发我悠悠之思。

　　眼扫四近，嗸湖早淤为一片田。粼粼波光化为平展碧畦，真也独具一味。脚前一条铺石的弯径就是苏堤吧，它如一线黄蛇逶迤地从田垄的中间伸过去，连向浮在云影里的远山。低处的那些瓜菜，那些稻谷在两旁摇着绿，如浪。翠色映着三五村舍人家，老少尽在这上面走。感觉最异的，是这古堤倒像剩在过往时光中的一道辙印，旋绕在小城的记忆里不肯消隐。后人踏堤来去，似乎循着苏辙的履迹而忧民生之多艰了。恋古之情割不断，也就无法和过去作别。当这些零碎念头未及从我心里离开的时候，一抬眼，有个壮实的农妇从篱笆棚架那边过来。她肩挑一副水筲，走到那棵老榕树前，身子一转，到坡下河边弯腰打水。

　　河水向南连着江。江水流下去，带不走古城旧事。

钓 鱼 城

有一年，我的屐痕印上了锡林郭勒草原。绵连的阴山向东延展着余脉，在和大兴安岭西麓相接的地方，低山丘陵与熔岩台地被高原草场的绿浪遮去了气势。八百年前，草原上的"黄金家族"在这里蓄养雄霸天下的猛志，筹策卷荡欧亚大陆的征战风暴。星星似的毡房与敖包，散落在美丽的芍药花和山丹花的彩色光影里，飞扬的旌幡仿佛烈马的飘鬃。南下西进的铁骑在长调的高亢歌腔中出征，刀剑挥砍，一路激响着狂怒的啸音。楼台屹屹百丈起，一座瑰岸的帝都，在龙沙之地上山岳般隆耸，大元帝国的太阳骄傲地升上草原的地平线，高扬的头盔寒光迸射，映着马上天骄黧黑的脸。

一个黄昏，去看元上都残址。斜阳的光芒从远天落下来，几抹淡红的亮色水一般洇入城垣沉沉的暗影。它太老了，再坚实的夯土也会失去黏性，受了轻轻的力，就会像溃破的身体，扑簌簌掉下鳞片似的皮屑，所以我不忍触碰。漠野的厉风把宫墙的断壁吹得发凉，一只苍鹰平展双翅，在当年耸过高大角楼的半空匆忙地低旋了几圈，留下的一串清唳，叫人断肠。城南的草野上，闪电河水流过金莲川，拖出一条幽蓝的光带。片片金莲花从青草深处飞出明黄的颜色，不染一丝风尘，绽蕾的花朵迎向风来的方向，仿佛朝金莲川幕府留给蒙元青史的功业致礼。那一刻，回望过去的心情我是没有的，似乎早已厌看流逝的那些。如此庞然的帝宫，像一个憔悴的老人在花间沉默。不，应该说是颓然倒下了——就在元上都建成那年，执掌朝廷魁柄的蒙古国大汗、追谥桓肃皇帝、庙号宪宗的蒙哥，竟在千里之外的合川战死。历史想象把我的心绪折弄得这般不堪，自会觉得黄灿灿闪在天边的花影太艳了一些。

这是我从草原得来的浅淡印象，这么些年了，总还流云般绕在心上。

近人柯劭忞耗三十多年心力编修《新元史》，自有对于蒙哥汗的评价，试看他是怎样说法："宪宗聪明果毅，内修政事，外辟土地，亲总六师，壁于坚城之下，虽天未厌宋，赍志而殂，抑亦不世之英主矣。"这个"坚城"，就是合川的钓鱼城。

沿嘉陵江南行而偏东，有个叫北温泉的地方。约莫半年前，我游过那里的温泉寺。庙里人讲，攻伐合川钓鱼城的蒙古军从北方杀来，蒙哥汗可算统兵的宏魁巨酋，谁料为宋军炮火所伤，死在这里。听完这段旧事，我在锡林郭勒草原所得的那一点记忆便从心底泛起，顺口问起钓鱼城的详情。尼姑的眼光在我的脸上定了一瞬，那意思兴许是：谈天似的一番话，竟叫一个偶过的游客有心探询。她大概不愿拂了我的意，从树下欠起身，指着崖下流过的江水，送了一句：沿江上去就到了。

没承想，转过年，我真就得了机缘，走在钓鱼山的层阶上。轻细的雨打在山间的草树上，听上去一片单调，我的心情颇不寂寞。印在心头的那些史影，远远近近地飘来了。说我的这些印象是流云，其实是不确的，不过一种比拟罢了。云总归是轻的。宋元对战、兵戎击杀这段事，虽已在纸上留痕，载着史实的字句却是燎过狼烟的。废垒这边道思情，也是唐人旧句："城头铁鼓声犹震，匣里金刀血未干。"过去多少年，散不尽的记忆也像山石一般沉。

钓鱼城是一座石头城，只消一眼，雄固的气象就能端详出八九分。出入之门，八座，尽为险关：东新门、青华门、镇西门、奇胜门、始关门、护国门、小东门、出奇门，各朝东西南北，皆有风姿。护国门的墙体已很斑驳了，盘曲的藤蔓粗粗细细，宛若苍老的筋脉。砖壁挂了一层浅湿的苍苔，也如大块的瘢痕附结在上面。战血虽凝，古城并未失去创痛。重檐歇山顶的城楼，自显几分危峻气象。门额悬横匾："全蜀关键"，足见它的紧要。我在低处的阶石上朝它注视，涵泳壮魄的尊严。只顷刻间，残酷的岁月遥远而真切地联翩复现：战烟升腾的天空，刀剑中的狂啸与哀嚎，震得日月发抖。鼓鼙声急，此门未破，舍去了多少热血与生命！幽微的光线透进门道，我轻拂了一下黑漆已褪的门扇，上面的兽首金铺，衔着铜环，眉头微蹙，睁眼盯着什么，透出的目光是湿凉的，暗含一丝狰狞气。它已被无数过往男女摸得一片光滑。那些横列的门钉，则如冷了的血滴凝成的伤痂。走出券洞，我又折身上到楼顶，在檐下站定的一刻，低下目光望望飞来寺的青灰色瓦檐，那里虽则供着据称从三圣岩的高崖崩坠的一尊晚唐弥勒石像，此时的我呀，炽燃着忆史之火的心里，哪里还有虔拜的闲情？遑论城门下方的崖龛里，那被风雨废毁了形容的明代三清造像。城的坚硬，阻滞了铁血奔骑的飙风般驰骤，也折断了上帝之鞭。"上帝之鞭"，这是西方人对于来自东方草原的一群大地之子，以战争和死亡征服欧亚大陆的匈奴人、契丹人和蒙古人的称谓，畏怯之心尽在这四字里了。城坚，守城的军民也有山石般刚硬的心，方使一路攻克剑门、长宁、蓬州、阆州、广安寨堡的敌军，无法将这座倚山临江的合州小城袭占。拉锯式的攻守，为时三十六个春秋。战期如此漫长，度过唯靠向死而生的信念与心志。雉堞前立着抛石机，是个粗重的架子，四柱稳牢地扎在地面，如虎蹲坐，故又称虎蹲炮。架上横一道轴，轴间插一根拴了绳索的数丈长抛杆，抛杆的一端连着畚斗似的东西，里面放了卵石，呼为石弹。逢战，兵士呼吼着，奋力拽动绳索，将那畚斗中的石弹抛向攻城的敌房。这么看，炮这个字，写作"砲"才合适。城头还配置多辆弩车，比况抛石机，形制小巧得多，所载弩弓能将弩箭弹射极远，落入敌阵，亦有它的威力，可算一种击敌的利器。垛口前，一片卵石、弩箭射向攀爬云梯而强攻的蒙军，这是战焰中飞闪的流星雨！率军搏杀的蒙哥，恰为矢石所伤。含恨溘逝之时，他听闻其弟忽必烈建造的元上都始竣其工的消息了吗？其时，二弟旭烈兀所统十万远伐波斯和阿拉伯疆土的雄师，本以破竹之势，在两河流域纵横疾骋，冲杀的呐喊声中，波斯南部的卢尔人政权遭灭，西部的木剌夷国被屠，巴格达的阿拔斯王朝降服了，叙利亚的阿尤布王朝屈从了。这支东方十字军，兵抵地中海东岸，正欲迎着大马士革弯刀的寒光，同埃及的马穆鲁克王朝开战，蒙哥丧耗传来，为了汗位之争，除去率军东返，还有他想吗？顾了这端，暂把那开疆拓土、舆图换稿的梦收回心中。此番兵锋回转，蒙古国第三次西征的鸿猷，便在匆猝的班师中了结。

只看对于天下战势的影响，钓鱼城之役的意义，真是大矣哉，足可称为一个有着世界声名的战例。这胜利，是以性命和牺牲为代价的。留下这等战事的地方，最宜惹人留题。山间摩崖果然极多，宋明清三朝而迄于民国，洋洋大观。千佛岩旁的一块石崖上，刻着五言四句："元鞑逞淫威，钓鱼城不破。伟哉我先烈，雄风万世播。"语词何其豪壮。题镌者，为黄埔军校一期的孙元良，是国民革命军的一位将领。从淞沪到南京，血光迸闪的死亡场景深印其心。吟咏，也就字字见情。此君有子孙祥钟，是个大明星，我看过他演的几部电影，敢情就是其名甚彰的秦汉！其父的诗，民国三十五年秋所撰，那时，秦汉在上海降生也才几个月。

一阵雨斜斜地飘来，湿了城头的战帜。向北放出目光，绕山而流的嘉陵江水，一片灰白。过眼的种种又都如烟了。"蜀郡山河壮甲兵"的苦战之痕，要到炮位、墩台、栈道、作坊、营寨、演兵场、点将台的遗迹上去细寻了。山顶一片平阔的地面上，九个锅形凹坑大大小小地散布着，呼为"九口锅"。雨后汪着水，滢滢地发亮。或曰，蒙军蛮攻，守将王坚以铁雷、火炮退敌，大量火药正是在这里碾造的。又说此处曾为晚唐寺庙，因为在其旁发现了四个覆盆式柱础。抗御蒙军的年月中，九口锅成了宋军的指挥中心。还有一个圆池，中间伸着一道贴水的木桥，甩了个弯，池形就如一幅太极图了。水面浮着几片荷叶，雨点一声声打在上头，我停下步子，觉得耐听。这么高的山上，水竟很旺沛呢！这个池子是演练水军的吧。尽管嘉陵江、涪江、渠江三水环山，对付从漠北远袭而来、只在马背上才显威风的蒙古兵将，用得着水战吗？我想得乱了，一时竟说不出个底细。

也不管是兵工厂，也不管是古寺庙，都还留着人的余温。北边不远临崖处，一棵横斜的黄桷树前，平展着一块巨石，其上凹着几个深印，传为天神旧迹。旁立一碑，题在上面的篆书亦极了然："钓鱼台"，让人又把远古之神踞此垂钓，以鱼赈济灾民的传说温习一遍。钓鱼山的得名，也要由此追溯。神，不过是人的奇幻化。所谓神圣空间，亦属妄造。我对这座山、这座城抱有兴趣，一切的根由全在人。再瞧瞧脚下这些注满雨水的浅坑，忽然觉得，这不就是水臼吗？我在一些山上见过的。

冷硬的砖石围隔出一种特殊的生活状况。不管要受多么大的耗损与磨折，战时的民众以从容的态度坚持着，强大的适应性折射的是一种心智的力量。所谓神力，怎可同它比方？钓鱼台旁侧的平石上，一片深深浅浅的凹坑，那是轮碾的遗痕。轮碾转动，磨出的粮食向卫城的将卒源源供输着给养。我默望着，想象也活跃起来，一幅壮阔的耕战图景，仿佛叠印于这个粮食加工厂旧址上。困守孤城、艰难度命的百姓劳作着，在危境中垦田积粟，拼命生产军需，充实自身的力，夯筑着战争的物质根基。他们的念头那么单纯，情绪那么乐观，他们衣服上的汗渍和兵士的血痕融在一起。危城如山，强虏无法吞噬这块硬骨。战史如此经典，假定有农事杂咏、沙场谣谚为阅众传诵，定会让一个民族的精神韧度展现史诗之美。

还得添说几句的，是城里的一座衙门——石照县衙。敌焰虽炽，审决讼案仍未停下，恝置的气度，鬼神也要敬服。进大堂，瞧一眼悬在知县头顶的"明镜高悬"髹漆横匾，执杖差役身后的"回避""肃静"木牌，过二堂，念几声题在匾上的"清慎勤"三字，又把衙署门前"思无邪，公生明"的司马光唐隶八分书碑镌，座右铭似的回味一番，愈加明白这个南宋最后的小县衙，谨遵"君子以明庶政，无敢折狱"之道，性之稳，气之和，战火不能夺。风过水无痕，这是禅境，护国寺莲台上结跏趺坐、目光微微下视的佛陀，犹能会心一笑。寺中那棵八百年金桂溢出幽淡的芳馨，披离的茎叶宛若韧健的肢体婆娑曼舞，用尽悦乐的表情，挽存一个濒死王朝最后的尊荣。

忠义祠是明朝弘治年间修建的，那本意诚然是冀求英魂永年。这时，钓鱼城之战已经过去二百多载了。祠前的石坊，望之俨然。院子里，黄桷树甚高大，多皱的粗干与柔韧的虬枝，所披尽是沧桑，估摸几百年前就长在这里了。一问，果然，是明天启二年仲春，钓鱼城护国寺里一个叫广净的住持栽植的。殿里初供守城之将王坚、张珏，后来，又把筑城有功的播州贤士冉琎、冉璞兄弟请上供台。当然，断不能少了领宋理宗赵昀之命，主理四川防务的余玠，这位入了《宋史》的兵部侍郎、四川安抚制置使兼重庆知府，因山为垒，棋布星分，屡败习于野战的强敌，其勋之著，成了头戴光环的人物，可以无愧。长翅帽或战盔各在他们的头上，眉目尽含精神。五位可纪念的先贤很使人钦仰，这祠的造起，又使其在山中占得光荣的地位。凝注诸君的胸像和牌位，如敬神一般。消失的目光重新明耀，宛若老城上空不灭的星辰，闪烁着难以割舍的眷恋，且带着生命的暖意和后人相逢。这也抵得一种隔世的对话了。讲述与倾听，恢复了历史的生动气息，先民的理智和情感在回忆中延续。两壁立着数块明代诗碑，平平仄仄，自是对死战破围之举的颂词。刻这样多的碑在龛位前，所谓史不绝书，也尽于此了吧。

偏殿另供三人，也都塑了像：王立、李德辉、熊耳夫人。把他们请进这个祠堂，听说是清乾隆年间一个叫陈大文的合州知府的主意。这个做法是引起过争议的。王立是献城仕元的南宋降将，总应视作"贰臣"的。李德辉是元朝安西王相兼西川行枢密院副使，节制川陕两省军政，而他的表妹则是嫁给元将的熊耳夫人。就是这个女子，摇身变为枢纽性人物，不过是将半个身子隐在幕后——百里之远的重庆失陷后，策动王立为解困厄，偃其旗，息其鼓，弃战易帜。当这时候，战争尚未定向，存在各种可能的结局，而让战争以何种方式结束，又关乎传统的"义"。帐中的谋虑真有无尽之苦，在长久的意义上，它将改写全城人的命运史，也会使战局的进路发生变向。周旋的余地彻底失去，焦虑、绝望与无奈的王立被逼到人生的死角。巨大的悬置感动摇了相持的意念，飓风般卷来的强烈冲力，殴击着一个孤独的灵魂，且促其骤生激变式的内裂。沉郁的氛围下，他未能冲劝降冷笑，优柔的性情作弄着他，痛楚地想定了前途，所抱唯有俯首一念，而失掉了原有的坚毅。当世发生的一切都曾在史上发生过，王立照例躲不开古老的战争法则。他狠心以最原始而屈辱的方式——放弃抵抗，来止息这场旷代厮杀。因这并非轻率的放弃，沉重的心理压迫从此无法挣脱。扯落烽燹中的大宋旌纛，可说是死亡阴影下的选择。靠着数十年力战筑起的意志堡垒，就这么带着锥心的隐痛坍圮了，终使这座城留给异族控御。那红热的血，一夜便冷下去。元世祖忽必烈接到李德辉的奏章，果真给了强大的应声，一改长兄蒙哥"若克此城，当赭城剖赤，而尽诛之"的遗诏，发出上谕"赦免合州，一城生灵"。这或许就是以礼祀之的缘由。那个时候，城内和城外，充满灵与肉的对峙，王立是将民众带入和缓安靖还是引往跟主流意愿更背离的方向，大抵连他自己也未及建立确信。攘外的权力自我解除后，兵乱敉平，随来的百姓日常境遇，应是为此段旧史定义的要紧凭依，可它在我暂是未知的。细数春秋，这两男一女已被供奉了百年。想必有人如我一样，在像前也斜着眼睛，虽不言语，但那心境，好似乱石投来，破去一池水原本的静，终不免皱紧了眉头。

战与降，这两个势同水火的字，在"忠义"的誉称下调和了，全无掩抑，却化作一柄刀，锋刃上带着血。这血色，已在史书的篇页上抹不去了，且覆上后辈心头烙下的深深创痕。灼痛的记忆不会像朝雾似的袅袅地飘失，战争的齿轮仍然摩触着子孙无滓的魂魄，难断一个是非。谁也不愿颤抖着手，再去剜那沦亡的疮口。据此段"迎降"史实编出的戏剧，在舞台上演着，情节安排再现了生存苦难与矛盾旋涡中的感情性段落，那态度自然是首肯，王立的所为似乎也是可谅的。朝之迭，史之嬗，虽说如今的景况早已大异以往，可是换一种视角却偏和这相反。只因在根本上，叛离、附逆，最为正统所不容，休提其余。胜利把征服者托向天堂，将被征服者逐入地狱。换了披挂之后，好戏仍未收场，刚从兵灾苦境中脱身的王立，直接坠入耻辱的深渊，亦毁损掉前面的战功。他这边受着生活世界的褒赞，那边受着道义世界的讥诮。精神的屏障实难翻越，他也就做了观念的俘虏，内心从此无法避开沉抑的镣铐声。或许，在轻贱的眼光下偷生，深重的负罪感时常折磨着他，用了什么办法，也难获得心的平安，比起永受骂名更使灵魂疼痛。"不以一眚掩大德"这话能否给他，也要存疑。跟临危而不逃逸的铁似的将卒相较，他的骨头到底软了些。至于熊耳夫人，那些伤逝的言语我却连一句也不想说，瘗玉埋香之叹像是可以不必。词句再巧，不过是血迹上的文饰。

故史遥兮情系之。以今鉴古的后来人，虽在祠内冷眼旁视，心中哪能无一丝牵虑呢？在历史这个纵向的传承体中，既成的一切还能有价值，皆因它仍在影响我们的思维活动，且在进入认知、推论、判别的逻辑程序中检校着精神的清浊。江山盛衰，宗稷更替，是一种断裂，也是一种衔接，处身存亡之秋的关键人物，最招毁誉。古人面对的是抉择，基点为现势；今人面对的是评断，基点为是非。两个生存时空的差异性思考便洞明了，可说极难交糅。时间一直向前，陈迹很远，但世上的情理是一样的。二元分野的状态下，迥别的界域之间搭不起一座过渡的桥。将帅功罪、红颜福祸，代有歧论，历史视野下的现实激辩也难设穷期。那颉颃的情状，很似两位对蹠而立的人，各以自己的见识和感觉来核论这故实，思想的锋芒尖锐而深刻地对撞了。把往事记在心里，只为当下的鉴戒。这么想着，偏殿的气氛也复杂了一些，竟至压抑。若用严正的眼光看，这三人的脸，都失了色。

钓鱼城头挂出降旗的次月，南宋左丞相陆秀夫，决意将一腔烦冤带到地底去，便背着末世少帝赵昺在广东崖山蹈海了。有些时代的落幕总是惶遽的，三百年赵宋宗社竟如纸灰，势也。王权旁落，痛放悲声亦无补。多年前，临着零丁洋远览的情形我今天也还记得。水天凄迷，野马般的奔涛撞向狞厉的礁岩，仿佛为亡国的君臣叹息。干戈寥落，身世浮沉，钓鱼城的陷落，总该有个来由——正际宋元鼎革，必会时世变易、政治翻覆，这其中，似乎不是忧惧一己的生死那么简单。

一团团灰絮似的雾，忽浓忽淡地飘飞，轻软得叫人郁悒。重门击柝，敲出的响音锐戟一般刺向清寒的夜天，倾落血的雨。"戍楼刁斗催落月"早成过往光景，我的思绪照旧陷在老去的时日里，绵绵不绝。昔年，那些壮士为社稷而守城拒敌，数百载后，这座城池仍为国殇的魂灵而守望，真是荡人胸臆。这番感受非我独有，三圣岩的"荡胸生层云"摩崖，便在佛菩萨身下。这件清代题镌，是一个姓朱的本乡人所书。杜甫的《望岳》是一首抒怀诗，录其句在这个地方，还算得宜。佛眼看尘世，总以慈心观众生，同俗人的想法恐非天悬壤隔。钓鱼城上，可眺大江之奇秀，可览雄山之峥嵘，这本已够了，而在锁钥之处，更有"独钓中原卅六年"的护国壮业感动着天地，任谁也会在内心发出雷鸣般的歌啸，那是难抑的心潮。我一个常人，不具觉者之眼，似也悟着一点禅家意味，说起人心与佛性相通的道理，亦不是无端。如此一看，千佛崖那边的"鱼山胜概"篆体摹刻，尽得气象。

潮润的风从江面吹来，颠连的峰岭映入鳞波中，恰好成了柔漪间的清影。四围爽目的景物，使得山中的空气尤其来得爽畅。这种清和幽，正与禅界的空与寂相契。

钓鱼城上多佛刻。一山觉苑遍梵呗，也是早年景象。余玠选中这里高筑战垒，有过佛佑此城的意思吗？最记得悬空大佛，全在一条崖壁上勒出。释迦世尊侧身横卧石崖上，螺发肉髻，宽额丰颐，面容那么端庄严肃，平和沉静得失去了哀乐，闭目，再急的风，再骤的雨，也都暗默，无力惊扰彼岸的梦。佛身定在那里，袈裟的褶纹却是飘逸的，恍如涟漪般流动，好在那青绿的彩饰还未褪尽，犹可放出玄妙的光芒。这是一尊晚唐造像，比大足宝顶山的释迦涅槃圣迹图石刻，为时要早，只是壮硕的身量不及那样长，跟前也未见低眉恭立的诸弟子。为了创刻这躯卧佛，那些无名匠师一定在山中常转，这儿瞧瞧，那儿瞅瞅，选中了这块巨崖，才落下一凿一錾。这尊中国造型艺术史上的古刻，风晨雨夕，费去多少精力！南宋的赵智凤来过这里吗？从他的家乡大足到这里不算远呀！他也许在悬空卧佛前低回过好久，凝神琢磨，领受着前人的巧思。大足深幽岩谷中的万尊造像，跟钓鱼山或有因缘。这片多树的山麓，因佛而一片安静，也因佛而聚来幅幅墨妙，很多题刻皆在它的四近。"一卧千古""山人足鱼"皆为南宋人手笔。

我在前文讲过，三圣岩旁一尊晚唐凿造的弥勒像，在暴雨惹来的一场岩崩中滚到山下，留在岩上的阿弥陀佛却不孤，观世音、大势至两位胁侍菩萨没有离去，静稳地分坐左右。这三尊清代道光二十三年的刻像，一样的腴润面型，一样的端凝姿容，神温婉而且慈蔼，很有蕴藉似的。优雅地施着莲花手印、托如意宝珠的阿弥陀佛且不说了，叫他自享主位之尊吧。两位菩萨，头戴宝冠、胸配璎珞、腕挂环钏，观世音抚净瓶，大势至持沉香，半睁半闭的眸子掩着无尽言语。清光绪八年刻上去的四个字，亦极贴切：慈云通覆。

雨下得大了，浇不灭岩底燃着的几炷香。乱峰之上的蓝空愈显寥廓。晶亮的雨珠，是天女散掷的花朵哟！朝佛身凝眸的我，恍若屏息聆教。"如是我闻"的宣唱，飘云一般邈远，难言的清虚与玄奥，撩人去追西天的云。听着它，凡念皆已断除，只是那碧血山河还在心上。

昭化古城

向晚的清江河渡口，竟是沈从文所描画的那一幅《边城》风情。苍翠远山已浸在玫瑰色落霞中。横斜的小舟、悠闲的水牛、嬉戏的白鸭以及若干活泼洗衣女，皆成为一条长长大江的美丽点缀。弯月如金镰。

一条连接两岸的铁绦，几只精巧的"木刮刮"，便载了我们的船儿轻轻盈盈渡到江的那面。

又是一路的碧蓝江水，一路的银白沙洲，昭化古城也便临近。

就在朦胧月光烛照下进入古城北门，努力张望那狭长弯曲石板街道以及早早打烊的几处店铺。并无多少灯光明灭，一切皆神秘。

恬适梦中便幻出幅幅想象图画，均古朴若中世纪风情。就在这川北古城度过一难寐夜晚。

清早，嘉陵江上的轮船笛声传来，悠长而且沉浑，于宁静朝空拖一串轻颤余音。窗外石板路面同时也便有清脆足音格格格格正响得紧，大约属凌晨古城唯一嘹亮活泼声音。空中有浓重湿雾，灰白的，悠缓地飘。一线青青峰巅在淡蓝晨曦中愈显得葱翠，且细细飘起柔绵的曲线。

　　昭化原名葭萌，是建于公元前 299 年的一座古城。一座依傍蜀道的城，一座位于嘉陵江畔的城，自然成了极重要的水陆交通要冲。可以想见这里曩昔繁华热闹景象。1935 年，修筑川陕公路，过往行旅不再依凭古老蜀道，这一小小城镇也才日渐萧条，同急遽变化的外界似乎深深隔绝。却是好事，古城淳朴风范便极浓地存续下来。

　　就怀了一缕思旧意绪，踱到登龙门。城门已是明代重修的，秦汉时的遗貌怕早就随岁月消逝到历史的尘烟里去了。

　　城墙已颓圮，只城门秃秃矗立。沿浅褐色不规整石阶，我们登上城门顶端。并无箭楼一类物事，高低横覆了些灰白石板。城景也便在望。

　　很静的石板街道稍呈弧形，尚是明清风格。两旁房舍也邻得紧密，屋檐下皆垂挂黄灿灿苞谷，并有蓬蓬秸秆满堆在壁旁。院落中各有青白碾盘、莹绿翠竹，于袅袅炊烟中静默如朦胧图画。

　　炊烟轻轻漫向城门以外的地方。那绿绿菜田，那黄黄小路，以及背着满盛翠碧苔秧竹篓的少年和那位挑着两簸箕红红萝卜的着蓝衫大嫂，均又组成写生摄影的绝好景致。

　　游伴指向南面几峰葱绿高山说，那是凤岭、笔架和牛头三座山。笔架山上原有一座清朝道光年间所建的白塔，可惜毁于"文革"。牛头山上，远远一棵老树的影子也望得清楚，独独挺拔于山脊，极有气势。《三国演义》中所写的葭萌关便在那里。史籍言其"峰连玉垒，地接锦城，襟剑阁而带葭萌，踞嘉陵而枕白水，诚天设之雄也"，是与剑门关齐名的蜀道雄关。当年，张飞与马超便是在这山下挑灯夜战的。那在嘉陵江畔坦展着的，不就是所谓"战胜坝"吗？金戈铁马的鏖战场景只能在想象世界勾勒，映入眼目的，却是坝上的一片田园风光。

　　心中仍翻腾历史上无数过往故事，脚步却已迈至蜀汉大将军费祎墓前。墓碑后，翠竹正铺洒一派浓浓绿意，正同了嘉陵江层层澄碧波浪。据传，后蜀帝孟昶之妃花蕊夫人曾在这墓地附近的葭萌驿题写《采桑子》，以寄托去国怀乡的沉痛情怀。题词的驿址早已无存，但一曲"初离蜀道心将碎，离恨绵绵"，牵动几多哀肠！

又是日暮。心中自然充满收获喜悦。便准备告别昭化，逆嘉陵江而上，去访武则天故乡——广元。

就来到嘉陵江和白龙江清浊二水交汇处的桔柏古渡。往昔岁月，这里也有过"白天千人拱手，晚上万盏明灯"的繁闹景况哩！同陆上的蜀道一样有自己的一段荣耀。唐明皇幸蜀在此转渡，有两条硕大鲤鱼护舟而行，人称"神鱼夹舟"；唐僖宗逃难，在渡口隐约见到有仙人翩跹，人称"遇仙接驾"。昭化人编织种种美丽神奇传说，寄托对乡土的深深挚爱。终于，我们泛舟在清澈江流中了。又是一幅"青山缭绕疑无路，忽见纤夫迎面来"的秀丽图画。

游伴忽然吟道：桔柏江声伴古城，牛头山色映嘉陵。

其时晚霞正将橙色影子印满蓝蓝天幕，且将昭化红红地照。小城依旧那么宁谧，静美如歌。

长汀古城

长汀这地方，可以上追古闽族人生活的久远年代。汉时置县，唐代建州，明清设府，历史的绵长，更和客家的生存史不可分。况且汀州本是一个旧时的区域概念，可是，那些另走他乡的男女，仍惯以汀州人自居，且不改汀州腔调。从历史中分得一点光荣，那种满足与自信也是可想的。

若找来一张地图看，武夷山自东北一路向西南斜下，成了闽西和赣东两地分壤处的一道屏障，并且长年俯视这座小城。山的那一边，便是瑞金。更有一条汀江，源出武夷山南麓宁化县木马山北坡，流经长汀、武平、上杭、永定县境而入粤北大埔县三河坝与梅江交汇，广东省内也便奔涌那条冠上韩愈之名的韩江。

车进长汀，时已近午。"天下之水皆东，唯汀水独向南"是传在当地人嘴上的一句老话。我由外省而来，虽入了闽越之地，看看城下静静的江身，却不曾特别留意这水的流向。城边既有一条江水潺湲流淌，临江当然要有一道石墙来屏护万岭丛中这个小小山城。

我在一座石坊前站定，抬眼瞅瞅额上"古郡南门"四字。坊的那面是一条市声极稠的老街。街面多店幌。理发馆、根雕铺、画室、茶行……门板戳在一边，门户大敞，一眼看得尽它的里外。从一户店家过身，里边的人在聊天，不以过客为意。一家百年老饭店里，灶台冒着热气，厨师正在做的，是闽西八大干吧。连成地瓜干、武平猪胆干、明溪肉脯干、上杭萝卜干、永定菜干、清流笋干，不必说了，我喜啖长汀豆腐干。宁化老鼠干嘛，听了也要吓一跳，怎么吃呢？

拐出一座券门，身子一转，就上了据称是唐代大历四年砌筑的古城墙。眼底便横着绕城的汀江。水面宽约几十米，隔岸尽是店铺商家，跨水的江桥通到那边。水上泛出绿色影调，小小洄流也不皱起。一片明澈光色里，小城如玉。无风也无雾，亦不见渡船在江水中来去。抬眼看天，鸟也没有一只。四近皆极清透。桥影安静地映入水光。桥旁几团树冠，城外一片小山，也在江面染上鲜亮翠色。几步远的地方，造起一座五通楼，只看古式的样子，我也不好断定它的旧与新。倒是有多位退下来的老人，辛劳一生，忽然得闲，便聚在楼头消磨剩余光阴，打打牌，写写字，做画唱戏文，或者望山看水，不停说笑。身后近处那一片低矮老屋，那一排斑驳门墙，那一片黑色鳞瓦，永远充满温暖。这片颜色，这种声音，这派神情，叫我觉着亲近。眼前光景实在是小城极美丽极动人的一面。

风景画中，有山还算不得什么；有水在画里，笔墨才能活起来。长汀是入画的，因为有汀江在。一切随江水流动，仿佛我们心底涌动的情感，长汀因之是诗。

额题"丽春"和"龙潭"的两座烽火台，均为新葺，有一些古意，有一些沧桑。还有几座城门、城楼待修。于今之时日见到古城昔年的状貌，也是可期的了。重整旧筑，如在补缀历史。

我行过古老的城墙，也行过古老的江流。

唐代建起的三元阁，占了城里极显眼位置，它的对面便是有名的汀州试院旧址。进去，虽在六月天，忽然觉出一丝清凉，哟，古树在遮阴！这至珍的两棵唐柏，树龄之高，恰和长汀的城史一样可叹。平旷的院子尽处，有大堂，有后厅，有厢房。明清之时，闽西八县的科考便在这里。

福建省苏维埃政府也曾设在这个院子里，入内，可以寻见中国革命史的印迹。没有声音，没有故人，一切只能在想象中还原。右手一个券门，一条狭窄过道的尽处，闪出一个偏院，两间旧屋，散着霉湿的味道。瞿秋白在这里囚居，也在这里写出《多余的话》。复杂的年代产生复杂的心境，产生这篇充满政治遗言色彩的自传，也产生独属于他的瞿氏风格的文字。推开那扇沉重的门，陈设极简单：一张床，铺着白色单子，身体衰惫的瞿秋白躺在上面，听夜半的江声在远处幽幽地响，已经预想到"永久的'伟大的'可爱的睡眠了"吗？一张桌，摆着油灯和砚台；还有几把椅。斯人已逝，犹觉空旷。我在瞿秋白坐过的木椅上坐下，双肘支在桌面。一切忽然安静了，我隐隐听见自己的心跳。这灵魂的微颤，这心弦的轻振！太阳的光芒一缕一缕地滑过墙檐上几根荒草，泻落在天井黝黑的地面，且漫过残旧青砖上浅浅的苔藓照进屋来，使墙上暗黄的木板泛出光亮。秋白也曾这样，平静而深邃的目光穿越竖着木条的窗棂，伸向高远的苍穹。他望见"总是皱着眉头的天"了吗？望见"惨淡的月亮"了吗？他诅咒"淫虐的雨，凄厉的风和肃杀的霜雪更番的来去，一点儿光明也没有"的世界，他渴盼雷电，他呼唤霹雳。在这间幽深院落里的囚室，我记起他在散文诗《一种云》中的吟咏。半庭阳光下，方窗是一块屏幕，叠映出堆积的湿云、清冷的月光。朗丽的晴日下，深碧的天光里，心中却弥漫着孤凄的情调。我好像听见地板上响起低回的脚步声，轻轻的，沉沉的。在死亡的魔影下书写，在文字间袒露心迹，做着冷静的生命沉思，那个清瘦的身影便在我的内心浮现，并且异常清晰起来。紧贴后墙的那条通道，透进一丝微光，黝黯、湿闷，瞿秋白就是从这里走向罗汉岭，走向人生尽期的。赴刑路那么短，又是那么长。穿着黑色对襟衫、白布短裤的他，用俄语唱着自己译配的《国际歌》，深情祝福"欣欣向荣的儿童"，瞩望"一切新的、斗争的、勇敢的都在前进。那么好的花朵、果子，那么清秀的山和水，那么雄伟的工厂和烟囱，月亮的光似乎也比从前更光明了"。他在自斟自啜着最后一杯酒时，口中朗吟着"人之公余，为小快乐，夜间安眠，为大快乐，辞世长逝，为真快乐"，风神凛然！一位实践"主义"的革命领袖，在内心获得了真正的胜利。郁郁林麓下，他略正衣履，在一个坟堆上盘足而坐，迎着冰冷的枪口，以闲静庄严的风姿向这个美丽的世界告别。罪恶的枪声吞噬了现实的一切，停止了一个英雄的思考，他的思想光热却炙烤着天地。

瞿秋白以有限的生命长度，在历史中永久站立。松柏的翠影里，他的纪念碑被阳光照着，古城有了精神的高度。

《多余的话》末处说："中国的豆腐也是很好吃的东西，世界第一。"瞿秋白尝过长汀的豆腐干吗？他深深眷恋所爱的人间。

凤凰古城

凤凰城边的沱江，终年为湘西丛山的岚光轻笼。风过后，水浪声里，临岸人家推窗必能看见江上飘走一片雾。久对着此幅明秀图画，一种梦似的情绪每在心中隐隐浮起，精神常会变得清澈。

在高山的屏蔽与长河的襟带下，小城弥散着自古相沿的安静空气。镇上的一切牵紧我的视线。我从泥堤河街旁过身，用眼睛记住每一条铺砌着岩板的曲巷，每一扇漆色剥落的门扉，每一方城额上漫漶的字迹，每一座桥身间弯折的裂隙。久传着无数美丽故事的边城，是一部墨香不散的书，岁月的风拂来，无论掀至它的随便哪一页，都会让我从褪色的纸面上窥见旧年的残痕。一个奔劳的旅人到了这里，心会很熨帖，很宁静。

沈从文的作品也静若秋水。离乱的生活到了他缓缓移动的笔下，被滤出一丝宁恬，一丝安详。在湘西山水里默送着平淡日子的乡间男女，皆无惊扰地活着。沈先生用了柔和的调子叙说这里的古今，宛似追忆一个美而多怨的梦。他寻求着精神的纯粹和情感的浪漫，笔下的细节却是真实的。

夕晖映红天边一片霞。我轻踏卧水的板桥，过到沱江北岸。此时，为写作而"观察"的癖习远我而逝。我的意识潜入一种无规则状态，散漫，恣纵，对风景没有刻意的拣选，一切皆可在我的视界中来去。苍郁的峰影沉到水里，洇成一团墨云，倏忽，潮润的山风吹皱了这幅静态的画。吊脚楼为入水的细木支撑，临流而显出朴素的意境。北面一座古旧城门，把雄峭的影像印在微茫的天际。狭长河街上喧扰的市声也仿佛渐弱。目光落在闪闪的清波上，如见着漾于苗民脸膛的悍勇，如听着湘女凄婉的爱歌；如在酬神的傩戏中醉数着板眼，如在火塘的红焰前放情地旋舞……小城存续着古老的习尚。曾经发生在沿江两岸的模糊的人和事，都在我的驰想中透明生动起来。在低调生活里渐显粗糙的心，似乎能够在乡居的安谧中得到一点感动。我依稀从亮绿的水光里望见众多温润淳厚的面容。忽然觉得，昔日的有些东西，是无法告别的。在这个物质主义至上的年代，呼吸着现实空气的我，竟极想将一颗心长留于古典世界。

我又披着满身月光，蹀入一条幽邃的青石巷。尽头的一个院子，就是沈从文故居。厚重的门板闭严了，隔断伸向往昔的通道。白日里，我曾穿过它，在一个人的生命史中漫溯。我在年轻时即读沈从文。遥远湘西的旧影是从他的小说、散文里依稀看见的。我常常也像《边城》里翠翠凝神望水时那样，"梦中灵魂为一种美妙歌声浮起来了"。许多作家，人格同作品是分裂的，互隔的；在沈先生那里，是交融的、相谐的。载道、言志、抒情、寄慨，血肉化成的字句，引我搭乘他的翅膀飞向另一世界，且将感情寄放到这个安静的地方。我是在读着他的灵魂。当我也开始把生命与创作结为一体的时候，便从沈先生那里知道，该怎样来使用我手中这支笔。我的文章，是受过沈从文的学生汪曾祺影响的。汪先生对自己的老师怀有很深的感情。这大概也是我要来凤凰的一个原因。柔水般的月色静落在老屋黝黯的墙角，院里的花枝也会随风弄影吧？已近秋了，悄寂凉夜中，无妨畅吸那飘散的疏香。

沱江辚辚的波流，送着载我的小舟行抵听涛山下来看沈从文墓。顺眼望去，松风竹影里那块铭字的五彩石，正可叫我赞咏它的意义。"照我思索，能理解'我'；照我思索，可认识'人'。"沈先生的手迹是可以响出声音的。这其实又是一副挽辞。沈先生到了晚年，心上大约是寂寞的。在这个世界，他盼着从别人心灵传来的温情。二十世纪八十年代初，我工作的地方和沈家只隔一条街，可我怎么就从没叩响他的门呢？沈先生谢世后，我多次从那座楼下走过，抬眼朝高处的某扇窗子望望，叹口气。一种永久的悔。而今，无端地消磨了那样多时光的我，从北京来到这个万山深处的小小石头城中，默立在水湄的墓前，只能用楚声长诵一句"魂兮归来"。一切怅触，一切忧思，仿佛皆在这个瞬间为苍茫云水所消融。心灵的籽粒落入泥土，会茁长鲜碧的枝叶。一个走到生命终端的人，用了饱满的情感筑起的文学碑碣，让每一个善良的百姓觉得，这世上仍有他的呼吸在。沈先生悼胡也频时曾说："这个人假若死了，他的精神雄强处，比目下许多据说活着的人，还更像一个活人。"目光触着山间艳丽含情的红花，犹似见到他的微笑。在我个人看，和天下圣贤的陵墓比较，这坟垄的环境空气，这志石的新异别样，引我贴近一颗不死的文化灵魂；而这个一面为茂绿山林遮翳，一面紧临澄澈江流的墓园，也恰宜沈先生的精神永憩。无论晴雨，听着船上渡水人缥缈的橹歌，望着湘黔道上过路者的身影同沿河黑瓦白墙间浮起的一片烟，这深在幽僻角隅的灵魂，便会随了自由的风，于寥廓的天空远翔各处。那个已逝的生命恍若在阳光下复活。

沈从文说："美丽总是愁人的。"默望水光映着的楼窗，细听檐下絮语的家常，我就浸入一种微带忧郁的感觉。曲折不尽的古街像我悠长的思绪。不是每处风景都有此番魅惑。在沈从文的凤凰，幽蓝的清夜里，星光，月辉，照着我低回的影子。

沅陵古城

　　由吉首去沅陵，车子折往东北，武陵青山与湛碧峒河皆成为窗外的一幅图画。过泸溪，峒河始同沅水合流。江身既极明澈，水流亦不猛，乳白色雾气将一道多折山谷填满，水面如浮一片烟，把一切都轻笼在一种风软云柔的梦似的情调里。坐在车窗前心无旁骛只顾赶路的人，正好可以透过细雨淡雾欣赏依崖缓流的清江和竹林里的近水人家，亦不免为沿途山水的明秀赞叹。头尾尖翘且覆了乌篷的木船于江面的绿光里浮动起来，数只黑色鱼鹰贴水悠然起落。白亮的网丝湿湿地闪在沿岸山树的无尽翠影中，极像晶莹的雨花轻盈地飞闪。皮色黝黑如涂了一层深漆的水牛悠闲凫浪，上到滩边的数头，先要朝那片为晨露润出鲜气的坡草寻去。临水山峰不如何高大，绵延的气势却可同江水的浩荡光景相依。长长青流自随山麓流转，仿若尽将飘拂兰芷花叶的崖石上的无际翠色夺去。如果坐入一只尖细划子顺江漂移，听短棹拍打水面的清亮悦耳声音，且随波纹慢慢隐入远方雾中，心底必会涌出屈原久所歌吟的浪漫多情诗篇。在一个从干燥常旱的北方来的人看，定会惊异于此处风景的秀润，不知由哪里下笔才写得活这条日夜流香的沅江。

　　沅水奔至虎溪山麓与酉水汇流，沅陵县城即建在这个三面临水一面负山的地方。一个初来沅陵的人，从本县旅游局长夏湘军那里闻知这座小小山城原是秦黔中郡所和隋唐辰州治，惊叹之际，仿佛从遗墟残址间呼吸着古时的空气。战国、西汉墓葬多在滨水叠翠诸峰中，不免撩动探赜者追史的心。因是在曾产生画符捉鬼风俗的辰州旧地，虽则到了今天，无人肯以辰州符的灵迹自炫，"故神其说"，对于长年为山雨江雾所浸的湘西而言，仍像是去听一段赶尸传说，或者巫祝的颂唱。略有兴趣侧耳，心里实是不肯相信它的。欲往求长河流域多彩风俗与瑰奇神话，无妨走在水边的香草香花中间，怀揽一卷《楚辞》，逐水而歌，恍若朝着云中君、湘夫人的微笑迎去，亦宛如看到《搜神记》中那些升山入谷，"好五色衣服，裁制皆有尾形"的盘瓠蛮的先民。所听来的种种故事无不古艳魅心。

　　沅陵城西临着沅、酉二水汇流的一片山林中，便是辟建龙兴讲寺的地方。这是一座敕建的唐寺。走进殿阁的里面，借着斜斜照入的阳光一扫，并无泥塑的佛陀。袅袅的唱偈之音虽邈远不复听见，董其昌题在大雄宝殿的"眼前佛国"匾，却足可叫人目光一亮。楠木殿柱与勒纹础石之间嵌入的鼓状雕花木木质、镂空石刻讲经莲花座、板墙上神态顽憨的《西游记》人物，皆可看出造寺工匠手腕的不凡。五溪山民在蛮悍不驯之外，性格中实在还另有一面。

　　讲寺门前层层悄寂的石阶，印着唐宋明清诗叟的足痕。李白的身影是怎样的飘飘，黄庭坚的泼墨是怎样的淋淋，林则徐的咏唱是怎样的忧忧……

　　龙兴寺礼佛兼以讲经，门墙之内就带上一些书院气氛。寺后的高处，果然有一座虎溪书院。当地百姓乐于缓缓讲起王阳明身后的传说。阳明先生谪任贵州龙场驿丞，往来湘黔道上，多留行迹。修文即有龙冈书院。史载他自龙场谪归，过辰州，应沅陵儒子之邀，入龙兴寺讲授良知之学。三十载后，昔年受业之徒、辰州郡丞徐珊访尊师讲学遗址，建虎溪精舍，辟祠供像敬祀阳明。我对明儒理学或者专说姚江学派连浅知都无，但是站在虎溪山上看竹荫下的阳明先生石像，还是渐有身入儒士之林的亲近感，几要肃立馆前听其诲了。书院唯余一排倚山的北屋，阶前立着绕藤的木坊。由此处看过去，讲堂精舍的重檐叠脊在夕晖下显出它的庄严来，沅水上浮光闪动，静衬着清疏的山景。沈从文说："由北岸向南望，则河边小山间，竹园、树木、庙宇、高塔、民居，仿佛各个位置都在最适当处。山后较远处群峰罗列，如屏如障，烟云变幻，颜色积翠堆蓝。"恰是用逸笔抒写着眼底的如画光景。由这上面得到的清美印象又无妨从本县人趁酒兴随口唱出的《酉水号子》《辰河高腔》里温习。寺下江面上，沅、酉合流，湍急如虎。湘人不畏险，龙舟竞渡常在这里。沅陵苗民《漫水神歌》："人家竞舟祭屈原，我划龙船祭盘瓠。"魂兮归来！五溪赛舟，似为龙船节之始。沅水沿岸，竹棚下多置龙船，细长如梭。我虽不逢竞渡之日，水手举桡激浪，飞凫驰骤其间，在一片雾气中歌呼直下的壮景聊可浮想。

车过沅水大桥。站到南岸的凤凰山上，朝北延眺，沅陵城"宛在水中央"了。偏西二十里的黔中故郡成了隐入水光的一片影子。沅水绕城，向东北折去，甩出一个很悠缓的长湾。水天微茫，四里路远近的江心浮着一座洲岛，传说水底有金鸭驮着洲上田园，无受淹之虞，故呼为河涨洲。耸在上面的那座镇鸭的白塔十分秀气，同香炉山上凤鸣塔、常安山上鹿鸣塔恰好连为一线，赞为奇观。江渚之北，有村名黄草尾，村中黄头桥四近长着野荞。有一个书生策马而过，见荞苗随风微摇，吟道："黄头桥，桥上荞，风吹荞动桥不动。"一位摆渡船工巧口接出下联："河涨洲，洲下舟，水流舟流洲不流。"此故事一旦为人听到，这个芳洲、这尊佛塔，简直就成了古画中的景致。

凤凰山上那座明朝万历年间的禅寺，是含着有凤来仪旧典的。深林中的殿宇并无奇处，甚或很简素。因有一山树木荫翳，极清寂。一栋吊脚的木楼据称是被幽囚的张学良住过的。屈身抑志于这山中的萧寺，心底的忧苦也只能寄于一晨钟一暮鼓了。寺前几棵森疏的黄连木，张少帅能学静修的老和尚于树下悠然弹琴吗？至难。

出沅陵，溯酉水西北行三十里，停车呼渡的码头名乌宿。大小酉山隔水互望，而大小酉溪各从永顺、古丈奔来，至此相汇。滩头歇泊多只乌篷划子，船工在舱内吸烟逗狗，甚得闲趣。有赤脚踩到水里捉鱼虾者，身子为湛绿波光所浸。峰峦遍植苍树修竹，村户多在翠荫里面。乌宿一带文风炽盛，出过数位秀才，正不辜负沿岸奇秀的山水。呼船渡到东岸，轻踏坡上浅草去登五百米高的小酉山。半山一片裸崖处，即遗咸阳儒生冒死深藏千卷书简的二酉洞。洞古，矮而宽。我探身进去，尽端又露黢黑洞口，不知其深。恍兮惚兮，我可同那位舍舟去钻秦人洞的武陵渔夫仿佛。清光绪湖南督学张亨嘉所题"古藏书处"四字镌在洞下的石碑上。睹而思之，犹能闻到一缕久不飘散的书香。我择一块扁石坐下，可沐高天清风，可听石罅滴沥，可眺酉水西来，在山下折向沅陵。不亦快哉！

由乌宿沿酉水上行，到了永顺、古丈、沅陵三县分壤的凤滩。滩水的凶险也只在昔日。三十年前，凤滩水电站横水而立，峡谷中的酉水柔静如一平潭。若由凤溪口码头租一只去王村的快艇，两岸翠秀山景未及饱览，九十里水路怕已越尽。行船再无须背纤拉挽。我即走了这一段水程。上的却是一只尾巴喷出黑烟的机船。一叶舟，在这样的水上缓缓地移动。远离寂寞的方法是隔着木窗去看过眼坡岸上的茂绿竹树、危峭岩石，或是听着船工的笑谑与舷边的水浪。望得见沈从文所赞"白河（酉水）中山水木石最美丽清奇的码头"王村时，极想快步迈到岸上，坐入芙蓉镇的老店里，尝一碗凉滑的米豆腐。其时，水面闪射一片淡红的夕光，人如浮在梦里。

芷江古城

　　芷江曾是统辖湘西多片地方的沅州府，旧日气派到了数百年后的今天，一抹残影也足可让往来湘黔道上者流连不去。明代石筑高墙的坍弛虽招来无尽叹息，城内的楼屋门巷、长街河桥以及择地而设的瓜蔬摊棚，照例充盈侗苗乡间诚朴淳直风气。

　　楚地向来为烟水浸着，缥缈的湘君、山鬼在游移的湿雾中浮升，如屈赋所歌咏，极易赢得无数湘人的微笑。榆树湾是怀化昔年用过的名字，由那里去芷江的公路，溯沅水西去，经称为古夜郎国的晃县而入贵州。沅水在黔东的施秉、镇远一带呼为潕阳河，流出，在湘人口上，叫法也就发生一点变化。临岸的侗家花船憩隐在亮绿波光里，静如一片浮叶，且默守沿河水车碾房响出的低缓声音。往常拉船人的纤歌已不飘响在柔和的风中。云贵高原至此低斜，渐向湘桂丘陵与盆地过渡，故寓目之山也因之不高大，葱郁之貌固不失南方山本色。河滩山野，香花香草的盛季应该在甫逝的芳春。"沅有芷兮澧有兰"，行过此程的读书人，无不忆起《九歌》中可传的诗句，且对着风景曼声放吟。馥花馨草，已将长河边数千年的历史醉透。

　　有座受降坊，它的所在处，是芷江城外的七里桥，恰为㵲水青碧的河身映衬。牌坊取沅州石，筑成血字形。旁附数栋黑色木质平房，为受降堂，仍是旧日的样子。抗战时，中国陆军第四方面军司令部即设于此，亦为湘西会战间日军攻略的目标。战后，接受日军投降的地点选在这里。芷江人讲起日本中国派遣军副总参谋长今井武夫低头请降的往事，扬眉吐气！我走进这些屋里，还可看到一些当年的桌椅。几幅洽降的照片虽挂在壁上不动，却让人如闻远在岁月深处的遗响。县城东郊有座占地三百公顷的芷江机场，"二战"时期为远东盟军第二大机场，曾供中、美、苏、英空军的四百余架飞机起降。美军第十四航空队司令陈纳德在此上演一幕空战传奇故事。方圆极广的机场在今天已无从使用。阳光下一片离离青草，北面明山同南边㵲水遥相映带，辽阔景象颇如塞外草原，且不缺少古楚山水的秀润。正可借过白乐天的一句旧诗来摹状：草缫茸茸雨剪齐。机场的尽端，残留着几个碾轧机坪的石滚，牵引的绳索和烈日下赤裸的臂膀也就在想象中浮闪。修建机场者必是中国普通军民，怀了民族的自尊与自信，以扛鼎之力向前拉动着历史的巨轮。"看试手，补天裂"，一腔英雄气。

　　侗人筑桥，为天下赞。横越㵲水两岸的龙津桥，青瓦覆顶，亭阁悬水，本身类乎一座杉木造出的水上楼廊，耐得天落风雨。自明迄今，枕长河波涛足至四百年，确有它的可观处。桥面尽设绸缎庄、杂货铺、字画店、吃食摊，几乎为本城百姓日常生活圈子的中心。无怪往来小城东西的人总要停步来凑一份热闹。桥楼可供登眺。柳树坪的柳色很绿，桃花溪的柔静轻浅一缕，可以流入宋人的婉约词。滩头纤夫缓移着脚步，乌篷船沿㵲水而去，一派清波送着两岸明翠的山峦，亦给予我美丽浪漫幻想。侗家临水造桥，芷江的这一座，拔乎其萃。河景更不平淡。披蓑戴笠的百姓，谈笑走桥上，送走一个个平凡中多含苦乐的日子。帝都的御河桥只供华盖辇毂行过,仿佛遥架在天上,永远不入蓬牖人家的梦境。

对水素有情分的沈从文,自凤凰到来,当上团防局的小师爷,常挎竹篮,装了印章从桥上过身,在肉案前收取铜板后,便与屠酤笑乐。闲嚼着竹篾穿起的油炸粑,望着沱水中远去的乌篷船同河岸的吊脚楼,思索人生的种种奥秘,且懂得社会的一些常识,即是由延长千里的一条大河开始的。

龙津桥别有一个好听的名字叫押花桥。水光桥影,鸟歌花舞,真叫人喜欢。

走出尽端的桥坊过到西岸,是朝天后宫去的青石岩板路了。此座祭祀妈祖的庙宇,由福建客民在二百五十年前修起,虽未及闽南湄洲岛上的那一座阔大,石坊浮雕的技艺却是至矣乎!采自山中的青石受于一雕一镂,便负载着中国数千年口耳相传的浪漫神话。耕读为本的训喻,渔樵唱和的安乐,均为人生与社会的理想图景。此种滋长于匹庶间的育人济世精神的伟大处,正在其深厚的平民意识。

错呈于门坊柱栏上的浮雕,美如画屏,龙鳞、鸟羽、枝叶、水浪、峰峦、人物,无不清朗,《洛阳桥》和《武汉三镇》两幅,真是神乎其技。箬篷舟子穿浪,桥上城旗拂云,石匠雕的终究是牵情的乡思。后一件,黄鹤楼、归元寺殆可近真,显尽江夏自古的繁华。

戏台像是久不喧响丝竹的清音与优伶的腔曲了。供在后殿的林默娘若怀起舞踏歌之想,也终是天间的彩梦了。悄寂的院内,不闻清梵。数根燃而未尽的香炷在堂前的铜炉中盘升着灰烟,表露祝祭的虔心。出入江海的渔人,凌波蹈浪而望祀,全托庇于这位端丽的妈祖。过往的打鱼生涯在我的心间一闪,并且那片远逝的涛音又隐隐地响起。

沈从文在民国十年为本县警备队长段治贤所书六百字墓志铭碑,我却一眼也没有看到,这在游访的记忆中是要添上一点怅憾的。

五百里明山，一片夺目翠色在楚西的云雾里上浮。临着向北的窗子，随意抬眼，正可以望得见。

沈从文说的那座由明朝人建起的大佛寺，大约即在山中吧。殿堂坍圮，随之有人砸佛。高居莲座五百年的大佛顷刻就成泥土。而这尊大佛在过去，是远近四方善男信女多来仰拜的。沈先生《沅水上游几个县份》："殿中大佛耳朵可容八个人盘旋而上，佛顶可摆四桌酒席绰绰有余。好风雅的当地绅士，每逢重阳节便到佛头上登高，吃酒划拳，觉得十分有趣。"假定此佛不毁，找伴，四川乐山的大佛似有这份资格。我的想法，如此佛身，都过于高大，望者不免敬而畏之。

我逆沅水上行，由蟒塘溪电站近处的十万坪可以踏阶入山，那里的莲花庵、遇仙桥，是以"梵呗之声几与樵唱相乱"的境界动人的。路畔的古松、藤蔓、苔花、流泉则为佛山风景之常。我是从辟在半腰略偏西南的车路朝峰顶绕去的。山树不高而繁密，溪岭间会闪出几座吊脚楼，几块稻田。檐下人家就由绿无边际的大山环抱在幽静的一隅。

至山顶的瓦屋前歇足时，看到寺墟正在复建唐朝的真武琳宫，呼为明山观，形制仿贵州遵义的湘山寺。礼佛之外，又要崇道了。在它的西侧，是近年造起的观音殿。白杨木雕成的观自在菩萨，貌温婉而目光低垂。殿内是过于阴暗了。门外，白云如鳞片铺满一天。诸岭之上，松杉如浪，仿佛补陀落迦山的风光。

从山民口中知道，大佛寺待日在主峰右侧相去数里的南坡重修，大雄宝殿、方丈楼、僧房院、藏经楼、香积厨皆绘在蓝色图纸上，规模大过明代旧寺。

一位妇女打来满桶明山泉，入口微甜。僧人手植的明山云雾茶正可借此水来沏。

有史可溯的，是立在山门左右端的一对宋代石鼓和接在前坡的灵官殿旁的两方石柱。秦汉人刻下的梅花篆字还留在上面。可珍的旧物就这样遗落在孤寂的荒寺中，年代的古今似乎已无可感叹。

越岭下山，看了几眼栽植在崖边的银杏苗，很细嫩，何年能长大呢？

离山入城。到处跑着一种挂布篷的三轮摩托车，呼为"慢慢游"。坐上，穿街过巷，领受古沅州安舒和乐的乡风，倒很近于去读陶靖节的田园诗。

富阳古城

　　浙西山水的清远，精妙多在富春江一带，并且桐君采药、子陵披裘的古逸事也尽如长流的碧水久不淡去颜色，故常能往来梦中。

　　我到富阳，先访过远承蔡伦遗风的华宝斋古籍书社，竟意外地获赠两册书：陈老莲绘图的《张深之正北西厢秘本》和钱钟书默存稿、杨绛季康录的《槐聚诗存》。宣纸、石印、线装，精雅而古朴，接到手，未细读，只轻抚绵软的用纸同丝缎的函套，就喜欢得了不得，若将其高插海王村的架上，索钱必不会低。

　　主人居处的雅致，可以从多方看，比方题识"同啄阶前苔绿"的那幅画，一丛风中竹，数只荫下鸡，不过是几下简单的笔墨，供人赏玩的情趣却正可同身入芝兰之室相仿佛。

　　富阳之竹的清芬要到城东北十里远的庙山坞筲箕泉那边安享。我在两三年前，曾坐入湘西桃花源的幽篁影里，追怀陶靖节悠然见南山的隐逸气骨，其时觉得能够伴他山中度日的，唯有漱泉声里的修竹。而今，走入天目山余脉的这里，抬眼一扫上遮天光的筲海，就知道黄子久犹是陶翁那一派竹中高士，结庐在这样的地方住下，镇日流连于林影水光间，自观自静、樽俎蔬笋、藜杖芒鞋之外，是必不能短少的一叠纸、一砚墨，令人神思孤远，也会幽绝。

连片的湘妃、罗汉、凤尾诸种竹，净绿的光影恰巧极入这富春山水清秋的情调。纵是到了花落山枯、水瘦江寒的冬日，我像是还能够想见袍宽袖肥的大痴道人，携两三野谷青士，鬓丝飘影，掀髯而笑，以他的瘦骨轻躯癖耽富春长卷，所爱，不知是满纸烟霭岚翠，还是画外的真山水。苞竹浮阴，茂松散叶，放浪万山深处，邀晨送昏，歌啸而去，遥赴泉壑中，岁久，竟似无日不禅的菩萨，谁笑黄公一生之痴？

近旁旧筑的净因院，只剩一片废垣断瓦了吧。连钟杵相碰撞出的祷祝的残声也早被昔日的江风吹入古树乱竹里去了。倒有东坡居士的诗留下来，且供我在此一吟："轩前有竹百余竿，节节浑如玳瑁斑。雨过风消淡般若，琅玕声撼半空寒。"苏诗中的有些，含佛老气，却不晦涩难通，如这一首，就颇流利。古时的那些心醉风月的林僧野客，距我们好像并不很远。

山坳谷坪，竹茂，杂树也多，曲折的磴道隐显在枫樟楠柏的荫影中间。这里还是宜于闲养翠鸟和彩蝶的世界。湿凉的雾气游丝般地浮漾在轻摇的枝叶与拍打的翅膀上，这哪里离得开篁箕泉的浸润呢？

朝山里走，望景，始觉李太白"绿竹入幽径，青萝拂行衣"真是一联好诗。弯路一端的杂草深处便掩着清亮亮的泉水了。我站在从林叶的疏隙处泻下的淡蓝色天光中，凝视被竹树染绿的山泉，虽是无人汲饮，它却还在渗出，聚成深深的一汪，朝四外漫溢，又沿着青坡下天然的沟坎银亮地流走。我真想凑近掬而口尝，它一定是含着翠岭苍峦的精气呢！

黄子久的茅舍留不到六百年后，旧址上立着的，却是守林人所居的双层小楼，依山建在那里。一扇木门紧闭，这样幽僻的深林，除去当家的主人，整日也不会再有谁来打门了。我慕贤的心重，即使不是黄子久栖身的那一座，能在故地转一圈，比之虽闻名却无缘前来的人，总是值得夸口的。手只稍稍一用力，门板就推开了，原本是轻掩着的。没有什么摆设，一铺竹床，几把镬头，墙角堆着一蓬毛竹柴。从窗子看出去，几根碗口粗细的竹子被剖为半圆，捆成长长的一道，通向高坡，引来的山泉淙淙响着，流进竹槽末端的大水缸。楼前开出小片的田，栽种几垄芥菜和辣椒。一株涉冬不凋的木莲树，在窗前覆一派绿荫。我觉得，这会儿应当有位山中老汉在樵歌声里担柴而归。我的想象又飞远，群峰涌来，翠盈轩窗，一洗黄子久胸襟矣，催他吹云泼墨，绘取江山。《富春山居图》我没有看过，可手边有他的一幅《九珠峰翠图》，山苍润而石凝黛，密耸乔松古柏，无论皴石点苔都能真切，也聊得其笔墨精神。

大痴道人之冢如果是在泉的一旁，倒真应该过眼一瞥的。常熟的虞山上，也有他的墓在，假定他是归葬乡土，那么这里的一座，疑是伪托。元四家中的这一位，虽未可上称江浙之间一尊仙游之神，却是在富春山水里久留的人物。

从竹影深处转出来，通身似已染上一层浓碧。又去登鹳山。

其山不甚高，了无依傍，全在借助富春江而增孤险之势。浙西山水，至此而佳。我一边对古人凭山水营造风景的功夫连声赞叹，又不能不认为这样玲珑的冈阜，也最宜于筑砌廊榭亭台，供人临江涛，眺风帆。在"坐断东南战未休"的孙仲谋看，家乡的这条富春江比之京口北固楼下的扬子江，孰该居上？

我放步于盘曲在山色与树影中的石阶上，竟走近一座临矶的江亭，因它独占了这一角闲处，使秃裸的礁岩变得颇不平淡，风景犹似李太白捉月升仙的采石矶。一尊石碑倚崖静立，所勒是"严子陵垂钓处"数字。仍是慕贤的心一动，我眼眸因之发亮。桐庐七里泷的那一处钓台同这里究竟有怎样的联系？顾不得细想。像严子陵那样的归隐山人，以富春江为耕钓之家，百尺垂竿随波而流转，哪会安于一地？况且富阳、桐庐本没有过远的间隔，往来其间，乐而垂钓，也是可能的。我此行未获沿江西去的机缘，无法详知富春山中的严陵濑风景，却能略推想，总该都是江水之湄的钓亭吧！

古史中的严光先生，野水投竿，高台啸月，会如郁达夫所谓"干枯苍老得同丝瓜筋似的"模样吗？总之是吹影镂尘，不能确知。却很有些坐钓或者观钓的人，临危石，俯深流，投无饵之丝于江中，宛似仿姜尚父、严子陵故事。礁齿噬浪，涨落间泛响一阵阵水花的清音，嘴边轻哼些少板无眼的越调，若与驰波游鱼为嬉，样子竟很逍遥。苏东坡真是说得妙："江山风月，本无常主，闲者便是主人。"若是今夜得月，辉浸江天，诸君之影当入一片微茫。纵使未枕七里明月而醉眠，情味也已足至八九分。欲画出富春山水，这怕要算是不能省略的一笔。

东坡在其旁镌四字摩崖：登云钓月，似能应眼前之景。

半山平阔处，造起双层的楼屋，旧为郁氏别业。老松新竹相披离，号"松筠别墅"，恰好。上，如登百尺楼。门窗迎江敞开。正宜遥遥地去赏看。隔江的风景半隐在乳白色的湿雾里，但江心浅黄的一线沙洲和含着无数近峰的远山，总如一痕水墨似的浓淡无定了。季节虽已在深秋的光景，却依然可以去想阳春里粼粼一江映带两岸花田禾野的美丽。蚱蜢舟静浮水上如一片叶，当然载不动女词人李清照的几缕心愁。此刻的江风柔得失去力量，往来的数点行船照例升着高帆，悠缓地滑动在澄澈的水光和青苍的云山间，柔橹的摇响、船娘的甜笑在开阔的江面飘散，仿佛会伴随绿意颇深的波纹荡得极远。人在船中，篷窗坐眺之美，怕也有金银难买的无限逸兴。将目光收近些，则可俯瞰富阳城里的街巷屋楼。鳞瓦低檐间的生活趣味，酽如杯中的香茗，是需要坐在星月下的矮竹凳或者飘幌的茶楼上细品的。江中亮着散乱的灯影，会一直闪到人的心里。夜深，倚枕的清梦也会浸上一层水影月华。如果有烟雨漫上来，无论晨夕，望去都是可以入画般的好。

小楼颇有布置，柜中之书，多同郁曼陀、郁达夫相关。郁达夫的那幅像，意笔之绘，瘦骨长衫的漂泊样子，似能传他独异的风神。

　　楼侧筑双烈亭，遥祭郁氏兄弟。松竹交掩，涌起一片凉翠。亭前的思人，比较徘徊待月桥头而温广寒之梦，更足以领略为千古所歌的江东子弟气节。我也仿佛能触着富阳道上无边好景的风骨。

平遥古城

平遥是个大院子，参差万户人家。

乔家、渠家、王家这样的富商，高其闳闳，厚其墙垣，比起县城，也是具体而微。这些四进的老宅院把平遥围住了，一毫也不少屈于它。

中国的古城，留下的不多了。"城九门，周正如印。南头正阳、崇文、宣武三门，东头朝阳、东直二门，西头阜成、西直二门，北头德胜、安定二门"数语，状昔年京师格局。到了今日，九门已寥落得唯余一二，大多只空存城门的名字了。燕都往迹只可到《旧京遗事》一类古籍中去寻。

我对北京城门尚有记忆。穿过门洞，就踏着郊野的泥土和杂草了。出城后，飘响在清朗空中的必是放情的欢笑。造反的风一吹，城门也受了斧钺。我读中学时，有一次上劳动课，就是拆西直门。城砖很沉，听说是明代的。砌得极牢，撬动颇费力气。很快，西直门被夷平。路面空了，也把帝京的历史送走。

平遥躲过了这一劫。

街巷的曲折，店铺的稠密，足够游人消磨大半个白天。叫卖的多是寻常应用之物，吃食中以牛肉为大宗。晋人越岭谷，远走塞外高原，自会把蒙古牧人的悍勇气概和啖肉风习带回河汾乡间。在街面闲逛，一片市声驱走内心的清净。城池深处，尽是"日中为市"的遗风。我素对货殖之道隔膜，在行肆铺户间转悠，眼扫日用零杂而毫无感觉。话虽如此，人已走到西大街路南的日升昌票号前。它在晋商发迹史上的名气不必我饶舌。《老残游记》便记下一笔，是："（老残）即到院前大街上找了一家汇票庄，叫个日升昌字号，汇了八百两寄回江南徐州老家里去。"钱庄银号里面的名堂，是我这个只识字句、拙于理财的人无从熟知的，明白这个小小院址是中国票号发祥地也就足够。光绪初年，以汇兑银钱称雄晋中盆地的平遥帮、祁县帮、太谷帮，或可与胡雪岩领军的南帮相颉颃，这样好的素材若交给高阳先生，大约又会作出一部言商的小说。

平遥所处的汾河流域，盛商贾之律，多市井之子，金融和商业风气的旺期，纽约的华尔街、曼哈顿怕是连影子都无。晋商的富庶又跟徽商可以相比，一同以鲜明的地域色彩名显天下。日升昌成了全城竟至三晋的命脉，从这座砖石楼院辐射出的，是铺满金银的驿路。在马蹄的欢响中，在车轮的驰音里，飞扬着憧憬，跃动着希望。清素的宅门不减它在中国金融史上的意义。我仿佛看见精瘦的账房先生翻弄灯下的厚簿。汇兑、存银、放银，劳碌催生的皱纹爬满苍老的额头。惹他放缓心情微微一笑的，是三弦与曲笛伴奏的平遥鼓书，是缭绕门庭的几段中路梆子，《西凉城》和《宁武关》，味道各有浓淡。

百年过后，日升昌走到尽头。"汇通天下"的中国第一家票号何以衰落呢？是深望晋人解答的一道题。

门外长街短巷，热闹仍如往昔。茶庄、当铺、粮店、药店、烟店、绸店，四方辐辏，聚天下之货，上至绸缎，下至葱蒜，相当繁昌。生意人持守固有的商业秩序，依旧生活在昨天的影子里。逢节，古市楼下，高跷、龙灯、秧歌最能将心中的欢喜溢满全城。对于传统，他们无揖别之心而有惜留之意。

呼吸着这样的空气，我步调闲缓，恍若行走在远去的世纪里，奔逝的时光也被拖慢。

商贸之道的根底全在做人。"慎言语，善为宝，乐天伦，仁者寿"成了财东的道义之要和处世之则，谨守恭行，其业不败。在"祥云集"的门匾下，题着一副对联："呼吸间烟云变化，坐谈处兰蕙芬芳。"寻常烟草店被这十几字一衬，意境至美。行商处贾的儒雅之气便透出八九分。小城人修德敬业，常安其居，日子过得很滋润。在物质的殷实之外，又叫人歆慕他们精神的富足。假定把城中商号的旧日店东放在现代社会，也会成为拥财千万的实业家吧？

古人深挖壕堑，高筑墙垣，遂成生活的区域、聚落的单元。百姓限定在这个棋盘式的方框内，经商贸利，积累家资，年来月往，"子孙修业而见之"，转瞬就是无数春秋。忆往，我旅途所过的荆州、开封莫不如是。巍巍之城，是为人而设的，离了市井的喧阗，城郭的生命也便失去，终致隳为一片废墟。"凝思寂听，心伤已摧"，感而怅叹，真要远效鲍参军悲赋芜城之歌。

谚曰："长袖善舞，多钱善贾。"这似乎正是我的短拙处。从平遥的街市间转出来，别无所能，只好搬弄上面一些字句到纸面。

出东门，尹吉甫的亡灵还在墓中低吟西周古谣吗？

安阳古城

2001 年夏天，参加《甲骨文献集成》首发式的那个下午，我坐在郭沫若故居那棵银杏散出的清荫里，想着学者唐兰的话："卜辞研究，自雪堂（罗振玉）导夫先路，观堂（王国维）继以考史，彦堂（董作宾）取其时代，鼎堂（郭沫若）发其辞例，固已极一时之盛。"虽说自家站在甲骨学、殷商史的门墙之外，对于殷墟的名字还是不陌生的，也盼得机缘，身越冀之南，足踏豫之北，到安阳城西北洹河畔访寻商都残迹，遥忆盘庚迁殷旧事，更要看看古墟上的甲骨刻辞，见识一下汉字的根。

殷墟很大。实在说来，写它，愧我无可为力，因为我的文字捉不住它的魂。一是史太久，我难溯其源；二是术太专，我难入其门，硬下笔，未免要见讥于通人，故而虽身游其间，心其实是隔在外面的。至多是敷些文学色彩上去，比方宽展草坪上的那尊后母戊大方鼎，我还是头一次见（做学生时在课本上看的只是照片），暗绿的颜色显示着沉雄的气度，惯于独立想象的人，能够遥视充满生动感的历史场景。情动于中，就把它视作一种象征，静默地标刻着岁月的深度，并且给一个重要的时段——青铜年代定义。

王陵故址、祭祀坑迹的观瞻，在我犹如走进历史现场，只有朦胧的追怀。过眼的一龟甲、一拓片、一玉琮、一骨笄，让我识小而见大。在感觉上，和我昔年入川去成都看金沙残址，到广汉览三星堆故迹并无分别。

从仿殷大殿退出来，去看汤阴县城之北的羑里城。说是城，把殿庑亭台的前后大略一看，不如说是庙，文王庙。太史公《报任安书》宣抒忧愤，"盖文王拘而演周易"一句的典源，当是出在此处了。中国庙宇差不多全把一个形制用到底，在河之北看是这样，到了河之南，也没有看出改换的意思。似乎这个建筑定式，才是宗教仪则的最美表现。文王石像为城中之主，灰白的牌坊、乌黑的碑碣、暗红的仪门列其后，也算烘云托月了。山门两端的龙马和神龟，叫人把河洛源说在心里述要，温习伏羲得"河图"而演八卦、大禹得"洛书"而定九章的传说。西边一角僻静处，竹篱围起一片蓍草，白色花已落尽了，也还泛着绿，点缀不老的秋光。上古人以为蓍草神异，占筮测运便选了它，文王择蓍茎而演周易，正是这一路。演易台上造起一座尖顶的亭，把文王的坐像塑在里面。泥身僵着，目光里的一丝愁，显出一点活气儿。太史公尝以文王演易励人心志。或许是此时天阴欲雨，或许是此时四围静寂，我看着演易台上文王孤独的影子，反觉有一点沉郁。

宋岳忠武王庙，清穆空气和杭州栖霞岭下的岳坟倒是一样。乡人敬祀鹏举，修亭筑殿，招魂永归故园；塑像刻碑，感佩赤子之心。对于史有定评的英雄，游观之际，我的心境单纯而平静。树影下低回，南宋的风吹进旋绕的思绪。

还想去洹水北岸看袁林，却未能入其门阙。只好俟诸来日了。

北去邯郸，暮色里过临漳，铜雀台的影子在平阔的田野中一闪，就由曹魏故城而想到建安风云，又把曹子建的那篇小赋低诵一番："临漳川之长流兮，望众果之滋荣。仰春风之和穆兮，听百鸟之悲鸣。"瞬间，一切景物、一切思感，都被历史的雾吞湮，不留一点影子。沉吟之际，我不觉闭上了眼睛。

广府古城

　　邯郸永年县的广府古城值得一记。我在远处朝青色的墙身和巍峻的城头一望，就感到古。一问，不错。春秋的曲梁就是这儿。隋唐的夏王窦建德，把他的国都定在这座呼为洺州的城里。我小时看史果所著通俗历史小说《罗成》，记得一个叫作窦线娘的跟罗成相好，其父便是这位河北义军首领。眼下走到他扎根的地方，印象的刺激不免更深。当年大夏旌旗招展于万春宫上的壮景也仿佛得见，更想到他倡农桑、兴水利的一份功。

　　环城一片水，号为永年洼。云影、霞彩、日晖、月晕袅袅婷婷地浮在微波上，几度漾动，几度闪烁，岁月就滑过去了。芦苇、莲花、菖蒲深处，野雁带水飞，轻船载着歌乐，游鱼一般欢悦，心情随之抑扬。看来我的摹景笔墨，要分给翛然的鱼鸟了。

　　洼淀护城，白石长桥造其上，踏上去，有如出陌巷而入太庙，不禁行礼如仪，收拢散漫的心神在这一刻。此种滋味我在北京金水桥上就感到过的。

　　城有四门。东面是阳和门，我从这里进去。先是一个瓮城，不算小，瓮以青色砖石，很齐整。拐过一道门，便看得见深深的街巷。门户颇稠。一户人家的壁上，抄着一首旧诗，题为《宿清晖书院荷亭》，记得这么几句："稻引千畦苇岸通，行来襟袖满荷风。曲梁城下香如海，初日楼边水近东。"犹似陶渊明的农事歌咏。做这诗的方观承，安徽桐城人，官至直隶总督。此人亦能文。乾隆二十年随清廷官员赴西北巡边，途过宣化府，应邀做《柳川书院碑记》，不逾书序碑传之属，重义（言有物）法（言有序），论教而能言必有中，文辞带些桐城派古文的雅洁之风，笔路直追方望溪。

城壁的残痕刻着时光经过的余迹。深一片浅一片的城砖，被咬噬过一般，又像一堆乱骨堆叠着。它失去一切鲜亮的光泽，收紧苍老黧黑的身躯，躲在沉沉的暗影里。我抬手轻叩它，听到一丝低闷的回响。

登上城头，四面无遮拦。冀南天阔，豫北山河仿佛也能入目。"登兹楼以四望兮，聊暇日以销忧。览斯宇之所处兮，实显敞而寡愁。"我非登楼吟赋的王仲宣，可是身倚垛堞，仰对一天飞云，俯临半壕流水，幽意也似先贤。"人情同于怀土兮，岂穷达而异心？"遥距的光阴，真也隔不断什么。此种心境，我在鄂之南的江陵古城、湘之西的黄丝桥古城都经验过。大约此刻苍烟飘卷得愈加浓了，急了，觉得比起南方故城，北国城阙的光景更浑莽一些罢了，登楼人的心魄也更勇壮。

城头一群人习太极，招式缓而不急，稳而不乱，里面的讲究深了去啦！我曾经留心及此，佩服的一刻也有过想学的意思，终究还是知难而退了。邯郸在成语之乡外，又称武术之乡。晚清的杨露禅、武禹襄为两大拳派掌门，在华夏武林亦为翘楚。杨武二家都在广府镇上。杨家靠南关，后院临着一片水，择势很好。武家在迎春街路西，门前立着影壁，背面镌《太极拳十三势说略》，院深屋大，假山花池颇有布置。武氏亲植的两棵石榴，树影摇风，自多雅意。他家柱子上的一副对联题得好：

一等人忠臣孝子，

两件事读书耕田。

淡中得味，一派耕读家风。

正房的一副联语，意蕴也不浅：

立定脚跟竖起脊，

拓开眼界放平心。

可当练功的要诀运用，也能当处世的准则领悟，语意是双关的。我在心里默诵着，想记住。太极拳术的虚实之法，我一点凭借也没有，要捉得它的点滴，几乎不是我的力量所及，而做人的道理是须谨记的。功夫在手脚上，还只是表层的一面，修炼深了，则应直抵内心。武林宗师的根底也一定在这上头。

高昌故城

汉唐旧垒，废为一片黄泥墙。

城体虽是土夯，千百年下来，还能够残留大致的模样，不容易。可知它是相当结实的，不然，抗不住沙野的风。

可看的不多，只是那些风蚀的断壁。想找梁柱吗？没有。在阳关的古董滩，总还能捡些旧时的陶片，在这里，我转了半天，也没见到。

这处遗墟，搞历史的不可不来，因为要研究丝绸之路，就躲不开这里。像这样的故城，吐鲁番有两处，另一座在交河。

游城的方式很特别，坐上由维吾尔族人赶的驴车。这种车不大，能容七八人。顶上支着彩色的篷布，为遮阳。吐鲁番的太阳很晒人。车的四边还特意悬了不少铃铛，走起来，发出清悦的动静，很好听。本地的驴，个头儿不大，却挺有劲，拉一车人，不显得费力。

导游把这种车呼为"驴的"。有意思！

胶轮一转，车朝城里去，荡起一团干燥的黄尘。

这是把我们往哪儿拉呢？

我不辨方向，因为四外全是颓壁，望去无多少异同。昔年的公卿百吏、黎氓庶人，在这片大漠上的绿洲，活得很滋润吧！那些高高矮矮的墙、深深浅浅的窟，当初都是干什么的呢？会是回鹘王的殿堂吗？或者是戊己校尉的官署？假定是，常人过此，是万难稳坐"驴的"而不施礼的。语曰："入公门，鞠躬如也。"现今，早不是古时，没有那些苛制了。

看了外城的佛寺，这是较大的一处旧迹。寺塔很方正，像是用土坯垒起的。纹脉如花，刻着一些佛龛。追史，西域诸国，久信佛教。舍《金刚经》而改诵《古兰经》是在什么时候呢？照茅盾先生的看法，伊斯兰教始在新疆发展而代替了从前的佛教，"当在元明之交"。我绕寺塔走了一圈儿，佛影难觅，龛中只留下风化的残痕。靠左手有一个院子，院墙砌成圆形，只有在天方之国才能见到这种样子的建筑吧！它是干什么用的呢？讲经堂还是僧房？说不准。墙上写了多行字。我不懂维吾尔文，故对句意无所知，只好妄猜，推想总会同佛法相关吧？

我曾在西藏的哲蚌寺观晒大佛之仪，在甘肃的拉卜楞寺听喇嘛诵经，又在这里看寺庙的残址，虽不出释尊的大千世界，可抬眼一望，就引起的感觉说，同在五台山看文殊菩萨的道场，不大一样。

在故城，佛寺只居其一部分，为主的应该是王宫官署、宅院作坊和街市。惜哉，已无法端详其形迹。忍见荒城旧苑，真是眼空无物。这想法像是重弹老调，却又是很多人都避不开的。

取经道上的三藏法师过此，高昌城正逢盛时。在《西游记》里能约略睹其热闹场景吗？乞援于小说家言，也算游观之余的补救吧！

交河故城

近晚，去雅尔湖乡看交河故城。其时，天边霞色正红。

在新疆，这些旧时代留下的城，都是黄土之筑，交河的这一座并不例外。城的选址却不一般，很会借势。它建在两河相交处一片开阔的台地上，颇像由深壕断壑围拦的孤屿。汉将班超在这里据守，会很踏实。

至唐，此地是安西都护府的驻地。唐人的边塞诗里经常出现安西这个词，也就是从王维、岑参诗中可知的阳关之外的边地。雪裹胡沙，风卷塞尘，有悲凉之气。

交河城的结构是开放的，因为四周无围墙。在这样险的高塬上，用不着筑墙。我走到城边，朝下一望，崖底是一道很宽的河谷，犁出田，种了庄稼，风来，送过农人的喝牲之音。河谷间能有这样静美的田园小景，是我没有想到的。当地人呼之为雅尔乃孜沟。

交河故城很大，废壁残窟连出去一片。刚入城，我即感到有些转向。哪里是将军府？哪里是兵营？何处为豪族大户？何处为庶人清门？我看，一样。以版筑垛泥之法造屋，想分出尊卑，也难。昔日，这里也有街市坊巷，飘香的酒垆、挑幡的茶肆也尽长夜之饮吧！

城北的佛塔遗址还在，残基仍甚宏大，其上的古塔没有倒。旧日遍刻塔身的佛龛造像连影子也难见了，只剩下多半截泥柱子。查史，此塔已一千六百多年，可知它所经的风雨。魏晋年间的古物，纵使毁损不整，留到今天，也是宝贝。塔的四角，各有二十五座一组的方形小塔，惜已废。我细数了一遍塔基，恰好！

据称，这座佛塔是中国现存最早的金刚宝座塔。如果是真，北京的五塔寺可算找到老祖宗了。

稍远，靠南，有一残败的土院，曾是全城最大的寺庙。颓壁之内，可看的是塔柱、廊础。塔也不矮，独耸于夕照里，有古碑的意味。久视，恍似身入须弥之山，得睹释迦笑容。

高天吹风，孤城野寺真是太荒了。大片的砂塬上，连一片叶子也没有。临去，我又朝隐在暮色中的塔影回望几眼，幻想着能够听到晚祷的钟声，心里不免掠过一丝凄凉。这样的感觉，我在贺兰山下的西夏王陵前曾经有过。很奇怪，我还想到远在希腊的帕提侬神庙。

移步于故城的深街曲巷，犹似做着汉唐断代史的阅鉴。

沈　园

沈氏园，已非旧观。柳色下的竹篱茅舍却仿佛昔日模样，得柴扉小扣之境。池上笼烟，似不散的轻愁。秋雨如丝，湿一片红荷绿萍。翠竹泉石间，闪出临水的亭身桥影。若在秋凉的静夜，望池上之月，怕又要遥想陆唐旧事，也是"红泪清歌，便成轻别"。别，陆唐总还是有幸得遇。在这一刻的举止，推想也会不违世家子弟和名门闺秀的纲常。"以荫补登仕郎"的陆放翁，竟至还会有诗意，心寄改适赵姓的唐表妹。"执手相看泪眼，竟无语凝咽"之后，目送芳尘去，渐渐消失在花影或是烟雨的深处，也是一种境，情虽哀婉甚至于悲，谱入《钗头凤》，就成千年古调，也似为沈家之园别做津梁。孤鹤轩联，竟是无限凄凉意："宫墙柳，一片柔情付与东风飞白絮；六曲栏，几多绮思频抛细雨送黄昏。"自有脱胎。

葫芦池静绿，无惊鸿之影，唯数只白鸭凫水，波纹轻漾，似摇醒水下的旧梦。碧池浮几片闲叶，吹一缕风，又皱几层清漪，颇有流水落花之意。只是此情太过于伤，还应该重现歌笑。比方幻想着，虽然已隔千年音尘，但有情人朱颜未老，浪漫如在春日里。男，书剑风流意凌云；女，"小钗横戴一枝芳"，穿花踏草而来，其旁，是"带香游女偎伴笑，争窈窕，竞折团荷遮晚照"。这是思情过深，转而期于梦中的聚笑，虽聊可慰情，总是太缥缈，难以久长。梦逝。则又不免"想佳人花下，对明月春风。恨应同"，愁苦或许更深。

凭槛，双眉是敛久于舒。沈氏之园柔柳出墙，易叫人低唱"柳丝长，咫尺情，牵惹水声幽，仿佛人呜咽"之词。纵是风吹雨，《花间集》中飘落的昨日叶瓣也不会碾为红泥，仿佛都会飞上枝头，化为一片缤纷。其下，必也有愿寻鸳梦的男女，相挽于绿荫，足印萋萋芳草，爱而流连。

醒　　园

　　看过醒园，我略识李调元这个人。醒园在四川罗江县城的北面，是本地进士李化楠故苑。李调元从父亲手里接过它，屡有增筑。这是一个很大的园子，已经荒秽了。荒秽也有味道。本来嘛，一个旧宅院，为什么一定要修得那么新呢？

　　很久没有人住在里面，失去管束的草，长野了，庭边、阶前、池畔、墙根，哪儿都是，简直没有下脚的地儿。又逢着清秋的天气，草色已不那样绿，一片浅黄，添了些寥落的调子，游屐再一落上去，身下尽是干涩的轻响。此番光景，倒叫我想起两处园子。一处年代稍远，是北宋的沧浪亭。苏舜钦放废而至姑苏，惦记找一个"高爽虚辟之地，以舒所怀"，偶见一块弃地，"草树郁然，崇阜广水……并水得微径于杂花修竹之间"，爱而徘徊，遂购来建起私家池苑。苏舜钦为中江县人，其地距罗江县百十里远近。一处和醒园同代，是袁枚筑于金陵的随园。"园倾且颓弛……百卉芜谢，春风不能花"，袁枚买下圮园，茨围墙，莳群芳，置亭阁，缀奇岫，以度日月。散淡者素喜幽旷意，云龙山下的醒园，小仓山中的随园，人与宅，可说鸥水相依。

　　比起袁枚，李调元晚来这世上十几年，志趣却颇投契。一为吴人，一为蜀人；一个造随园，一个修醒园；一个作《随园诗话》，一个作《雨村诗话》；一个著《随园食单》，一个编《醒园录》，葺园之举、吟哦之事、调鼎之法，皆极用心。我的父亲有几本心爱的书，《随园诗话》和《随园食单》也在里边，我小时即从他的书橱上见过，线装本，纸页已旧得发黄。《雨村诗话》我近日刚得着，手边缺的是《醒园录》。

　　在李调元编刻的丛书《雨村诗话》里，袁枚一首《奉和李雨村观察见寄原韵》是我注意的，有"《童山》集著山中业，《函海》书为海内宗"句，《童山诗集》《童山文集》和《函海》《续函海》，耗去李调元多少心力！袁枚赞他"西蜀多才今第一"，并非无端。"醒园篇什随园句，臭味同心更有谁"，亦是袁枚的好句。隔着迢遥的山水，文名籍甚的两人素以声气相善。袁枚病故，"余闻大恸，向南哭之"，李调元动了伤情。读到这里，我合上书，闭目想了想，好像看见他伤心的样子。

　　李调元是被罢官而归钓游之地的。他是个文官：翰林院庶吉士，还当过广东学政（旅粤之时，寻幽览秀，挹趣骋怀，养出清徽雅量。所作《西樵》《霍山》两则，为山水小品之佼佼），那份闲散与优遇，实非常人所敢望。乾隆四十七年，李调元奉旨护送《四库全书》往盛京，行至卢龙遇雨，知县郭棣泰不备雨具，装书的箱子被淋湿，自此与党附军机大臣和珅的群小结怨，反遭参劾，竟至犯了逆鳞，接下便是受诬，革职，下狱，幸获直隶总督袁守侗相助，才从远谪伊犁道中返蜀，以《函海》刻板与五车书籍携行。

　　身心困悴的李调元栖遁醒园，绝意仕宦，日以课丁浇花、买僮教曲自适，《怜香伴》《风筝误》《蜃中楼》《意中缘》之类，断不可少。树荫花影间，《笠翁十种曲》声声绕耳，满园风雅。这个地方成了李调元心灵的圣地。《雨村诗话》有"豆花深处别开门，中有幽人自乐园"句，可为写照。断去世念的他，当然是一个幽人。好友过访，题"名园傍水多栽竹，小榭听歌好放船""园列甲乙丙丁石，柜阁经史子集书"诸联，摹状其归田生活。踔厉奋志的他，意气未消，哪里只管闲看花草泉溪，芸窗中的钩稽，青灯下纂修，风晨雨夕的编录，寒冬暑夏的校雠，笼罩日常的一切，足可见证人生的丰盈。我看过李调元题的一块匾，"醒园"两个字，隶书，朴拙而蕴骨力。他明白父亲李化楠建造这个园子的用意：蓄书万卷，诵读以终老。这个园名，要紧的是"醒"字。杜甫诗"哀歌时自惜，醉舞为谁醒"，因其意也。醒醉之间，多少人寰感慨。拈来一个醒字，何等眼光，何等风致，何等襟抱。身返乡邑，远庙堂而近闾巷，再无惹厌的升进与黜退来扰心神，茫茫尘路，也只做冷眼的一瞥。忆及亲历的雍乾嘉三朝，以读写打发有涯之生，他大概觉得，心总算安静了。

经李调元广其式廓，醒园格局一新，他在《雨村诗话·卷九》里做了大致勾勒：

> 余以庚寅正月旋里，各建亭于其上，其最高者为望江亭，其下为万松岭，每风戛戛而起，仿佛澎湃之声。西山之阴为放鹤亭，可一望云龙诸山。下一层有二船房，左曰贮风，右曰延月，叠翠重岚，最为幽折。其中为大观台，一园之景皆萃焉。出蓬莱门以北曰木香亭，与酴醾架相对，每花时，芳气袭人。下即鱼池，有两亭，南曰纳凉，北曰非鱼。每五六月之交，绿柳含风，坐卧终日，可以忘暑。稍下又为清溪草堂，春时啼鸟绕屋，桃花三两枝，令人移情。其南洗墨池，池上有石亭，其北则雨村书屋在焉，竹竿万千，大有村落间意。其最北又有临江阁、树根亭、绿荫山房、倚云楼、听莺轩，凡栏楯石梯，皆极曲折。

这番园景，颇宜入画。时人朱子颖居京，为李调元作《醒园图》，笔下诸景，无不详悉。此图一出，"一时同馆阁部院诸公俱有诗"，造园手段的出色，夫复何言。李氏父子从明人计成《园冶》中取法，亦有可能。或曰："凡名流入蜀必至其地，至必有诗。"醒园名冠当时，可比晋之兰亭、唐之辋川、宋之沧浪。人间好境，仿若一幅淋漓水墨。我的神思远翔，低眉默想：李调元把遂州的张问陶、眉州的彭端淑延至其园，袅袅弦歌中，廊前檐后飘过蜀中三才子翛然的躯影，而轩内阁外响过的协韵的朗吟，则为世间最美的音调。张问陶的名字，我是在一本"诗话"里见过的；彭端淑呢，提到此人，会想起从前的语文课，那篇《为学一首示子侄》，还记得几句。

昔日的醒园，嘉庆之后颓亏，就是说，我来游的这一座，不是李调元住过的醒园了，却为二十多年前参照老底子缩制兴造。瓦工木匠，手段细巧，李调元字句中的模样，差能得其仿佛。它刻意的旧，连那难掩的一点新，也不大看得出。这个意思，我曾在开篇说到。临江阁、木香亭、大观台、洗墨池、半亩塘、清溪草堂、雨村书屋，聚簇一园，缀以石亭、碑廊，比那当初的醒园，可说具体而微且遗意尚存。

我自南门入，先在横于池水之上的草堂窗前低回一刻，凝视栏下浅浅的流水，和浮映其上的散乱枝叶，所谓半亩塘就是它了。堂门深锁，曾在岁月那端响起的念诵声，只消飘入我的遥忆，便锁不住了。水面刚被轻风皱起几缕微痕，又回到了静，恍兮惚兮，我似从澄影中瞧见李调元清癯的容貌。顺眼朝西望去，水间几抹细草，碧色交映处，有湖石。题在石上的，是"洗墨池"三字，临流生出一片光，荧荧地闪到池畔的碑廊上去。碑刻嵌入粉垣。若得暇，《醒园诗》《题醒园图》和《醒园故址序》，值得细细过眼，如阅诗壁。

跨溪一溜矮墙，敷白，墙头铺青瓦，虽无漏窗，石径尽头的月亮门，倒也框入墙那边的风景。隔与连、隐和现，全叫一道门分着，意味就深了些，很为耐看。我在额题"大观台"的门前停住，"一园之景皆萃焉"，眼扫前后，醒园极胜处应是这里，固不消说。迈过去，门外为木香亭，仿原制而建，饶有旧时意味。这是一个碑亭，碑上的字看不大清。后来读了一份材料，明白了，所刻为云龙山学堂校纪——《众议禀定条规》。不几步，地上偃着块残碑，碑身断去多半。瞧一眼落款，"乾隆丁酉孟冬"几个字还辨得出。干吗撂在这儿了？我用相机拍下来，就叫它留在照片上吧。

诸景纷置，俯眺它们的所在，当是冈阜之上那座翼角飞翘的石亭。万松岭上的望江亭、云龙山下的放鹤亭，各有很好姿态，好像都叫这个亭子收去了。拾级而上，侵阶的草色遮去我的脚迹。亭中的我，轻抚圆柱，又向着园墙把目光一低，品赏似的将题在门楣上的字迹细瞅了几眼，"岫虹叠韵""半桥涉趣"，均易触目生感，聊得旧时风调。

出西门，门上仍少不了"醒园"横匾，我一眼认出，这是侯正荣的字。侯先生上班的地方在广元皇泽寺，挥笔，腕底自挟颜筋柳骨。他写"虎"字，屏住气，最后一笔，竖着顿下来，若断犹续，骨节全出，很似鞭状的虎尾甩在纸上。侯氏"一笔虎"，有些名气。侯先生早年邀我游川北，他的办公室旁边，有一个殿，里头供着武则天，脸朝嘉陵江，不知怎么搞的，两颊看去发黑，难睹粉面含春的姣好姿容。侯先生说，逢着女皇帝的生日，四乡男女常来水边憩乐，一来二去，闹大了，成了一个节俗：游河湾。我对侯先生是有感情的，听说他前些年故去了，在这里瞧见他的字，说不出是什么滋味。

临江阁中，李化楠的坐像立在迎门的地方。几个老人围着方桌打牌，意甚暇裕，守着乡贤，眉眼里透着神气。门外流着一条河，澧水河，悠悠南去，入了罗纹江。堤堰一段高，一段低，繁竹茂柳摇着青青的影子。

根祖的力量对李调元有一种天然的感应。郁悒还旧井，未久，他就在醒园以北八里处的祖居地南村坝动了土木，启筑困园与书楼，庋积缃牒万卷。《雨村诗话·卷十一》载其事：

余归田居醒园，以其山居稍远，后于南村当门隔溪另筑别业，即少时书塾也。以田二十亩凿为湖，湖中东筑函海楼，西立爱莲亭，界两湖日沧浪舫，前曰观澜阁，后曰听泉亭，左曰云林馆，右曰水月轩，中为棍林草堂，而堂之北曰红梅书屋，绕舍皆梅。自是游者络绎不绝，不复问醒园矣。

万卷楼共五楹，稀本、善本、秘本、抄本，无一不备，且"分经、史、子、集四十橱，内多宋椠，抄本尤夥"。这般规模，清朝私人藏书楼中，比那聊城杨以增的海源阁、归安陆心源的皕宋楼、钱塘丁国典的八千卷楼、常熟瞿绍基的铁琴铜剑楼，总也不差吧。家世书香，宅园中徐行兼曼咏，逍遥神意可从李调元的诗句中寻来："拈花偶笑人称佛，戴笠行吟自谓仙。"亦佛亦仙，退隐家山的他，翩翩向天上去，真要独鹤与飞了。

李化楠、李调元父子嗜书如命，却难躲乱世中的厄运。嘉庆五年二月初，白莲教自剑州起兵，五万义军直下江油、绵州，李调元携家眷往成都避患。某日谒见盐茶道吴寿庭，即席联诗。吴寿庭先起一句"烽火催成文字缘"，谁料竟一语成谶。四月，万卷楼即为本地窃盗巨魁所焚，珍籍古器，转瞬与楼俱逝。"不毁于教匪而毁于土贼，心实难平"。闻讯的一刻，他定然惊在那里，怔怔地说不出话，周身的血液霎时被抽空了。"从此南村少颜色，困园两岸皆成枯。"他的世界一片苍白。以诗哭书："烧书犹烧我，我存书不在。譬如良友殁，一恸百事废。我欲临其穴，其奈寇未退。不如招魂来，梦寐相晤对。"何等沉痛！八月，李调元返桑梓，撮万卷劫灰于冢中，口中大放悲声："不使坟埋骨，偏教冢葬书。"追史，南朝智永禅师的退笔冢可与比方。一个瘗余烬，一个瘗秃笔，都是因爱而生痴。

雄丽缥缃、浩繁卷帙一夜燔为飞埃，入了风烛之年的李调元，日日被此事折磨。老病的窘况令他不堪，像一棵枯草，倒下了。"我愿人到老，求天变成草。但留宿根在，严霜打不倒。"这位乾嘉学人，赍恨写罢《叹老》诗，嘴角掠过一丝笑，笑中的苦涩催下浊泪。为完成一个清介灵魂的塑造，他尽了最后的力气。或许，这也算所思得偿。

醒园的草树深处，奕奕立着的是李调元的雕像——这个俊逸的青年，站在另一个时代的光芒里，手揽编简，仰着脸，闪亮的眸子向着巴蜀山川。意气扬扬的青衿，才有这种目光。精心的匠师，把李调元的形象恒久凝定于未逝的韶华。

四近一片安静。我和他，无言相看。

水 绘 园

这座园子，是水做的，便占了清和柔两个字。

清，眼可见。这清，全在洗钵池。南人造园，偏爱养起一汪水，园主冒辟疆循了这个例。洗钵池的水是从北面的小浯溪流过来的，水虽瘦了些，倒还活泛，日子一长，潴了一片。晴日里，阳光落进池水，就散了，金子似的闪。寒碧堂的檐脊、水明楼的雕窗在波漪间轻漾，再收来数峰妙叠的湖石、几抹天上的飘云，不着笔墨也是画。若逢天阴了，又是雨丝又是雾，凝成一团愁，清朗的光景也叫它遮去大半。莫说卧花眠柳之辈，换了我们这等心思粗些的，陷在里面，也算得了闲情三昧，心里哪会少了诗?

柔，心可味。这柔，全在水明楼。游过园子，我记住了这个楼。楼是本地一个盐商造起的，此君有深意，选了一个月夜，请来县令登楼，倚栏望月，这位县令动了情，更有杜甫“四更山吐月，残夜水明楼”给了他灵感，遂把“水明楼”三字题上匾。那年，董小宛已经死了百年，冒辟疆离世也过了一个甲子。在水绘园残址上敬筑新楼，可算聊寄追怀之意的雅举。就为这，也要记住如皋盐商和县令的名字，一个叫汪之珩，一个叫何廷模。

水明楼临着洗钵池，楼影在水波间漾得美，真如绘出一般。柳色正绿得鲜，夏日里风也弱，枝叶柔得失去力量，更衬出这所楼舍的幽静。董小宛那样的多情玉女，依水住下来，凭楼凝睇，是何情状，悠然可想。冷韵幽香弥漫曲房斗室中，身为姬妾的她，轻曳裙裾，宛转游于水岸莲塘、书阁画苑间，看阳光在池子里笑，也嗅水的味道，一个个日子都是湿漉漉的，自此不再迷醉秦楼楚馆的花酒，不再贪赏曲院勾栏的弦歌。

冒辟疆恋慕董小宛，一在貌美。在他看，小宛清姿融于花，"人在菊中，菊与人俱在影中"。这菊，是她最爱的剪桃红吗？俏媚花姿衬着妙丽人影，真是淡秀如画！融于月，清辉下倚窗而诵唐人流萤纨扇诗，真是"人以身入波烟玉世界之下"！二在才绝。冒氏纂集唐诗，"姬终日佐余稽查抄写，细心商订，永日终夜，相对忘言"。在他看，小宛阅诗无所不通，而又出慧解以解之，尤好熟读《楚辞》，少陵，义山，王建、花蕊夫人、王珪《三家宫词》，且又擅画、喜茗、耽香、爱花，极多雅趣，冒氏竟觉得"我两人如在蕊珠众香深处"。三在德高。"姬不私铢两，不爱积蓄，不制一宝粟钗钿"，尽以姬妾之身照理冒氏及家眷而无幽怨，乱世颠沛，劳累病苦，过花信年华未久，先于冒氏而殁。屋檐之下，犹萦她的勤谨敬顺之风。

董小宛的琴台平放在楼里，颜色浅灰，像一块大砖。上刻卷云纹，透着心思的巧。不见柔指拨弄过的古琴，台面空得落寞。人说董小宛天资巧慧，能咏诗弹琴，她的《绿窗偶成》有句："病眼看花愁思深，幽窗独坐抚瑶琴。"闭目，清雅意态画似的浮上来。临水翠柳间的黄鹂好音是琴声惹响的，一声声轻啼里有董小宛的心曲。洗钵池面的碧漪比琴声荡得还远。

水明楼的中轩，窄了些，却也放得下歇身的木榻，上面摆了一张炕桌，清夜剪烛的微温仿佛不散。榻前打了一个半隔断，顺着顶棚和两侧弯下来，只遮住轩壁的边角。雕工在红木上镂刻的图案是竹子，刀子下得硬，下得实，劲健的竹枝、纷披的竹叶，均见风神，"竹照"的名字也便叫了出来。这些竹子在时间中活着，我听得见生长的声音。风流公子和温婉女郎，品竹弹丝，心底一片宫商。其上有匾，转眼瞥见的是"宴月"二字，宛如听见含愁的琴声，连那弦索上滑过的柔软纤指也光似的一闪。虽则那清婉的曲辞不绕在耳边，我也能懂得她的幽趣。"幻境之妙，十倍于真"，神意之美，全因李笠翁这八个字。妩媚多端的女眷，月下推窗，隐玉斋侧的古桧、雨香庵前的黄杨、瞻古厅后的苍松、霞山桥边疏枝细梗的草树，更有那微茫水光映着的廊榭亭台，般般映到眸子里，聊做梦中图画，叫人心意宽畅。便是那些性子傲些的，不待歌咏，心神先已恍惚了。

转到一个敞厅，正面悬着"瞻古"漆板金书，查士标笔也。中堂是一幅好画：李鱓的《苍松翠竹老梅图》。配在左右的张謇所题对联还没细品，扭过脸，就瞅见厅壁上挂的画，粗看了两幅，画的都是水绘园。一幅署"三白沈复"，就是写《浮生六记》的那一位。另一幅是吴湖帆画的。遥忆他二人，看景兼咏堂联斋匾，襟袖飘飘，怕会"低回留之不能去者"吧！

得全堂正中间，挂着的正是冒辟疆、董小宛绘像。用笔清细，施彩雅淡，望之奕奕如生。"面为一身之主，目又为一面之主。"照着李笠翁的这话，我是借着泛黄的画像而推知此园旧主的形容了。冒的面相老，尖颏垂髯，真是一个白发雅士。董的眉目细秀，笼烟眉，含情目，真是一个绿鬓女史。这等仪容娟妍、神姿娴雅的标致人，素香淡影，浅笑微颦，和那葬花的林黛玉放在一处比，似也差仿不多，双厴却未挂愁。二人凝着神，温和地看着眼前的青花瓷瓶、红木桌椅，还是当年意味，而那门栏边，难有珠帘闲卷。

性情之柔，只是一面。本是以弱为美的丹青女子，又是闺阁诗人的董小宛，十五岁即画出《彩蝶图》，另有《孤山感逝图》《玉肌冰清图》传世。我游园，见过她的水墨纸本立轴《桃花双燕图》。小宛书法亦极秀媚。这么一个生而端慧、容止淑静的才女，一片娇娆之外，身上竟也带些革除弊政的勇气。冒、董相依的九年，正逢明清易代之秋。冒氏矜名节，羞折腰，归隐皋邑，坚辞清廷博学鸿词科，以不仕之意昭天下，这里面，哪能缺了亲眷的砥砺？董小宛是石头性子，比冒辟疆的骨头硬。她秉守气节，规谏夫君不可叛国附逆，与手帕姊妹柳如是劝诫钱谦益颇相近似，而冒氏更比靦颜迎降的钱氏来得磊落。

板荡艰危中，两心相印是有精神根底的。从往来金陵姑苏之间的名姝到雅趣清欢中的良家贤妾，董小宛已将灵魂从风尘中拔了出来。甲申三月十九日之变发生，清兵南下，冒家遭劫而奔逃。"自此百日，皆展转深林僻路、茅屋渔艇。或一月徙，或一日徙，或一日数徙，饥寒风雨，苦不具述。"江南大地上，扬州十日、嘉定三屠、江阴大辟、嘉兴剃发等惨状自有听闻。姣花软玉般的她，对冒氏体贴眷爱，在战乱流离中舍命相随，终"以劳瘁病卒"。冒辟疆心恸而泣："姬之生死为余缠绵如此，痛哉痛哉！"语多哀声怨响，又汪汪地垂下泪来。长相忆，满心里该有许多话，"当以血泪和陋靡也"，便有了逾万言的哀辞——《影梅庵忆语》。这篇诉尽两情悲欢的私语，我读过数遍，前文中所引述者，多从此出。

主人刚直，园子也有了同样性情。一班不肯屈意于朝政的复社文人，常来水绘园的一个地方酬唱，这个地方就是壹默斋。我进到里面，已无旧日的声息气味，留下一个翘头条案，几张八仙桌，数把雕花嵌大理石靠背椅。空气也就沉寂了。眼前对联或可道出其间况味："遗民老似孤花在，陈迹闲随旧燕寻。"钱谦益撰的这十几字，本是镌在他的墓前亭柱上的，我数次过常熟虞山，无缘临尚湖北岸瞧这一景。做了东林党领袖的钱氏，他的妙论精言，对于志在赓嗣东林传统的复社之士，自能感心动耳。况且冒公子从香火兄弟方以智口中知道寄身苏州半塘欢场的绣庄奇女董小宛，催舟寻来，为她赎身且永结凤缘，是得了钱谦益和柳如是调排的。年长的钱氏受到钦敬，当然成了水绘园的常客。阮大铖加害复社，冒辟疆居此求遁，"壹默斋"三字，缄口以慎、静观世变的态度，表露得再明白也没有。把这副联语题在斋中，调子固然低了些，倒也未必是颓废。潜迹之日，冒氏交会远近诸公，彼此通其消息，更爱凭窗倚栏，浅斟低唱，还不是照样对当朝发出讽议之声，且把一腔忧愤吐到天上？东林起于无锡，复社起于苏州，东林遭陷于魏忠贤，复社受诬于阮大铖，中间虽隔着一些时日，观史，是能够从政治逻辑上揣出一些因由的。

斋的后面，是一个宽平的石台，望景也颇敞畅。黄石堆砌的悬雷峰上，湘中阁尤饶轩昂之势，镜阁、碧落庐、枕烟阁、波烟玉亭……争先朝我奔来。一处石渠飞泉的所在，名曰涩浪坡；一处茅舍点缀的所在，呼为匿峰庐；一处竹溪交映的所在，唤作妙隐香林；一处绿荫绕廊的所在，耸出因树楼；一处芦摇鹤舞的所在，筑起小三吾亭……不消说建筑，光是这些名字，听上去就美，当中大有平仄，像是从词家那里来。

复社的青年士子缠绵于秦淮风月，不尽是狎昵放浪，不全为追欢逐笑，得来的也有一段真情。冒公子和自己的如夫人，形影交俪，"越九年，与荆人无一言枘凿"，殊非寻常，也算没白认得她。冒氏在这世上竟活过了八十岁，可谓杖朝之年。想起早殒的董小宛，寿夭各异，不禁三叹。

小宛香魂何归？犹在影梅庵侧。我今春过如皋，没见到这个庵。浮想中，那个清旷幽寂的地方，微风吹宿草，低回片时，若为它默念起"埋香冢飞燕泣残红"的句子，当会凄而多梦吧。

清 华 园

过了中关村，博雅塔就看得见了，青灰的影子披着湖光从燕园深处闪出来，在城市的天底下显出特别的样子，叫我想到"晴岚，乱峰似玉龛。看一片白云锁翠岩"的旧曲上去了。宗璞有一篇散文写到未名湖的风景，是留给燕园的好笔墨。这里斜对着的，就是清华大学。立在丁字路口的石坊似的校门，冲着圆明园，进出的人里，有学生，也有来逛景的。

秋深，清华园的水塘里，碧荷已残了，水面上，鲜活的气息已透不出一丝半缕。坡上的亭子在晨光中显出它的孤峭影子，少了茂绿丛树映衬的它，像是受了冷落，只有对着空阔的苍天叹息了。虽然荷塘此时无花，只留一片挂着半枯黄叶的细茎在那里无处可去，而在初披着柳影池波的我这里，心上浮着的感觉还是新鲜的。

听课的地方是一幢小楼，临着近春园遗址。近春园过去的繁盛早被英法联军劫掳的兵火焚尽（碑上数行记往的文字间尚留着模糊的史影），秃秃地剩下环着一汪水的土阜，像一个岛。白石拱桥的一端伸过去，可以踱到上面，一脚把沉眠的历史踏醒。桥边的芦苇黄了，尖梢染白，却还抬起头，不甘生命的衰朽。芦叶在水面漂了一层，竹丛却还留着一些绿意，半黄的是垂在岸边的眠柳。栽了一些树：山楂、紫荆、油松、玉兰、鹅掌楸。许是岛上散遗的刻着花纹的残额断础把心压得太重，铭证般地嵌入灵魂，屈辱的火又要在溯想中复燃起来，就要请来树和花，让自然的红翠给受过难的旧园添些生气。

目光闲缓地放出去，收拢着暮秋衰颓的光景。临漪榭的木栏上坐了几个享闲的老人，神情被一池静水映得愈显柔和了。题着"荷塘月色"横匾的那座小小亭子上，也有两三歇息的人，眼睛里的光落在从水面伸出的挂着白絮的芦苇上，和那片闪闪的金色融在一处了。转眼看，假山前平铺的一片浅草，绿色倒还养眼呢，略略有些园林气味。

看风景的还有吴晗。这位清华学人是以雕像的面目静伫在近春园的绿丛中的。双臂抱在胸前，仿佛在讲史。吴浦星是吴晗先生的妹妹，我调到旅游报社时，她刚从领导的任上退位。我端详石像片时，想从容貌上看出他们兄妹一点相像的地方。

从这里往东去，又遇着一片塘，"水木清华"这个晋人传下的成语题在临波筑起的平屋的匾上。两侧柱上题着殷兆镛"槛外山光历春夏秋冬万千变幻都非凡境，窗中云影任东南西北去来澹荡洵是仙居"的联语。青瓦檐的后面，刺桂、侧柏、西府海棠、君迁子的柔韧枝条正探出工字厅后院灰色的砖墙，静静地弯垂在天底下，和池畔的杂树一起，将薄荫遮在水上。春日里，慕"清华园之菊"盛名的朱自清，曾经一天三四趟地到堂前花下徘徊，他有一节字句说："我爱繁花老干的杏，临风婀娜的小红桃，贴梗累累如珠的紫荆；但最恋恋的是西府海棠。海棠的花繁得好，也淡得好；艳极了，却没有一丝荡意。疏疏的高干子，英气隐隐逼人。可惜没有趁月色看过。"水光浮上深黄浅绿的叶片，让我感到宁帖。我是寻到了清华园的根吗？把校园建在风景里，世间能有几家？这大约也是我要对清华偏一分心的理由。不消说它的学问，只这满坡的竹树、绕岸的芦苇、旧式的亭阁，就全是东方的，古典的。

学子诵读于此，受教之益暂不去说，心神先已醉了。

朱自清石像在岸边，风神宛然。先生坐眺一池着了寒的秋水，四时之景的变化不改他安静的容颜。朱先生《细雨》中说："东风里，掠过我脸边，星呀星的细雨，是春天的绒毛呢。"宗璞说未名湖"比清华的荷花池大多了。要不然怎么一个叫池，一个叫湖呢"。可是这水面不广的池，是和朱先生的《荷塘月色》连着的呀，篇中有"浓浓的颜色、清清的音响"在，谁又能把它的幽韵看浅了呢？清华人的心上，终年不离荷似的。到了春暖的日子，岸畔柳色鲜翠，绵绵的雨丝从枝叶间落了满池，也拂上他的颊，如见先生在风里舒心地笑着。一个江南人，进了这北国的天地，情也水似的柔。自清亭是为他而建的，斜斜地在池水的东面对着他。有个女学生坐在亭前一块平石上埋头看书，又抬眼朝漾动的微波凝视。小月河（一个在岸柳下遛狗的男人说，就叫校河）西岸，有一溜灰砖平屋。那一晚，夜月皎好，朱先生许是从这里踱步出来，走过雕着简单线纹的白石河栏，肩头满披着银霜般的月光到塘畔沐起清凉荷风的吧。我又怎能说得准？有一回，我从荷园餐厅出来，转悠到被"莫居"之主吴宓称作"藤影荷声之馆"的古月堂前。门闭着，更显出小院的幽静。后来知道梁启超、朱自清也在这里住过。《荷塘月色》盈动的静美之气，似乎只有在这种宁谧的地方才能捉到纸面上。

自清亭北面的坡头，孪生似的立着闻亭。还消说吗，它是因闻一多而在的。亭内悬钟无声，待发的颤音像哽在喉头的诗。青铜的钟身，刻上去的不外"皇图永固，帝道遐昌"一类祝颂的言辞。没有稽古癖的我，也要追它的源头，细看，是明嘉靖三十六年的钟！顺着石阶下到坡底，就到了闻先生的像前。朱自清像用汉白玉雕成，质感的细润仿佛应对着他清丽的文风。闻先生的这一尊，却是在一块赭石色的花岗岩落下錾凿的，况且刻痕的粗狂，直似从汉魏石雕那里来，和闻先生沉毅的性格融和到一处了。《清华周刊》上印着的闻先生的那些诗，勃勃的意气镌在他的目光里。我记牢了写在他笔下的"你可听见枝头颂春的梅花雀？朋友们，请你也揩干眼泪，和我高歌"这几句。

曾有梁思成在的清华园，建筑小品的好，还用我赘言吗？

遵课时的安排，我每近月末才来清华听课。待到又进了它的门，塘里的荷残得更深了，枯枯的一片，最后一丝生气也叫寒意收去。不待咏出伤荷的句子，"蒹葭苍苍"的古诗已摧愁了心。初冬落下的碎叶，黄透了。未及挂雪的寒枝瑟缩在冷空里。可我以为，此季恰逢着故都最有意味的时节。只观物候，经了春的蓬勃、夏的热烈，一切都归于消歇了，也愈能体会不加外饰的真。旧京滋味怕只有到了这个时候才见深浓。课余，我又越过石桥，到荷塘去，就像迎着干燥的秋风独自往清冷的胡同深处走。堤径泻落树丛花花的碎斑，我踩着一大片影子走。冬至刚临了两日，塘里的冰冻实了几分。正午的太阳照下，反出光来。濒池的平台上，一块竖石上刻着"观荷台"，阳光移到这三个字上，诱着人非要在凳上坐歇。这石台不比子陵钓台高峭，浮想起朱自清先师临水的风姿，一样感受。

那桐，做过体仁阁大学士，他在宣统年间题额的二校门，是一座白石牌坊，成了校中的名景。后面衬着大礼堂前一片平阔的草坪，到了冬天，绿意也不肯消尽。望着草色，人会感到年轻。

园内多刻石，有些是校友捐赠的。"清华学堂"前的白石上所镌"自强不息，厚德载物"八字，是二十世纪初叶梁启超在这里演讲时从《周易》中引述的。古训一经维新故人重提，清华的校训便是它了。西南联大纪念碑勒下的是这几行字："西山苍苍，南国荡荡，联合隽彦，大学泱泱。"气魄是大的。我生年也晚，没有赶上那个时候。去昆明，曾从西南联大旧址过身，即便是在抗战的日子，八年间，这里还培养出学子三千。我生逢"文革"，无校可进，无书可读，至少对个人，可谓兹事体大，遑论国家。到了容颜衰皱的老年，抱憾的心仍在。可惜一切都晚了。在无法移易的个人史面前，只能一叹，再叹，三叹。

凝眸荷塘，我想起昆明的翠湖。

进了几次清华园，心上是漾着一片碧漪了。诸先师皆远远行去，只留下淡淡的背影。我只有谨遵前哲教诲，"见人嘉言善行，则敬慕而纪录之"。梅贻琦曰："大学者非有大楼之谓也，乃有大师之谓也。"这位清华校长的话，讲过去一个甲子了。

2006 年 1 月 26 日

此文发表数日，我又回清华听课。仍是午饭后，闲踱到大操场西侧，小阜缓起，其前苍柏蒙茸，暗绿树影里有碑立焉。近睹刻字，不免一惊，却是"海宁王静安先生纪念碑"。立即就肃然了。抄录碑阴铭文：

海宁王先生自沉后二年，清华研究院同人咸怀思不能自已，其弟子受先生之陶冶煦育者有年，尤思有以永其念，金日铭之贞珉以昭示于无竟，因以刻石之辞，命寅恪数辞不获已，谨举先生之志事，以普告天下后世。其词曰：

士之读书治学，盖将以脱心志于俗谛之桎梏，真理因得以发扬。思想而不自由，毋宁死耳。斯古今仁圣所同殉之精义，夫岂庸鄙之敢望。先生以一死见其独立自由之意志，非所论于一人之恩怨，一姓之兴亡。呜呼，树兹石于讲舍，系哀思而不忘表哲人之奇节，诉真宰之茫茫。来世不可知者也，先生之著述或有时而不章，先生之学说或有时而可商。唯此独立之精神，自由之思想历千万祀与天壤而同久，共三光而永光。

义宁陈寅恪撰文　闽县林志钧书丹　鄞县马衡篆额
新会梁思成拟式　武进刘南策监工　北平李桂藻刻石

　　中华民国十八年六月三日二周年忌日　　　国立清华大学研究院师生敬立

　　陈氏碑文，与先师同一骨格。我记起他在庐山花木深处的墓，黄永玉亲书在碑上的，还是那十个字："独立之精神，自由之思想。"

2006 年 2 月 27 日补记

介 寿 堂

我在介寿堂住过一晚。它实际是一个院落，偎在万寿山下，推门可望昆明湖。我原先从长廊上走过多次，却从没留心过它。

同去的是京城几位画家。我先站在院门口独自端详了几眼，青藤绕架，紫薇吐红，半遮半掩着漆红木门，饶有画意，似将院外的风景隔远了。得闹中取静之美的宅堂，如今已不大容易找到。

"介寿堂"三字匾悬在正堂之额（颐和园里有些堂轩的名字不写在门外，让略识路径的人找起来也感觉费力），漆板金书。介，在这里读如"丐"，求也。《诗经》上说的"为此春酒，以介眉寿"，就是这个意思。主人则别有解释，且本诸西太后的圣意。院中长着一棵柏树，直溜溜的躯干在根部忽然劈为两杈，真是毫无道理。这样一株怪柏，不知怎么会被西太后那双老眼瞧出个"介"字来，一张嘴，赋堂名"介寿"。这也算是"御赐"，不可更改。细加推想，松柏之寿久矣，老佛爷出言，似乎也藏有几分巧妙。这棵古柏已活了二百年，老干皴皱如披龙鳞，但长势还颇顽健，挺绿的一片云冠撑上天，犹存生气，看样子，且活着呢。谁人手植，已经没有办法知道了。默立堂前的它仿佛是一尊刻满诠释的碑石。

院景经营得较为得体，甚至可以说有意境。地面砌了方正的灰砖，也留出地方栽植花草。映阶的青青草色看上去很柔。堂的左右各种了木瓜，枝叶间已坠绿色果实，长圆儿，但不能食之，纯供观赏。这种南国之木，在北方不易生长，而在介寿堂却一派葱茏。与木瓜相依的是弱竹（这名字我也是头一回听到），低矮的一丛，虽矮，却不失精神，也纷披弄碧，摇为窗前影。后院尚有海棠两株，经过修剪，枝条绝不疯长，颇有模样。同实生实长的花草松竹谐趣的，是绘于粉墙雕窗之上的古梅、香兰，红绿交映，以色彩胜。

草木之荣得诸自然披泽。主人说此处风水好，有龙之气（在遵化，当地人也指着清东陵背依的昌瑞山，说同样的话），举身旁的实例，这里的几拨服务员，所生皆为男孩儿。当真，还是意在渲染？一听也就过去了，谁也没有深问。

院子的东南角有一眼井，圆口，水极清亮，静碧如一轮银月。推断水自玉泉山来。颐和园内多有水井，但不少早已干涸晾底儿，封之，唯有这一口水旺若初。据说久喝这水能益寿，寿之几何先不必管，我舀了一小杯，饮之很软，不冰嗓子。这样好的水，大约易于烹煮香茗。

院分两进，皆正堂两厢结构，由回廊连接前后两大块。厅堂的布置，原先是什么样子，现在估计也没有大变。桌椅背靠中堂，质料自然是极有讲究的红木，且嵌饰大理石面上去，图案天然，自成图画，所题"寒林晚霭""寒谷烟岚"一类文字，多冷峭气。这使我想起滇西大理城中摆满街头的各色石玩。我疑心这里琴桌条案椅背上的装饰石画，悉出自苍山洱海一带。此室宜悬旧字画，宜陈古瓷瓶，宜置笔墨砚，宜焚芝兰之香，雅意才足，足到十分，才适于调养性情，于品饮盖碗茶时效竹林闲叟坐而论古。我最看好那幅《铁骊图》，工笔马，配以松荫下的牧者，风格摹宋人笔意，绘于绢帛上，精心做旧，挂在古典韵味的厅堂里，很合适。窗外一庭碧色，自是新绿来映衬古香。

室内依原样摆放了几把沙发，用时兴的眼光看，它们的样子已经很古旧了，却没有脱榫走形，坐上去还感觉很牢靠。虽不如何柔软，弹性似乎也差，但是制作却决不马虎，精镂花纹，坐垫靠背上的黄色绸缎，都用金线绣出好些个"寿"字。凿进去的小钉，皆为镏金。这在当初和现代，都应被视为珍品，珍在附于其上的那一点古雅。

依我来看，介寿堂的妙处不在寝寐，却在独享夜园之静，古典的静。多少年，我对于颐和园的所得尽为白日里的热闹，夜之风景这次还是头一遭领略。我们踏着晃动的树影沿湖岸走，走得很随便，很舒心，脑子里什么也不去想，单纯得如同没有了内容，只顾在明暗的夜色中望，长望若醉。这一晚的月亮很圆，月边飘几缕云，略含美人之羞。月下的湖面，浮闪粼光，十七孔桥和龙王庙淡去了，仿佛遥远的岛屿。玉泉山的塔影早在暮色中远逝，化在苍茫里。佛香阁如一尊古佛，于浓墨般的林影间静憩。知春亭在水的微光里尚依稀显轮廓，风中柳轻曳，望之隐约一片。万木之中，独烟柳绝胜，我似乎体验到了一点意境。

我们一直遛到后山，才披着月光朝回转。其实，我是极想再去走夜之西堤的。睡意尚无，又在院中的月色下久伫，感受着湖风的清凉。圆月朝碧天深处升去，高悬湖空。古松浸在星月洒下的水一般的柔波里，松针隐隐发亮。连理之枝，浓可交荫，自然又大有联想。眼前景色可比苏东坡之于承天寺夜游之境，但我却写不出他那种精美的文字。他说"江山风月，本无常主，闲者便是主人"，人景自亲。迁谪飘零，难得他还有这样好的心境。

那几位画家同我一样不倦，在厅堂内相聚笑，介寿堂为之不夜。无端地觉得，这样皎好的月夜，应该有如歌的丝弦相伴。

黎明之风中的鸟鸣从山的深绿处传来，类于布谷之音。至户外闲眺，湖水在晨光里皱起微痕，流一片浅碧。撑船人执一根细长竹篙轻弄清漪，自远而近，拖一湾淡淡鳞波。遛早的翁叟从长林那边踏雾而来，抻腿甩臂，舒松筋骨，活泼着不老的心。福海（昆明湖的别称）映着寿山之绿，绿得无法望穿，却掩不尽楼脊阁檐的一片金琉璃。从这翠碧深处倏忽就会送来吊嗓者清亮的声响，音拖得很长，不伴以丝竹弦板也能风流。山水清音协宫商律吕，口中腔曲便这样一代代在票友间传唱。斯人唱歌兼唱情，精神也就如山之寿。

快 雪 堂

  我到快雪堂逛了一趟。临去，似想写点什么，因为找不齐凑手的材料，下笔就颇感迟疑。

  据我所知，名为快雪堂的，不只北京的这一处，城南不远的涿州也曾有。堂主冯铨，明文渊阁大学士。《辞源》上说他"以晋王羲之书《快雪时晴帖》墨迹，摹刻为第一帖，并筑堂储石，题堂名为快雪"。冯铨集摹的《快雪堂法帖》，是一部汇刻丛帖，由魏晋至宋元，可观书史的大致面目。丛帖的领军人物，是王羲之。他的拓本数种，我都没有见过。其刻石，由冯家出手，卖往福州，乾隆时，为闽督杨景素购得，献于朝，遂成内府之物，很被弘历看重。他在太液池北岸造堂修廊，嵌石入壁时，不避重复，仍把"快雪"二字题上堂匾。冯铨，因诣事魏阉，趋奉宦党，难以懿名入史，却未必乏善可嘉。幸而他不失痴碑嗜帖的雅尚，后之览者才得以获赏前代书家的墨迹。康有为说："夫纸寿不过千年，流及国朝，则不独六朝遗墨不可复睹，即唐人钩本，已等凤毛矣。故今日所传诸帖，无论何家，无论何帖，大抵宋、明人重钩屡翻之本。"南海先生属尊碑贬帖派，照这样看，《快雪堂法帖》碑刻，当存书迹本来风貌。冯铨首开其端，功劳可谓大矣哉！

快雪堂不大，不像其旁的静心斋，园景颇多变化，它就是一个四方的院子，看去，有些像西太后在颐和园的介寿堂。正堂不着彩绘，完全是本色。它应该是一座楠木建筑。堂前除去几峰皱出层峦的瘦石、数株高过屋檐的古柏，用来配景的似无旁物。人迹稀，园庭为之空旷。两端的廊壁，浮嵌碑石，能供有书瘾者久看。此境颇可同绍兴兰渚山下的右军祠比方。"快雪时晴，佳想安善"，句意上好；"此地有崇山峻岭，茂林修竹，又有清流激湍，映带左右"，亦足堪曼声长吟。右军祠前有可列坐的流觞曲水。我走过一些地方，好像中南海里也有这一景，别处就难说了。这是右军祠能够胜出快雪堂的地方。读《禊帖》和《快雪帖》，纵使书圣真迹无存，有碑拓在，师其行书者，犹可观片石而领略纸上意气。在我，看古碑，揣摩神理，体悟笔势，虽未可成家，也是值得多花些时间的。我如果有闲，不忍遽去。

论书，依我的一偏之见，独赏王右军。这很像我爱读魏晋名士的文章。我父亲说他的字有几分步趋康有为。康氏云："书以晋人为最工，盖姿制散逸，谈锋要妙，风流相扇，其俗然也。"根子还在书圣那里。或者是家学的力量过大，我不很喜欢剑阁鹤鸣山的《大唐中兴颂》摩崖，通篇字，过于肥实。颜鲁公体，大约只能用于气雄力沉的擘窠书。在难于上青天的蜀道，来一篇，模勒上石，美于观望，就不失其宜。说到书派的分野，阮元自有持见，认为"南派长于启牍，北派长于碑榜"，而"王氏一家兼掩南北矣"。此说似为偏辞，有点过了，但大体也还是贴谱的。右军书艺，为历世宗尚。我入学临帖，随取一家，也乐意远《多宝塔碑》而近《王圣教序》。后来去西安游赏碑林，此念仍是不改。这次初识快雪堂，才入碑廊，一看那字，就知道，王羲之笔也！

堂中挂了不少今人书画，引游者来观，有称心的，可以花钱买去。如果有谁得一幅，虽不能上比王羲之，回家往墙面一挂，早晚看看，也是挺雅的。

　　靠门摆一张木桌，有位工作人员正低头看书，不抬眼。在这儿上班，心很静，翻翻小说，一天就过去了。真滋润！

　　快雪堂在北海公园的北面，由后门过去，很近便。

　　天人相感。我游完快雪堂没几日，北京就下雪了。

留 余 堂

　　梅县围龙屋，布势上尽其巧妙。张资平的留余堂，可说是这种传统民居的一个好例。

　　过到梅江北岸，路边一个牌坊，"留余堂"这宅名题在坊额，还把此堂上厅的一副联语配上坊柱："孝友一家庶可承忠厚绵延之泽，蒸尝百世其毋忘艰难缔造之勤。"读联，可以推知张氏家风。正是枇杷上市的时节，几个村妇蹲在一边叫卖，篮子里一片黄。

　　坊后一条坡径，我们顺着它折向左边。看得见那排白色院墙和黑色瓦檐了。与四近平常人家同样，前面一个水塘，弯得像月，把那连成一排的正门墙壁立面和横屋山墙立面映在波光里，更有后面那一道高出方形院子的围屋坡顶，以及平敞的晒禾坪。隔水看去，大有入画之美，就觉得这个"围"字用得真是准。靠前的水塘，半圆形；靠后的围屋，也是这个形状。两瓣一合，再圆也没有，且把中间的方形院子包在里面。被战乱逼离乡土，流宕转徙，艰困于途的客家人，地上难觅栖身的田园，便时常仰望寥廓的穹隆。将万山丛中的家宅造成浑圆形状，也就像住在天上了。

直着望过去，这圆环中间还有一条中轴在。既然多为"一进三厅两厢房"的格局，那么，进了院门，下厅、中厅和上厅，也便排布在南北一条直线上。如果不惮烦，再把分列东西两厢的横屋收进来，摊成平面图，我像在瞧八卦！

居中的院门设前廊，颇深阔，卷棚式廊顶。匾题"经魁"二字，红底金书。两侧墙上是"珠联璧合""凤翥鸾翔"的喜联，透着吉庆。下厅的门楣也有一块匾，题的是"文魁"。这样题镌，不免要想到魁元擢桂之荣上去。目光叫那高悬的匾额朝上引，立时想起皇家宫苑里的彩绘天棚与漆金藻井。眼前没有这些。裸出的椽檩梁枋上面，也不见什么装饰，倒也朴质。后面一个天井，下午的阳光照着它。中厅好像没设隔扇门窗，挺开敞。正中一扇宽展的屏风门，不是岭南人家喜欢的黑底描金的那种，涂着枣红色，有凝重气。堂匾横其上。讲究些的客家，要在中厅设太师壁，摆上神龛牌位。张家有这番排场吗？记不住了。倒是西边一个偏弄的天井旁，摆龛供着观世音。我一个外来人，哪能瞧得那么细？心系祖源的张家人，或许会把祭祀的长案和八仙桌摆在北面的上厅也是可能的。生者和逝者共处同一空间，精神世界里永有一座祖堂。东墙上一溜照片，多为张家故人。张资平的那张下面有一行字：二十世孙秉声（资平）公。旁附其人事略，在这里可以不备述。我近年写《中国现代风景散文史》，在有的章节里提到他，故而对此人东渡日本留学，又和郭沫若、郁达夫、成仿吾成立创造社那一段旧事，饶有兴趣。张氏的小说我读过的实在没有几篇，虽则他创作的《冲积期化石》据称是中国现代文学史上的第一部长篇小说。日后得暇，《她怅望着祖国的天野》《爱之焦点》《不平衡的偶力》《双曲线与渐近线》《白滨的灯塔》《梅岭之春》《残灰里的星光》《爱力圈外》《青春》《结婚的爱》《红雾》《爱之涡流》《群星乱飞》《恋爱错综》《时代与爱的歧路》《爱的交流》这许多小说，我或许会找来一读的。固然张氏的有些作品，言情；可是《天孙之女》《无灵魂的人们》《红海棠》等篇，据说又是抗日小说。抗战之时，张氏曾供伪职，从此背了附逆的名声，人也就倒了。在国家和民族的艰危之秋，忘记大义，输了节操，遭诘亦无可自辩。除去这一层，在他，笔下总还有功夫吧。历史太沉重，就要深思。既然人和文难于一刀两断，就学张中行论周作人，那态度是，谈人，也谈文。可是让我来说张资平，就要犯难，此人离我真是太远了。

有个老人从横屋出来。天热，体胖的他只穿件背心。一问，是张资平的侄子。老人讲的，多是叔叔的旧事和留余堂的古今。其实，说到张资平，他也是没有见过的。前尘如梦，哪怕听来一鳞爪、一片影，也是可珍的。中厅西侧的一个小院，有幢双层老屋，镂花的铁门生了锈，关着，左右是带楞的方窗。上面一层，黑旧木门挂了锁，两边像是石窗，雕着菱形或方形的格子，差不多闭着，只有靠西的这扇露出一道缝。老人讲，张资平年少时，就在这里读书。临窗对朝夕，楼头曾有生命的温热。我前后瞧瞧，粉墙上晃动明洁的日影，前面一个月状的鱼池，并无锦鳞之影，绿藻却覆满水面。横在池后的条石上，垂下一些散乱的枝叶，倒把精镂花纹的南墙遮去一半。小院满是清幽空气，张资平熟诵的一副联语，原在他父亲的书房里，颇能应眼前之景，是"灯火夜深书有味，墨花晨润字生香"，题在门边，恰好。

照着围龙屋的一般样子，上厅的后墙外应当是一个半环形院落，微微隆起，铺了卵石，望去如"龟背"，长寿的意思也含在上面了。这个扇形土包，又略似女人饱满的腹部，得来"化胎"的俗称亦不足怪，衍育嗣续的深愿寄寓其间。正中按金、水、土、火、木之序摆了五块石，"土"居中，客家人的感情紧连大地。据说这五块方石，便是那龙神伯公的神灵。除夕这天，族人要在祠堂敬祀祖公，也要在龙神伯公的神位前焚香烧纸，以祈庇佑。本县丙村镇的仁厚温公祠就是如此，化胎上生着浅浅的草，更有两株苏铁在上面一长就是四百多年。阳光下，羽状叶片闪着绿。朝朝暮暮，这片绿映入北邻的围屋，那黑色的檐瓦，那白色的屋壁，展延成一个美妙的半圆形，且浸入一片鲜碧。留余堂也会这样吗？我转到后院略略一瞥，屋陋物杂，不禁有萧疏之感，比起温公祠，声色略减几分。

这座堂宇近年也经修葺。大门西墙上嵌着《重修祖堂碑记》和《祖屋墙壁重修碑记》，可证。那块《重修禾坪楣官工程落成碑记》值得一读。大意是，这座初建于清道光丁亥年间的祖堂，出了不少人物，照着《诗·大雅·绵》所吟的祝颂之词，也算瓜瓞延绵了，真也不负岭南山水钟灵毓秀之德。上面这么写着：梅州剑英图书馆至今还收藏张氏族人在科场上所作《留余堂试草》、其翰公诸人的《咏花书屋赋》等文集。清光绪年间，工部右侍郎广东学政臣汪鸣銮为《留余堂试草》作序，赞曰："粤之文，以嘉应为最，而张氏尤为嘉应之名族也。"汪鸣銮，我在哪儿见过他的字呢？想了一会儿，对了，在常熟的曾朴故居！刻在归耕课读庐里的《兰亭集序》便是他的手笔。一室翰墨，满庭书香，留余堂的门风，真是盛矣哉！

门坪前立着七根石柱，上有镌痕，标示堂中曾出过七位举人，可说是家史的荣耀。纪其功，旌其德，意在嗣徽。柱影映入池水，自显一种风流。所谓"楣官"或者"楣杆"便是它吧。

那老人不肯回屋，说起家事，话不断，一直送客到门口。留余堂今日之主，大约就是此人吧。他叫张梅祥。

回到路边，几个女人还在坊门前。枇杷没卖完，篮子里留着甜。

会 老 堂

欧阳修旧迹，我寻过扬州蜀冈上的平山堂，滁州琅琊山中的醉翁亭。这次得缘到古称颍州的阜阳，游于西湖之滨，一脚迈进欧阳修和老友赵概宴聚的会老堂。更多人的游情所向，在那粼粼的湖上，像是注意不到它，游湖，也就过而不入。

欧阳修晚号六一居士，尝曰："吾《集古录》一千卷，藏书一万卷，有琴一张，有棋一局，而当置酒一壶，吾一人老于其间，是谓六一。"欧阳修中年知颍州，复归老于颍州，在西湖边营筑六一堂，像是把人生趣味融进去了。会老堂是六一堂的西堂，永叔自榜其名。

自欧阳修与赵概颍州相会后，西湖畔的会老堂便为历代文士看重，虽是一幢老旧的瓦屋，过颍者必以到此低回片时为快。风雅也留在颍州人心里，说起这件事，悠悠声调不古而自古。故迹遗韵，在我看，访寻这样的所在，追怀先贤的心情和风度，比游赏流水斜阳、暮烟疏雨时分的湖景还有意思。

石桥横过湖面，已非欧阳修知颍时所名"宜远""飞盖""望佳"桥，样子却应差不多，钱塘六桥的风味也略得几分。数只木船悠然滑行，仿佛在湖上点景。湖水流得不急，舷边微微的波声，让水面不再入睡一般地凝着，却有意叫船上人做一回恬静的梦。林苑盈岸，含烟带雾，翠影深处颤响夏蝉低细的鸣音，来添一缕灵妙的乐感。鳞波之上，清光闪漾。古老的影迹，在阔远深广的湖天，浮映如莹澈的飞花。浮想撩惹思绪，直把那古雅的旧韵当作新调萦响在自家心头了。

　　许是被这里的风物所诱，本在扬州任上的欧阳修，自请移守颍州。《知颍诗》以平直之笔写景寄情，亦含中年意气。"菡萏香清画舸浮，使君宁复忆扬州。都将二十四桥月，换得西湖十顷秋"（《西湖戏作示同游者》），神暇、意畅、味远，瘦西湖烟水和眼底碧波，令他喜慕而不厌，仿佛看见与仕途相伴的山水，体悟到那份无语的深情。晚年的《思颍诗》则显露沉郁情调，不胜其慨："行当买田清颍上，与子相伴把锄犁。"（《寄圣俞》）叹惋世路而生栖遁之想。《归颍诗》同为暮年之作，满是退隐后的放逸情态："谁如颍水闲居士，十顷西湖一钓竿。"（《寄韩子华并序》）欧阳修与赵概曾同在史馆供职，张甥案发，欧阳修贬滁州，赵概亦因直言而出知苏州。原本"踪迹素疏"的二人，遂相友善，且约定致仕后互往来。赵概重然诺，从南京（今河南商丘）来见欧阳修，盘桓颍州逾月。聚后之散，让不能忘情的欧阳修愈觉惆怅。说到内心的凄寂，还看他的诗，曰："积雨荒庭遍绿苔，西堂潇洒为谁开？爱酒少师花落去，弹琴道士月明来。"（《叔平少师去后，会老堂独坐偶成》）我恍若见着独坐堂内、枯望窗外的六一居士的孤清之态。这虽是千百年前事，读诗，亦能体贴古人心境。欧阳修本与赵概约定，翌年赴南京回访，结伴游憩，然未及践诺便遽归道山。西湖为之失去颜色。时光真是个冷酷的家伙，不管是谁，也不管是多么深情的恋世，都要催他朝坟墓里去，送他到永失人间温暖的地方。

　　会老堂传为欧阳修"情好款密"的讲学之友、知州吕公著专为熙宁五年的这次"颍州之会"而建。堂貌甚朴，门对湖山。开间明三暗五，梁上檐下，亦少繁丽的雕镂。更有那青青的砖壁、黑黑的屋瓦、暗红色的木门与窗扇，益添家常气。因为屋子老，总觉幽暗些，气氛却古雅，幽暗得好。堂内当然不缺布置，极简单，却不感伧俗。一尊乾隆年间的石刻像和其前的牌位，算是对欧阳文忠公执敬祀之礼了。有一些碑拓，宋人题的欧阳修像赞。苏轼的《颍州西湖月夜泛舟诗》残碣拓片亦存。东坡居士在元祐六年知颍，为时半载，主政之功足令百姓不忘。赵孟頫绘苏轼像也在壁上，和欧阳修像一起，俨然显出双璧之美。所题"欧苏遗爱"四字，含蕴深味。两位太守，福泽颍州，可念的不只是诗文。拓片虽冷，我宛似看到他俩脸上波动的笑晕。朝霞晚云、淡霭微岚的西湖清景，依旧供其吟咏。

欧阳修把诗情给了这座烟波中的老屋。"公能不远来千里，我病犹堪醮一钟"（《会老堂》），聊遣欢晤兴会。"金马玉堂三学士，清风明月两闲人"（《会老堂致语》），尽显逍遥神意。满院香风，他，拂一拂襟袖，坐在那里向阳。水光迷茫，画桥烟柳平添山林逸趣。隐隐地，又生出瘦西湖边，竹西歌吹的闲情，抑或是琅琊山间，林壑醑饮的怡乐。醉翁动人心魄者，最是这般旷而逸的风神。清清湖水，载着他的生命。

钱基博说欧阳修"生平于物无所嗜，独好收蓄古文图书"。会老堂尽为书香所浸矣。堂前左右种丹桂、银桂，散逸幽淡的清馨。院墙外，西湖烟光、堤岸柳色，早入文章太守吟咏。

欧阳修永远留在他的世界里，却在我的感受中复活。

还要加说几句。七十多年前，郑州花园口大堤溃决，黄河水冲荡豫东皖北，淤平颍州西湖，景观殆毁。今之西湖，盖重疏浚，恐怕多半改变了样子，却并不减淡游兴。晴明的湖光又回到颍州，能够得其仿佛，足矣。况且这里距城不过远，当作余闲里休憩的去处，很合适。同在这一样的世间，似和浮嚣的逐利之场离得远些。满岸的丛兰芷草，在柔漪中浮闪苍翠，映着湖滨诸胜，也映着心，把人带回清静的时日。

一个接一个的晨昏，日光、月影、星辉扑到水面上来，足以润饰这西湖的娇容了。乱鬖似的青草摇颤在弯折的岸上，一片绿影子连向十顷芰荷，接得紧，接得密。碧柳千条万丝，荡起柔情缕缕。明澈的湖面更如仙娥的美目，含情流盼。清悦的啼啭从柳枝的浓影里送出来，向开旷的天野去。水浪在风中曼舞，一声声的欸乃不肯在桨声人语间消歇。

静静地，我听那湖上的清歌。这是醉翁的西湖，也是我的。

白 马 寺

　　汴洛多佛迹。少林寺为禅宗祖庭，可算天字第一号。我将另有文记之，故无妨在这里略去。离寺，过少室、太室两山间的辕辕关，奔往西北的白马寺。古关不存，漫漫山道上，大禹治水的传说还常常被人说起。忽然想到家里挂着的《老子出关》那幅画。若骑在青牛背上在嵩邙陵谷间缓行，流览沿路风物，何等悠闲！朱自清说"悠闲也是人生的一面"，诗意正该不浅呢。

　　此际崖上是迎着艳阳而泛出新碧了，在气象上表露着蓬勃与跃动。覆在山上的那层灰黯渐渐褪去。清明刚过，距谷雨也不远了，豫中的春天，应该是这种颜色，岂可流于毫无点缀的枯淡？我就记起去年四月里来游少林的情形了。山景和庙貌不见变化，老去的只是我的容颜。

　　行至洛阳城东的郊野。张恨水说管鲍分金的典故就出在此处，寺西数里尚有名为"分金沟"的车站。中原古地、黄河岸边，随意指去，就可讲出一段故事，正好供我掇拾。站在黄昏的天底下把四外一望，村舍横斜于廓落的田垄里。邙山洛水之间，哪里去寻一点周汉魏晋的残迹呢？昨日走中牟，看人遥指平野述说官渡之战，千年烽烟都逝，谁能道尽兴亡旧事？

中国的僧刹，差不多是固守同一法式来建的。白马寺并无例外，挑出它的特殊之点倒不容易。我只能说些比较的话。看过嵩山之麓的中岳庙，白马寺便显出格局的稍逊。殿廊的高矮、院舍的深浅在中国的梵宇里应算普通，同少林寺来比，略无相差。大雄殿供毗卢遮那佛，文殊、普贤陪伴左右，华严三圣虽近在眼前，犹如远踞神秘的彼岸。那种平和安详的表情仿佛在建寺初年就凝定了，永无改变。十八罗汉静守在两厢的暗影里，神温和而貌清秀，不似一些地方的罗汉胖大。护法的伽蓝菩萨执一杆戟，有天王的眉目而猛气胜过手握金刚杵的韦驮。看众神，我有点无动于衷，盖因都是非人间的。能牵我情的，是引白马负经籍远来中土的摄摩腾和竺法兰。两位高僧是在寺中永眠了，又仿佛在深墓里做着各自的清梦。觉苑的风晨雨夕，和他们的精神融在一起。圆大的坟茔分立于山门内的东西，古德的灵魂远离冢中枯骨而翩然飞升。我绕墓一走，可说高山仰止。碑勒僧像，算是投在石上的最后一点影子。无缘睹其真面，看看线刻小像，亦聊可慰情。镌诗，李世民题。"青牛漫说函关去，白马亲从印土来"一联尤妙。有他的抒咏在，天竺之僧的名气更非寻常。

考寺史，可谓触到中土佛教的源头。《理惑论》里写着的聊备一说，是：

昔孝明皇帝梦见神人，身有日光，飞在殿前，欣然悦之。明日博问群臣，此为何神。有通人傅毅曰："臣闻天竺有得道者，号之曰佛，飞行虚空，身有日光，殆将其神也？"于是上悟，遣使者张骞、羽林郎中秦景、博士弟子王遵等十二人，于大月支写佛经四十二章，藏在兰台石室第十四间。时于洛阳城西雍门外起佛寺，于其壁画千乘万骑，绕塔三匝。时国丰民宁，远夷慕义，学者由此而滋。

另有类近撰录于寺碑上，云：

> 汉明帝永平七年甲子，四月八日，帝寝南宫，夜梦金人，上因君臣
> 之对，遂使人至西域求佛道，乃得摩腾竺法兰，帝大悦，至十四年辛未，
> 敕于西雍门外，建白马寺以居之。

我只是觉得这些记在书里、刻于碑上的字，出处虽是两样，却足可说明这座古寺的来历，才不惮烦地选抄。

腾、兰二僧将释典引进，在儒道之外添入新的文化精神。中土素无宗教的历史就此一变。洛邑清梵含吐，天花乱坠。张中行讲过，佛陀之教一来，民众就有了"睁眼似可见，闭眼似可得，力大到绝对可靠"的精神依凭。此种信仰，比"道家设想的逍遥，宋儒设想的孔颜乐处之类"更能亲近日常生活。跨入释门的善男信女，在心灵的润化中暂时忘却了俗世的悲苦，释迦的影响也就超出孔聃。清人"孔教所到处，无不有佛教。佛教所到处，孔教或不到"，表明的大约是同样意思。

寺的前后立了那么多的佛、菩萨，所谓"百丈金身开翠壁，万龛灯焰隔烟萝"的气象盛矣。踏过松影晃动的砖阶，转到接引殿后面的清凉台。供在台上配殿里的，是腾、兰二人的塑像。竺法兰较摄摩腾的面相稍老，不知道是照着什么画像造出来的。我看佛塑，总难感味人间情趣，仿佛一经装点，生命也就僵死了。殿前分植的千年圆柏仍颇畅茂，看那苍绿的枝叶，我宛如见着两位尊师未朽的筋骨。

佛法在中土初兴，译经是大举。毗卢阁的后壁嵌着历代石刻，腾、兰二位高僧共译的《佛说四十二章经》在其中，为首部汉译佛经。倚墙的经橱甚高大，漆色黯旧，里面尽存佛理教义吧。层台芳树间，久印着他俩苦译佛典的劬劳之影。东汉以降，敷畅译经，亦多在这座汉魏都城。《洛阳伽蓝记》里

有"永宁寺"一节，杨衒之"绣柱金铺……宝铎和鸣"的话，摹绘出耸峙于赫赫释藏后的浮图壮概。岁月久远了，光景还能依稀浮想得出。梵呗咏歌，敷弘释学，洛阳成了一座佛都！曾聚九朝京师的王气，也淡若轻烟一缕。

法宝阁、藏经阁占了寺后很大一片地方，殿堂的里外全是新葺的。到上面一看，浮艳炫目，同旧有的清凉台一比，反失颜色。

寺中松荫下，安坐一位穿黄色僧袍的和尚，喝着茶，细眯双眼，似在淡品众香国的深味。对我讲起汉明帝永平求法的遗事，如叙家常。执掌东汉朝政的刘庄，在他口上仿佛一个熟友。

未及转遍院内每一角落，就迈出寺门。两旁的石马是从别处移来的，附会得真是恰好。朝东南不远处举目，将逝的霞辉把齐云塔映得朦胧，望去恍若缥缈了一些。在随来的黄昏与夜中，只剩了薄薄的影。晚风一吹，叫我很想细听塔檐下如吟的铎声。

少 林 寺

　　鲜卑崇佛，北魏孝文帝筑寺于少室之林，南天竺人菩提达摩落迹修禅。禅法下传，五祖弘忍之后，南能压过北秀。六祖慧能所倡南禅又分门别户，以至族谱更杂，续出五家七宗。

　　夜雨歇了，寺前的山溪涨满水，流出一片清响。五乳峰浮缀着铅灰色的湿雾，鲜润的空气弥漫在初春的早晨。

　　寺门深闭。数株细瘦的柏树在阶前遮出一片翠荫。钟鼓楼的飞檐斜出寺墙，不见一院的宝殿崇阁，大雄之气竟先领受几分。

　　待到山门一开，衲僧卖票迎客，清净山林纷纷扰扰，莫安其居。身如临朝市，心还能定于一吗？释家的四谛之义也就烟消云散了吧。

　　寺中多碑。苏黄米蔡的书迹都有。"仙游二蔡"均擅书，在这里的，是力倡"丰亨豫大"的蔡京而非蔡君谟。明代《混元三教九流图赞》碑，线刻释迦、老聃、孔丘像，恰好看出佛道儒的融合。唐肃宗"佛教见性，道教保命，儒教明伦"，可说言必有中。天王殿、大雄殿、藏经阁是中国建造寺院的通例。有堂皇的"三宝殿"在，一座梵刹的骨架就搭成了。同中所存之异，是立雪亭。慧可向达摩求法，断臂明志，终成禅宗二祖就在这里。慧可，虎牢人（我后来从白马寺返郑州，曾过荥阳虎牢关），其家离嵩山不远。此种付法传衣，也只是来于"据说"，又似乎比达摩入洞冥思真实些。寺中《达摩面壁像》碑，题数行字："两只突眼，一嘴落腮……道是渡苇江上客，一花五叶只今开。"活画达摩本来面目。我朝五乳峰上的达摩洞望望。那块面壁石真能看出什么影子吗？张中行说这位禅宗初祖入嵩山面壁"像是也出于误传，因为他提倡的壁观禅法是心观，与面无关"。虽如此，隐修者的寂定之心却是可佩的。

禅武一宗。十三棍僧救秦王之举，使少林寺出了名。带着李世民感情的《告少林寺主教》碑，立于寺中。千佛殿的砖地上，几十个脚坑深深浅浅，是历代寺僧站桩习拳的遗痕吧。山中多设武馆，释风之外，武技盛矣。

我编辑张中行散文集《步痕心影》时，读到他写少林寺的文字。张先生游寺，"印象深的是寺门内那几棵粗大的银杏树，也是因为思古，坐在最大的一棵的根部留了个影"。这张照片后来放进他的《留梦集》。我不近禅，亦不亲僧，将殿阁稳稳的姿影略微打量后，找到这棵银杏。古树被铁栏围住，不能抚而兴叹。

寺西，一片墓塔，若林。越千年，塔身如故，犹似看见众僧生时禅寂的影子。游山之人涌入，带来嘈杂。过去，这里是安静的。

禅宗六祖，无一瘗骨嵩岳。二祖慧可、三祖僧璨都入皖，一憩岳西司空山，一憩潜山天柱山。四祖道信、五祖弘忍都进鄂，同在黄梅坐蒲团，一眠破额山，一眠冯茂山。六祖慧能则在广东曲江。禅风是向着南方去了。

把少林寺放入佛史看，才有意义。

法 王 寺

跑遍中国的名山，不见庙宇的能有几座？古时的那些人，仿佛不造些佛寺道观就枉对一片山林，华岳的胜概岂不虚掷？

来看嵩邙之间吧。洛阳白马寺的兴修年代与佛教入中土同时。张中行说："寺有高名，是因为在中国建佛寺的历史上，它排名第一。"住在白马寺中译经的天竺僧人竺法兰，又东南行，于嵩岳太室山玉柱峰下筑造法王寺，或可在中国寺史上居次席吧。

入山数里，方能行抵法王寺。寺址仍是东汉的。殿堂多为清代重茸。近来好像又加修缮，雕栏玉砌，古旧之气殆尽而一片明灿。近两千年前，它的落成之日，也是这样华焕吗？竺法兰是嫌洛水之滨的白马寺太缺少清静山林气吧，才穿越如障的峰峦，沿着辕辕关的古道，寻到了嵩岳深处。那时节，这里只是一片郁郁葱葱的山野，群禽在飞，百兽在跑，漫山都是碧透的流泉，遍岭都是繁艳的鲜花。竺法兰畅吸着清润的空气，山间的风也是甜爽的。西域沙门跋陀还没踏入北魏的疆界，菩提达摩也未乘苇渡来，哪里有少林寺的钟磬和禅家的梵呗？竺法兰是在嵩山焚升第一缕佛香哟！这最初的觉苑，这如梦的仙陀！不畏途远的朝山者，仰观圣境，放缓急切的脚步，动情于彼岸的静逸和闲寂，华丽与堂皇，转瞬就将十丈红尘从心头滤尽。

我的这段话，仿佛写给法王寺的献词，大约是宜于放到舞台上来高诵的。写到别处山寺时，我不曾这样动情。我真的被法王寺周围的山景魅惑了。竺法兰择此造寺，佛眼的神力是叫人称奇的。"嵩山第一胜地"的赞语不落到法王寺，谁家担得起呢？忽见天底下耸峙秀逸的双峰，凹下的缺处，便如洞敞的阙门，中秋的圆月恰能落在中间，宛如美人入怀般的好。大雄宝殿前的紫金莲池里，一汪碧水漾得粼粼，"口吐金莲"的故事仿佛又被寺僧缓缓道出，且依稀看到二祖慧可临池说法的影子。我抚栏东眺，所谓中岳八景之一的"嵩门待月"正在这里。携酒设肴筵，飞觞吟素娥，当属赏心乐事。遥寄愁心与明月，又是古来的诗境。可惜不逢皎好的清夜，就来闭目浮想为骚客所歌的良辰美景、可人风月吧。坡上一座半损的唐塔，还在那里支撑。换了罗哲文来，会不辞疲累，登而细览吧。倚塔望月，另是一番光景呢。

法王寺的近邻是嵩岳寺。这座北魏之寺的里外殆近坍圮了。可是今人仍然记得武则天和高宗游山时，把这里当成离宫的旧事。存下的是一座古塔，和法王寺塔隔岭互望。塔为密檐形制，如果给中国的密檐式砖塔排名次，当以它为第一。不只塔的年代久，而且白居易曾游过，留下五律《夜从法王寺下归岳寺》，里面有吟赞它的诗句："双刹夹虚空，绿云一径通。似从忉利下，如过剑门中。"塔体粗大，淡黄色，很柔和。密檐层层高上去，连向刹顶。衬着塔身的，是明蓝的天。说到我自己，向来有登塔的偏好。这座塔的木梯已毁，无以上。我只有朝上望。八面壁龛浮雕精美的莲瓣，是缀饰的璎珞，是娑婆世界繁盛的香花。百丈浮屠，在云间透散着雄健的风骨而又带些柔婉的气韵。一缕光线从顶上照下，不挂沧桑的古塔，退去它的衰容，永世年轻。

连荫的翠柏之间，昔年该掩着多少朱殿碧阁！几乎都化为空无。我就叹口气。想到与时光相比，木石之筑尚且难支，人力更是微弱了。寺院荒弃，这样一座塔却留下来，像是一段枯瘠的躯骨，默守山中的死寂，那样的安安静静，实在是带着不灭的佛性，甚至是一点遗世独立的傲气。我如同看到那棵青色的菩提树，眼前飘过五彩的瑞云，身旁吹来轻柔的香风。这澄净的圣界中，结跏趺坐释尊之身。恍惚的幻象闪动着，我暗自祷念这未朽的古塔能够在风雨中挺过更久的岁月。

相 国 寺

开封相国寺，旧为信陵君家宅。我痴于历史，若说对这位魏公子无忌尚有佩服的地方，也在他矫夺晋鄙兵，击秦救赵那一段。郭沫若的五幕史剧《虎符》正是它的演义。朝更代易，院舍早非昔日模样，入内，还能浮想大梁盛景，仿佛听到三千食客放情的谈笑，己身也似在战国七雄间纵横。

入城，过龙亭、天波府，又转包公祠。碧瓦朱甍，皆古式楼殿。大宋气象从一片平矮民宅中显出。包拯名气大，敬祭他的祠却不堂皇。祠后一片水，名为包公湖。傍岸植花，叠石，筑亭，可供登眺。波影也衬着湖东的相国寺，一片鳞瓦在春阳下闪光。过到近前一看，人多车稠，寺旁是个大市场。宋时大约就是此番光景。书上说，寺内有市，四方商旅来京贸易。过万之人相聚，盛比庙会。郑振铎来游，说："旧的封建遗存物死去了，属于人民的大市场正在兴起，那繁华的景象一定会远远地超过《东京梦华录》所记载的。"孟元老在书里有"相国寺内万姓交易"一节，写出汴京喧阗景象，恰可同张择端的那幅《清明上河图》相仿佛。北京的报国寺，一样热闹，终日静不下来。顾炎武选在那里住下，不知道是怎样想的。

寺史可溯至北齐。我入大兴安岭，看过鲜卑祖先的嘎仙洞，可说寻到拓跋氏的根。十六国的乱局终归一统，北魏之功大矣。鲜卑崇佛（太武灭法除外），从平城到洛阳，筑寺凿窟，极一时之盛。武周山和龙门山成了石佛的天下。废东魏而起的北齐，命虽短，尊佛和前朝却是一样的，汴洛之地便又多了这座相国寺。越千年，旧筑毁废，代有修缮。供今人游而观之的，多留清朝工匠的手技。天下梵宫看得多了，每游庙，并无触动。相国寺的八角琉璃殿却有它的不俗处，形制虽未及大雄宝殿饶具威势，总也有特别的地方吧。千手千眼观世音像静立殿中。以整根银杏树为材，雕刀来去，观音大士的眉目也就宛然。这一尊，不及承德普宁寺大乘之阁内的千手千眼观音菩萨高大，造艺的精细犹过之。我游罢普陀山，始知观音变相多至三十三种，男容女态，各尽其妙，放那样多手眼上去，总觉得过于繁密，仰观，深感浪漫而不敬畏。人所崇奉的四大菩萨里，救苦的观世音最能恤民，经了雕工画匠的巧手，也就最亲近艺术。妙庄玉女落户这里，为相国寺添些娴淑气。

我无缘往生清净庄严无量妙土，还是不念大悲咒而读《水浒传》吧。法名智深的鲁提辖闹过五台山，自往东京，在相国寺中重挂搭，弃禅杖戒刀而守起菜园蔬圃。来到寺前，花和尚一惊——端的好一座大刹！

> 山门高耸，梵宇清幽。当头敕额字分明，两下金刚形猛烈。五间大殿，龙鳞瓦砌碧成行；四壁僧房，龟背磨砖花嵌缝。钟楼森立，经阁巍峨。幡竿高峻接青云，宝塔依稀侵碧汉。木鱼横挂，云板高悬。佛前灯烛荧煌，炉内香烟缭绕。幢幡不断，观音殿接祖师堂；宝盖相联，水陆会通罗汉院。时时护法诸天降，岁岁降魔尊者来。

小说家言，极显"大相国寺天下雄"的不凡气象。鲁智深倒拔垂杨柳，真罗汉身体、千万斤气力同弘盛的寺景配得上。我猜想，立寺都邑，把净坊由山林迁至里巷，哼哈二将如守普通街门，在花和尚看，也会觉得家常气过浓吧。

不入山林，也能礼佛诵经，形迹虽处世间而心已脱略俗常的牵缠。我迈进寺门，心就静了，所谓淡泊而致爽是也。寺中一潭水，卧桥，同文庙的泮池仿佛。《无量义经》："法譬如水，能洗垢秽。"《庄子·德充符》引仲尼语："人莫鉴于流水，而鉴于止水。"儒释道走的是一个路子。

向晚，池面粼粼的波光融入渐浓的暮色。我默看自己浮映于水中的清影，正该把白乐天传世的名句轻声吟出："汴水流，泗水流，流到瓜洲古渡头，吴山点点愁。"这寂然的古寺哟，这老去的汴都，何时听得见"相国霜钟"呢？

灵 岩 寺

入山数里，两脚已踏着泰岱西北麓的玉符山了。山有灵，"朗公说法，乱石点头"的传说，增其玄异。钟磬声里习静坐禅，敬佛之思如香鼎飘出的宝篆烟缕，轻轻地往彼岸去。

坛座之上的四十尊泥塑罗汉，以千佛殿为家。宋人造像，多取真人意态，太原晋祠圣母殿中的侍女像可为代表，塑工之妙尤在神貌气度上。罗汉群塑经历代敷彩，青绿朱紫，诸色谐和，更添鲜活的血肉感。一颦一笑又能如真，衲僧的生动情态都可以在这里看见了，又不妨领受一点艺术史的意义。朗公法师和净土宗始祖慧远等圣僧也在这里面，照此看，泰山灵岩寺与庐山东林寺就牵上了因缘。低回之际，仿佛听见众僧不分源流宗派，口念《往生论》，心飞向极乐世界。修持的悠然神意，给山斋佛堂添了活气。有罗汉群像在，再把目光朝高供殿中须弥座上的释迦牟尼、毗卢遮那、卢舍那三身佛上一转，那番结跏趺坐的端庄仪容，未免过于固化，似不及罗汉传神，故而说略也可以不必。在梁启超看，满殿的罗汉像在中国古代佛塑作品中当居首位，"海内第一名塑"据称是他留下的赞语。檐下石碑上，刻着这几个字。

禅院掩在翁郁的古树间，幽深的意思不消去说。更有那剥蚀的墙身，留下风雨经过的痕迹。御书阁的篆字残碣、墓塔林的伎乐浮雕、五花阁的颓毁梁垣、辟支塔的华美铁刹，散布在大雄宝殿的周缘，每一处都负载老去的故事。这又有何可以夸说的呢？比比那株苍雄的汉柏吧，你把目光落在它的粗皱枯劲的树身上面，决不像是默视一堆僵死的残骸，就能够明白强韧的生命是怎样穿越时间而保持顽健的姿态；况且更有千古泰山在前，这座东晋初兴的伽蓝，实在还不能称尊。我所挂怀的，却是朗公以降的山林中人物，心远朝市，意气颇近遁迹江湖的隐士。我看诵经唱偈的僧人，一举一动都有意拖入一种缓慢的节奏，仿佛灵敏的知感正是其所不屑的，本柢也许恰在出家或出世的观念上。心中毫无挂碍，以行所无事为至境，自然也就淡于功名，不慕世间荣利，便只有阅尽眼底风光，朗丽的蓝空让他们眺览，静憩的白云让他们谛视，活泼的溪流让他们聆听。

大片黑色松影筛落的明亮日光，又被扇形的峰岩向天空反射。风声远去，鸟声远去，都沉在山的梦里，像住持僧在墓塔下幽眠。浸入忆之域的我，游走在野花摇曳的山径上，接受光影的变幻，接受情绪的变幻，接受智灵的变幻。刚转到崖嶂的那边，石径就向偏处一折，强烈的日光倏忽被遮拦去一半，落在山景上的美丽光线消失了亮度的魅惑，内心一片灰黯，也无闪闪的流星，也无点点的飞萤。数峰缺处，泻来的是一缕浅红的余晖，仿若一幅笔趣幽淡的禅意画，洗过一样的纯净、鲜洁、明秀。恍悟的我，觉得这山谷飘响的钟声，这沟岭萦绕的泉音，本应一阵阵混入安神的清籁，此刻却如同浪的腾升，幻出千百种形色，令我心魂飞荡。

清人王士祯殊爱灵岩，照他的意思，"游泰山而不至灵岩，不成游也"，极赞此处山色的幽绝。一脚已从青莲宇中迈出的我，想到这番话，目光便越过辟支塔，朝云烟轻笼的山那边望去。我多年前游历泰山，好像也曾在这样一个夏末秋初的时节。遥溯的一刻，不禁含咀起印在那里的旅痕。眼下所见的灵岩风景，一样会让我记取它的特别的好处。

迷恋不知归路，一句暗藏机锋的禅语忽然撞进心怀，是"万古长空，一朝风月"。好了，且留下临去的一望吧。晴爽的天底下，白云的飘影正衬着玉刹的清姿，暗红的寺垣已隐在松柏的静绿中。

汇 宗 寺

"江汉朝宗于海"一句话，跳出《尚书》，植入玄烨心间，待到给这座敕建在朔漠的庙宇赐名时，用了这个典。

今夏，北走紫塞，游眺千里沙野的多伦。说起对这个地方的所知，感慨便跟来了。我在城关镇看见"多伦淖尔"四字。草原上的湖泊在蒙古人那里是叫作"淖尔"的。汪曾祺《大淖记事》是一篇小说，开头就写到它，很美。我读进去，疑心他写起了江南。

在北京人看，眼下的多伦成了沙尘暴的根，哪会想到它也有过水草丰茂的光景？其实，多伦之绿古今未绝。滦河源就潴着一片大水，湖光山色，很清幽。栽了成片的树，大多是耐旱的沙柳，还有杨树和樟子松，把沙荒渐渐治住了。

京城里的人受沙尘之袭，并非自近年始。邓云乡《增补燕京乡土记》中《大风》一节述立春前后黄沙蔽空之状，苦况自不待言。邓先生的感觉却异于常人，他被大风刮出了豪情，并且极尽赞颂："从蒙古草原吹来的大黄风，一直吹到燕山脚下，吹开了冻土，吹发了草芽，吹醒了柳眼，吹笑了桃花，吹起了昆明湖的波涛，吹白了紫禁城的宫娥的鬓发……"昔年的大黄风当是今之沙尘暴吧。若把这话念给我的左右听，不知怎样深叹。

多伦虽在锡林郭勒，牧野之风却要淡些。它的旁邻是河北的县份。东接围场，南毗沽源、丰宁。又要说起那条滦河。我在围场和丰宁的草原，数次见着它的面，到了遵化的喜峰口一带，就蓄为潘家口水库了。一段长城也隐伏在静缓的水底，不露它的雄姿。南经滦县入渤海时，其势汤汤，已衍成一条大河。我对滦河有情，是因为过去的生命和这片大平原深存关联。我曾经把自己在滦河岸边的一段经历写进《春雪》，这是我的第一篇小说，唐山的《冀东文艺》发表了它。一晃，二十年过去了。谁言"事如春梦了无痕"？有这番牵扯在，我在多伦，望滦源而心动就不是无端，且自忖将有事于此段山水了。

汇宗寺是一个历史符记，带来的尊荣和显誉，多伦人至今还在受用。那次隆盛的会盟已在三百多年时光的逆向流程中，永逝的影像清晰复现，旋响着遥远声音的全部生动与真实恍若刚刚开始。高原的碧空下，飘旌舞纛，兵戟仪卫，一派雄武之气。龙帷虎幄镇服桀骜的浑善达克沙漠，玄烨轻拂龙衮，西望龙沙，神思越千年。隋炀帝在焉支山下的山丹草原搭设行辕，面谕二十七国使节，祁连俯下昂翘的头颅，弱水止息奔涌的激浪；而今，在兴安岭下的察哈尔草原，奉诏令，漠北喀尔喀三部、漠南四十八旗蒙古王公台吉各依位序，仰瞻天颜，俯聆圣谕广训，聚而图议国计。滦河之滨，龙逸凤集，盛典赫赫。玄烨的目光投向沃原和高冥相接的远端——一轮破云的太阳幻出五彩光晕，丹墀石陛一般环绕着太和殿，仿佛又从金漆雕龙宝座上喷射出来，穿透紫禁城厚重的宫墙，映亮霄壤。平服变乱，庆典的鼓乐喧阗，震击着沉睡的朔野，若"与百神游于钧天，广乐九奏万舞"。塞鸿的飞翅掠过，一声尖啸划破朗阔的清穹。转瞬，烈马仰嘶北风，又把这位征战的帝王引向飞闪着刀剑寒光的漠南。收拾舞衫歌袖，亲率靖难之师跃出神武门而北伐已在昨日。

传檄千里外，烽鼓动地，兵戈遮天，铁骑长车，驱驰纵横。飞镝流矢碰撞着，蓬蓬蒿草间遗散着无数冷硬的枯骨，新堆起座座宿草轻拂、秋虫低鸣的荒冢。曾刺透铠甲的箭镞锈蚀了，凝一层仍殷的血污。寒日凝愁，野风吹哀，苍烟影里，战马犹在狂吼，军笳犹在悲咽，阴郁的云影和凄凉的暮色笼罩无际的沙原。昏鸦衔一缕夕光，低旋于古战场上空。丘树间传出几声清唳，哀哀地伤吊苦战中仆身的无名士卒。

王师北定，噶尔丹的幻梦在玄烨高擎的长剑下散碎，浮埃般落定。金瓯无缺，坐帐戎旅的清帝郁闷轻舒，抖去袍袖上的征尘，仍乞灵于宗教。他要在摇草的莽野修筑一座凝聚满蒙精神的宝刹，彰显"惠此部旗，以绥四方"的勋绩，如古颂歌所唱"播仁风，流惠康。迈洪化，振灵威。怀万方，纳九夷"，希求成吉思汗的子孙有沐恩之感，永世亲君；而"汇宗"二字又向天下昭示清廷的宏阔气度。在地旷天低的北疆，矗立此种碑碣式的建筑，则见证永固大清宗庙社稷的壮心。"以德行仁政者为王，以力假仁者为霸"，皇建其有极。玄烨文武并用，垂衣裳而天下治，皇统相承，帝业的遗泽就深钤于千秋编年。会盟罢即返京师。玄烨行于途，说："昔秦兴土石之功，修筑长城。我朝施恩于喀尔喀，使之防备朔方，较长城更为坚固。"浩荡皇舆走的是经过古北口、独石口还是张家口的驿道，我不能详知，却推想，他的这番话，大概是仰眺盘陀于燕山峰巅的长城时讲出的。此刻，他或许满心安闲自得。弘历这样赞他的祖父："备边防，合内外之心，成巩固之业。"苍莽的木兰围场回响着先帝"秋狝习武，绥服远藩"的余音，雄奇的浑善达克沙漠记录着会盟庆贺的史实。漠野之上，八旗兵的演武之声随风而逝，连营故址撩动他挥写出那篇《虎神枪记》，敬献于昭穆列祖的庙堂。

在历史面前，多么高贵的血肉之躯也如同易逝的时光，连同负载的尊显和荣耀必会朽去，正如权力无法永在一样。故此，历代帝王多醉心在大地上为自己的生命痕迹寻求一种不灭方式。鼓角声里将兵纵马、长驱边草的玄烨，选择了文字的诗，更选择了木石的寺。光环下的名字和功业便能够依附物化的载体成为持久的存在，而不必担心叫后世的史官挥笔尽删。他这样思虑着，深怀不宣之秘躲进自构的幻境。面对人生的终极困局——死亡，天纵之圣精神的浅鄙与灵魂的孱弱忽然放大，阴影般吞没傲世的心，赫赫皇权也无力填补这虚空和苍白。于是，宗仰空门，将灵魂送往佛的面前，寻求宽宥与解脱，成了在上者相沿的老套。托体仙陀，飘然如入灵境之际，或许是自我安排的最好归宿。佛踞的莲台，仿若金銮殿的御座。玄烨也似一尊佛，低眉静观无限江山。殿阶之前，平衍的草野连向远方，铺展成大清神圣的版图。芊绵青草下，犹未干去的是饱沃野戍的战血。

苏轼"一纸清诗吊兴废，尘埃零落梵王宫"一联诗，或可道出帝王内心巨大的遗憾。昔年的寺垣大半坍毁，碑表残毁，庙貌不如昨，仿佛前朝遗事在岁月的磨蚀中一点点风化了。萦于怀的，尽是白头宫女重话天宝当年的伤情。不见敞阔的殿院，金猊烟消，银鸭无香，唯余一撮冷灰。躲过风雨之劫的鸱甍指向苍昊，发着无声的怅叹。南望昌瑞山，幽墟深处的玄烨还能在荣哀之颂中安眠吗？

佛宇重葺，不过是用敷设的油彩还原无法仿制的历史。

靖边绥远，一次会盟带来一座梵宇，带来一座繁盛商埠。一条通达蒙古的商道从中原腹地蜿蜒而来。多伦稠密商肆间，垒建起山西会馆，喜庆日子，优伶粉墨登台，蒲州梆子、饶鼓杂戏满院传响，把乡关之情送给过往货贩。晋人吆引着驼队，满载茶叶、皮毛和铁器，穿过大境门，缓缓走向口外，迎头吹来坝上劲爽的风。燕山雄峭的影子在身后渐渐远去，兴安岭如一片茶褐色的云，从东北方低低压来。思乡，怀亲，奔劳的晋商，依然不肯停歇酸胀的双腿，前面就是"半城寺庙半城商"的多伦，慈婉的白度母正在汇宗寺的廊壁上望着他们，娴静的注视中，柔柔地含着天国的温暖。此刻，高原的太阳飞散着奔星似的亮斑，煌煌金莲花幻作铺满绿野的金银和珠翠。

高原人眼中的青草，是畜牧之根，而在骚客那里，则是沛然诗意和多彩情调的来源。草原能够容纳最浪漫的想象。沉陷于遐思的一刻，眼前浮出的一切似添了不淡的画意：漫漫商路上的行旅，走过黄河两岸的沃壤，走过长城脚下的乡野，一步踏上蒙古高原，在海洋般的牧场穿越，途中的疲累尽消，单调无味的驼铃声也欢快起来；花痕凝碧草萋萋，这些别家远行的人，迷失在绿色的风景里……便是年深月久，也褪不尽画色。生命的记忆如一片美丽的叶子，闪耀着无数细节的光斑，悠悠飘入晋商发迹史。

檐下的铎音在风中颤响，诵经唱偈之声只留在后人的追述中。随时间一起苍老的萧寺只能成为怀旧的对象，成为古代宗教史上最后的遗产让后代凝望。佛光万丈，庭砌、钩栏、雕梁、画栋，熠熠焕彩，撩人涵泳建筑语言深沉的内蕴。身入了这样的觉苑，始知帝威和佛力相融于木石之筑，当会固守千年的形制拒绝任何变易，以高傲的姿态远离一切新的时髦，在珍存文化的古老元素和传统品性时，呈示着自己的神圣。

带着宝篆的微香，旅蒙的商人朗声吆喝载货的驼队，放步离开这座高原的檀林。消逝在草原尽处的背影，永远移不出白度母护佑的目光。

开 元 寺

　　我一生多方游走，探山访水，渐有所窥。又好形于笔墨，故历来写成的文章里面所有的就只是这一些东西，如知堂说的"它所给我的大约单是对于某事物的一种兴趣罢了"。积以岁月，人家便以游记作家而视我了。听着耳旁所绕的话，我也别无意见，到底我从云水生涯中认识了许多胜迹。中国的名山古今又常为僧人占着，每入庙，同一庭坐卧之佛相往来，似乎还染了一点禅气在身上。我所落在纸面上的文字多少年来总是那一套，亦不免为笔域不能广远而自愧。

　　近时在写承天寺的文章中我曾这样说，人佛相处，是开元寺特别的地方。此话算作我直观后的一点浅见。人只一位，是尝披剃而入钱塘江畔虎跑寺，潜修律宗的弘一法师。他走入佛的道上来，缘由非我所能解也，故也没有一番话要说。他的遗骨部分葬入虎跑。这里的几间屋，放着的是他的旧物和遗照。世上已无李叔同，念贤哲如此，亦复泪飞如堕。

　　佛像遍全寺。世间风雨到了佛上，似都消歇了。纷扰变为安静，焦躁变为平和，狂怒变为柔顺。庭院已够阔大，站在古榕枝叶下，一望而闯入眼来的，便是那一座檐下悬着"桑莲法界"巨匾的岿然凝立的紫云大殿，在浮着薄云的晚空下面，犹如穆穆佛身一样。里面高供的五方佛，圆脸、修眉、细目，唇角微含一丝笑。天下佛塑，相似大于相异，共性总是占着较大的方面。区别仅在手印上，而我却辨说不出一句来。默然的我只好和众佛一起聆赏飞天乐伎在斗拱上的曼舞，那里有艺术的个性，那里有情感的渗入，飘带轻盈地挽着流云，凉月弯曲地钩着夜天，我和佛一起浸到戏剧的情境里面去。

在寺内呼吸的也不都是端凝的空气，静听的也不都是沉闷的唱偈。明人在檀香木上雕出的千手千眼观世音菩萨，美丽得不可以言喻。我在泉州的几日，和一些来访的演员同寓承天寺对面的鲤城大酒店。这些口不能语、耳不能听的聋哑青年，却把来于千手观音的灵感化作舞蹈语汇。一切都在无声中展开，一招一式准确地衍示生命的情节。灿亮的光雾里，柔若无骨的臂膀盈闪着玉的温润，伴随如水的音符，交聚成手臂的丛林。每一次流畅的转摆，都精准地落在艺术表达的细微部分，轻旋起梦的彩环。内心的光芒散射着，照彻世间的角落。恍兮惚兮，暖暖的风吹来天国的馨香，清醇、淡远。袅袅的梵乐、翩翩的仙舞，贴近心灵，圆融得无法容忍任何硬性的解构。灵魂的声响不待我的领悟，飘云般的舞影就舍弃期待，永远脱离视线的牵挽，时间一样不可阻留。无数瞬间闪逝的动作编创成舞蹈的整体，奇异玄妙非寻常语言所能描摹，须得用着无限度的想象和超卓的心理能力，才可以感觉与体验，以至从中看出和日常生活的某种联系。照此说，我和他们，真算得一次佛国的巧遇！甘露戒坛里的寒山、拾得菩萨像，笑谈的那种样子，也很含着人间纵乐的快意。明代的以紫檀为料的地藏菩萨，木质已带几分枯，把不易说清的沧桑感无遗地表现在上面了。而唐朝的带须释迦、阿弥陀佛，明代的达摩祖师、伏虎禅师，又都在辉绿岩上刻出，生命的依存方式原不必只在血肉。把这些不可能直接存在于客观实际的形象创造出来，伴随想象而至的灵感活跃于物质材料中，通过艺术传达的进程，对佛的崇仰的理念获得了物质存在的形态，让人感知西哲所谓"灵感的无理性"而服从着神的意志。我虽不好臧否这话，心里却隐隐地有了呼应。我的感觉力在佛前一点不灵。对于释家天地，我的欣赏只限于感觉的一层，就是说，感性的接受倒不费力，理性的肯定便难期了。我看佛，依自家法度，只求直觉的满足，不求认识的深刻，故而有负其客观的价值。假定我对梵界多所知，观佛大约就能动心，就有情绪的敏感。若要从这里面找出一点原因出来，就得走入审美境界。被我感受着的，是诉诸视觉的造型艺术，来充作媒介因素的是冷硬的木石。它们载着艺术的匠心与情感，在空间和谐地排列呈示着自身的体积与面积。我不再注意木石的自然属性，我领受着感知着的是邈远的佛境，实则还是柴米的人间。它补充和丰富我的视觉经验。嵌入我的视觉印象里的形状、色彩、线条，又作用于思维，引起我的联感，想象着佛陀的庄严、菩萨的温婉，禅林清远的钟磬声震颤着山林的晨昏。这普世的暖意呵，催生我青春的欢欣。由此，美学家说的"某种可视可听的感性材料所构成的艺术形象的直接性，诉诸欣赏者的想象力，通过欣赏者相应的想象和联想活动，可以过渡到对于形象间接性的感受"这话，就找到落实的地方。感觉经验承载的间接内容更丰富，更多彩，比起直接反映，间接反映更接近内心。佛的表情、动作、神态这些形象的可见的东西入了眼，我便从直接的感性因素出发，去把握间接的理性内容，又将其化为语言——思想的直接现实。我是把造型艺术里间接表现着的情感和精神活动又直接地表现着了，却又将原本在造型艺术中直接表现的佛像的形貌间接地表现出来。感觉的艺术和思想的艺术互转着，直接感受的鲜明性、确定性，间接感受的隐约性、易变性，汇流似的激涌着我的心。我所能做的，是把佛像形体的可感觉性通过体验和想象转化为词语符号，在纸面幻出如真的映象。我在艺术的复制中进入佛的心境。这样絮语，久抱乡愚之见的我，像是替美学家在此论理了。

　　寺内之筑当然还要数到东西相望的镇国、仁寿二塔。塔身上下，遍雕天王、力士、菩萨，又为莲花、卷草、雄狮、翔龙烘衬，很拥挤，很热闹。看它们俯视万家、仰摩清霄的昂然样子，直想把姿貌追摹出来。但塔身连着史与识，总应专意作出一篇所载翔实的浮屠文章才更妥当。

承 天 寺

我对承天寺的留意，起先全在它的名字上。苏东坡《记承天寺夜游》是一则有名的小品，为多种古代游记选本所不舍。我从前不自量，也写文把它鉴赏过一番。后来去坡翁谪迁的黄州，只顾游赤壁，这座承天寺的究竟，却连问也未曾。

苏东坡记寺，到底还是寄慨，而非述游。说来我又是最不长于空论人生的道理的，笔虽向着承天寺去，实意还是用文字把它收在心里罢了。

承天寺临街的一面，匾上题了"月台"两个字。我即断定这里是一处名胜无疑。待到朝深处走，见到它的山门和"泉南佛国"题壁，便同这座"闽南甲刹"有了一段牵扯。

天已向晚，逢着修葺的寺内，来看庙的人没有几个，饰彩髹漆的工匠也歇身了。殿前一片安静。多忧的人说，历代的加修会磨损古物原本的面目，其实倒也未必应了这句话。南方的寺庙，以我的眼看，不广而精，专在雕花绣凤上用力，细处上的匠心也能蔚成大观，去补尺寸上的短欠。方圆之内，也凑齐十景，为他处庙宇不常见。我不惮烦，择此处照抄，只看字面，就得三分城市山林之美。是：偃松清风、方池梅影、卷帘朝日、榕径午荫、塔无栖禽、瑶台明月、推篷雨夜、啸庵竹声、鹦歌暮云、石如鹦鹉。随景赋名，我一向是佩服的。学问好之外，道心又必不可少。琢磨出这十景的，应当是一个里外清凉的人。

佛界无边，把四面围起的墙壁只隔出空间意义上的地带，却无法对精神的疆域做出限定。心沉下去，已经听不见震颤于空气中的噪音了。一阵钟，一阵磬，才更清亮，像从梦里传来。

喧杂俱消。每在静下来时，心便空了，且拒绝纷乱的感思来扰。这滋味的苦甜真还说不出。人是奇怪的，总愿触及远离自己日常范围的种种，从中寻找贴近灵魂的部分。而佛境同我究竟是隔膜的，它始终是一个超越生活真实的世界，信仰的差异又决定了进入的难度。相遇的刹那，我却微感着灵异的力量。此刻，最能同心境契合的事情，只有默默望定释祖半睁的双眸，接受启迪和暗示，暂无旁虑而随他往众香国去了。

霞彩在池水里舞蹈，正鲜的花似的。虽不逢早春的天气，寒梅的艳影已依稀可赏了。榕树皆老干而非新枝，作深绿色，苍劲之姿如开元寺八百年古榕，昂立大雄宝殿左右，俨然护佑金刚耳。两厢廊下，塑罗汉像，古铜色的躯影闪着冷厉的光。一庭英雄！神态面目只可端详出表浅的一层，七八分深意我却看不透。南北莲宇，罗汉不陪在释尊身侧而立于殿外风雨中，倒也有些，每看到，总觉得是破了常格，过深的用意，惜我辈不知也。而一眼扫来，就能把我的心思看透，却是他们的神通。木石之身，在一雕一塑中胎孕，沾了佛性，精神脐带的一端，紧系着人类的母体。从如来淡定的目光，从观音温婉的笑纹，还有罗汉的灵慧、金刚的雄威，观照一番，只想看作人类异化的表情。宝刹是漫漫尘途上的驿站，心神劳倦的人，在这里安歇，看众佛眉宇间不变的颜色，看众佛坐立中凝定的姿势。一瞬即永恒。到了闽南这石艺之乡，又特别显出雕刻的好处。承天寺的罗汉，好像全是浮镌于廊壁的，运斤成风，比起木雕泥塑或者艳彩壁画，骨力倒在其上了。

天下仙陀，佛是常主，仆从却是僧伽。大雄宝殿的烛光幽幽，释迦高踞在灼灼的圣焰里，向世间垂下慈婉的眸光，端凝、渊默得不可形容，语言的饰片也无法贴附。几位素衣禅客埋头忙活，手脚轻缓，一如坐禅诵经般虔诚，又有扫榻以待的盛情。香鼎蜡台拂拭得不染一丝尘，烛炬闪出一片淡红，使三世佛前的光景颇似梦中的片断。只看佛身下精勒纹缕的莲座，殿檐下细雕繁花的雀替，又是循例于一般梵宇琳宫的。对于建筑的理性原则孜孜坚守的同时，《营造法式》中的诗意表达何曾有一刻的忘却？飞翘若燕尾的朱甍，为闽南之刹独异的形制。梁上檐下，还真就栖落几只晚归的燕子。霞光尽，月朦胧，暝色中似还留恋欢斗翠红的欣悦。它们不识佛，只消得一段春光来舞翩翩的双翅。"荒草谁家深院落，繁花何处好池台"这样的诗咏，不过是一己的遣怀吧。

我虽非平居无事的闲叟，也发髀肉复生之叹，便想出都门而入山访寺。谁料泉州僧院近在曲街斜巷间，不必远遁林泉就能求隐，去做世外之人。此承天之胜也。还有与它鼎足的开元、崇福二寺，也是一样。我思忖，必得让出几日工夫，方可看得尽泉南的伽蓝。

人佛相处，是开元寺特别的地方，也意味着观念的交混。供佛焚香的紫云大殿自不必说，叫人夸在口上的双塔，佛菩萨的浮雕也是遍全身。我却把兴趣的多一半给了李叔同纪念馆。法师的血肉被时间风化了，留在纸上的光影可以烛亮塔寺的每个角落。承天寺格于成例，远人而近佛。佛是信仰的符号，维持其存在的，不是富含大地精华的五谷，不是滋润焦渴身体的流水，不是阳光，不是空气，却是心中虔诚的意念。我在承天寺里的流连，所能体会到的，都和这个意念相关，而佛的面目我竟看不清。看不清大约恰是游庙的实际心得，心只落在悬空的地方，如酒后的微醺。这时，"朦胧"两字我仍有拿来一用的意思。

每在万籁消隐的静夜，想象便浮动起来，清晰地展开明亮的层次。它是灵魂的津梁，接合着虚境与实境、此岸和彼岸。

附记：前年我编《走遍名刹》这书时，自知天下禅林无可胜计，穷尽怕是办不到。其时如果游此寺，名录上自会多添一家。

南 华 寺

　　《禅外说禅》刚印出来，张中行先生送我一册。翻看，南华寺山门和六祖慧能真身照，外加敦煌本与明北藏本《六祖坛经》书影印在前几页。我对南华寺最初的印象便由此来。时间荏苒地过去，将近二十年的旧事，如今想起，说不清是书缘还是佛缘。我不谙禅，想到光阴的流走，叹多而悟少，至多聊发儒家的逝者如斯之慨而已。

　　汉传佛教，可以用禅宗来包括一切。天下禅僧，皆以南华寺为祖庭。在张先生看，禅法"作为一种对付人生的所谓道，是向道家，尤其庄子，更靠近了。我们读慧能的言论，看那自由自在、一切无所谓的风度，简直像是与《逍遥游》《齐物论》一个鼻孔出气"。从《六祖坛经》和《南华经》里，能够品出一点相近的味道。释修心，道修身，二家在部分观念上合了流。

　　道人惯于抱朴守素，佛家像是破了这个例，至少在寺宇的建造上，不肯对付。阅世一千好几百年的南华寺，顶着祖庭的名声，更要等而上之。匾题"曹溪"的头山门，崇宏之态自不必说，一进去就觉得气象巨丽，把左思《吴都赋》中"飞甍舛互"的形容放在这里，也受得起。五香亭筑起一座石桥，游寺之人过放生池，就好比经棂星门而入文庙，行于泮池之上的状元桥。匾题"宝林道场"的二山门，证明此寺曾有一个"宝林"的初名。大门开敞，好像迎着无数敬慕的心。便是朝谒皇家宫阙，料想不过如此吧。

中国梵刹，形制都有通例。南华寺也是一样，只是格局大得好，大得气派。天王殿、大雄宝殿、藏经阁、灵照塔、祖殿、方丈室，正南正北，全在居中的一条线上。在北京城里久住，走熟了永定门到钟鼓楼这十几里街路，对此种方向感，会觉得习惯。

纵的是轴，两边还有分列。东路是钟楼、客堂、伽蓝殿、斋堂，西路是鼓楼、祖师殿、功德堂、禅堂。我过去以为千庙一面，转悠半天，全寺建筑的大略也不挂在心上。就是说，观庙在我不守一定的程式，东一眼，西一眼，只求随便。可是到了六祖的家，竟然也学灰衫僧人，低头轻步绕院走，却瞧得细，瞧得周详。一切看在心里，才是以寺宇为精神之宅。对禅家宗义领受的深浅先不说，至少没有枉对历朝工匠的苦心。

殿宇所取的重檐歇山顶，为中国古代建筑所常用，宫城和寺庙尤其认可它，竟至固化成为难变的模式。皇权的威仪、宗教的庄穆巧妙杂合，构成强硬的权力法则，影响着建筑语言，也渗透到欣赏观念中。象征与暗示产生的强大力量，使人无力悖逆多维的审美逻辑，以至窥见政治隐情与生命意识的蕴藉。青砖墙、碧琉璃在六祖栽植的水松间泛出光影，我稍稍听了一阵细叶榕上的风声，目光朝诸殿一扫，便停在脊刹上的琉璃珠、蔓草式的鸱吻上。鳌鱼和夔龙也成脊饰，白云之下，正好显出瑞兽的姿态。不看神龛上遍贴金箔的三宝大佛，不看屏墙后倒持净瓶、轻拈柳枝的观世音，更有那塑在四壁海浪间的五百罗汉，只消斜瞥殿中覆盆式石柱础和花格门扇窗棂，就知道过眼的种种，无一不在创造着精神表达的物化形式。

南华寺的外观，可说庄穆其表；动灵其里，则在祖殿。慧能的真身，静静地安顿在佛座上，看那端凝的风度，一副禅定的样子。皮骨实存，形相若生，究竟比化身更耐端详，也配得上身后"本来面目"的题匾。我看慧能低眉之下微合的眼睛，仿佛若有光，推想在烛影之中细意端详，恍如能见到眼角唇边轻浮的笑纹。慧能的肌体内，依然流动精神的血液。就记起当年他和神秀争做六祖时分别题在廊壁上的偈词。神秀"身是菩提树，心如明镜台"，绝；慧能"菩提本无树，明镜亦非台"，妙。以隐语的方式作偈呈心、见性，论悟境，还是慧能占了上风，五祖弘忍遂付法传衣于他。沉于佛史，由禅界的立宗分派而想到更深的一层，比如慧能领衔的南宗的顿悟、神秀领衔的北宗的渐修之类。慧能这一支，势力大，终成正统，门下别出青原行思、南岳怀让、菏泽神会、南阳慧忠、永嘉玄觉众弟子，弘传禅义，各成宗风。法脉传嗣，衍出曹洞、云门、法眼、临济、沩仰五宗和黄龙、杨岐两派。我抬眼看看慧能真身之上的横幅，"一花五叶"这几字便入了眼。不谙法门的我，鲜闻其道，至于佛家常识，亦少彻见神会，南禅的顿教、北禅的渐教，更要费一番琢磨。虽则暂不能尽破妄知妄见，心也醉入拈花笑处。能有这一点浅知，我自会感念祖殿正中端坐的这位。照此看，这"五叶"之源的"一花"，绕开初祖达摩，说是六祖慧能料也无妨吧。

祖殿门侧放一张桌，守一僧，长着白润的阔脸，见我站在近处，从抽屉里取出一叠纸卡，抽一张给我，上面印着的恰是六祖的坐像，看去正和龛位上供奉的真身一样。我连忙称谢，他亦会心微笑。

殿外檐下，几块石碑嵌在青壁上，位置虽然矮，那字句含着的气象假定可以标出长度的话，却是高出十丈不止，竟至远上苍莽的庾岭。其中一块镌六祖偈词："菩提自性，本来清净。但用此心，直了成佛。"

转到寺院的后面，刚刚沉进去的禅梦就非得醒来不可。一大片古杉树遮出浓浓的清荫，一些游人倚着溪旁一溜半圆的石栏歇息，又像对着隔岸那一座奉祀虚云长老的殿堂暗忖。朝右边去，步过溪谷之上筑起一座伏虎亭的飞锡桥，正迎着额题"天下宝林""曹溪圣地"的石坊，慧能浣洗袈裟的卓锡泉就在近前。这眼泉在全寺的东北隅，虽则偏了些，却也幽了些，妙了些，无疑可以插一段传说进去，招诱得泉前密密地排了两队人，各怀不浅的虔心，等着掬饮从那龙嘴里流出的水。我想若汲满一壶，沏泡南华茶，不消说杯中的风味如何的甘美，清心怡神那是当然的。这一刻，浮沉的魂魄沾了山林之气，心逐曹溪春水，神醉象岭秋麓，忘记了太深的忧劳，忘记了太大的世界。宗教的力量，使梵刹成为信仰的场域。

待我才把泉旁苏东坡的《卓锡泉铭》略瞧了一番后，太阳刚好映在灵照塔的檐头，那飞落的一束光，仿佛安坐塔内的毗卢遮那佛的笑影。

云 门 寺

乳源云门山，草树葱翠。慈悲峰下有古寺，文偃禅师的云门宗在此开创。

游寺并非一步就到那样容易，车子不知得绕过多少弯折的山路，叫我这一年中总有几回在<u>丛山</u>间行走的人，要费些劲才辨得出路径来。粤北的秋景在车窗外偶尔露一露面目，我也不能记得，留在印象里的，是不很高却长满树的绵延峦冈。山道断而又连，点点的瑶寨散布在盘曲车路的两边。

到了山寺正门。最先到眼睛里来的，是那座不算旧的牌坊。四近看看，周遭尽叫山峰围住，在感觉上似已断了和外面世界的来往，这也恰是禅家以为得意的天地。乳源县志上对这座云门山大觉禅寺的记载，我到眼下为止，也还不曾读过，却也知道此寺的建造，比曲江的南华寺迟了四百多个寒暑，而开山的文偃和尚，嗣法脉、弘宗风，当能博六祖慧能一笑。

明黄的墙边，平铺着几块飞绿的稻田，和邻村的菜圃连在一处。我猜不出这田产是寺院的还是庄户人家的。瞅瞅禾苗的长势，侍弄得还算不差。矮塍围着浅浅的水，秋阳底下泛出安静的光。到此地一看才约略明白佛书上所说的云门宗农禅并修的意思。看见的这些，又梦里见过似的，心里便像是添了"梦觉"这两字。

有条柏油路直直地通到里面，也有些花草树木丛植在两旁。人在这一条路上走，用力吸几口禅界的空气，心会闲起来。路边一道水。有个黄衣僧人绕水而走，一下一下敲着手里的梆子，刚进寺门的人都忍不住朝他看。那轻振在空气里的脆硬声音近在耳旁，在我听来却远在另一个世界，每一响虽极短促，意味又极深长。

一座青色拱桥跨水而卧，石栏上刻着"孝思桥"三大字，含着的意思从字面上不难揣测出来。几个穿着青灰色僧衣、褐色袈裟从左肩披裹下来的老年和尚蹲在桥头，个个面白体腴，说的却是日本话。是从京都、奈良前来续佛缘的吗？我一个禅界之外的人哪里知道。其中一位扬手向水面撒食，诱引清波中数百游鱼朝他来。桥下这道水，说是放生池也是对的。便想起郁达夫的《从鹿囿传来的消息》那一篇散文，里面记述了他在东瀛游奈良法隆寺和大佛寺的经过。

云门寺屋栋甚壮，在建筑格局上也同平常僧蓝并无二致，山门、天王殿、大雄宝殿、法堂、钟楼、禅堂、斋堂、功德堂、延寿堂照例都是应有的。材料上说，寺中堂室的大部，为数十年前住持虚云募化重修，在我想，这古寺的可看，还在于它的同从前一样的缘故。

一样的更有上殿、过堂、坐香、出坡诸日常佛事。无数晨昏，寺中人所忙的，除去吃睡之外，差不多全在这玄而空的仪制上。禅家道风在幽深的山中也不减色。时辰还早，一片梵呗已在大雄宝殿里响着了。住持升座，僧众肃立听法，素净的面容静如水，这是戒定时才会浮现的表情。所谓上堂的律仪便是它吗？香赞的念诵声里，一队身穿褐色海青（或为"紫而浅黑，非正色也"的缁衣？我也说不准）的寺僧出殿右转，在廊下绕院而走。此种僧服，宽腰阔袖，圆领方襟，款式近于袍，胖大身子才撑得起。一片影子映上墙，也是一幅笔墨清淡的禅画。他们回到殿中，又在佛像前依次站好，钟声里的诵唱更觉入境。门外阶上，站着两个小沙弥，一个戴眼镜的执着香炉，另一个执着木鱼，白嫩脸上透出的表情温静而虔诚。我虽在凡间，也不免对禅院里的一切产生好奇，并尝试对禅理寻索一点浅知。云门宗的"函盖乾坤句""截断众流句""随波逐流句"，即所谓云门三句，真是"简而不着边际"，佛性浅者，难懂奥妙。《五灯会元》卷十五：

问："如何是佛法大意？"师曰："面南看北斗。"

文偃禅师机锋灵妙，比起"风送水声，月移山影"一句，虽在味深而隽永上不及，却唯独来得爽利，如脑子里的弯，转得陡，转得急，迅捷明快而使人豁然开朗，就不免称绝。南宗禅法的顿悟境界也即如此吧。禅家语录多以自然之景释佛义、明本心，平素走山水的我们，惯看飞花落叶、清潭月影，除去几缕惆怅，又能明了其中多少深意呢？参禅修道，求得慧悟而心入佛理，这对于闹市里和小沙弥一样年纪的人来说，是多么渺远的一件事。这样想着，再端详诵持的小沙弥严恪衿庄神态，更觉两样。诵经，是对佛的膜拜，还是对心性的修炼？浮世多舛，习禅，能够解开精神的系缚，化迷为悟，会使心灵的一角明亮。

登上寺后一座双层禅房，两三僧人倚着窗栏闲聊。袅袅的香篆在佛塑前缭绕。左右的对联颇耐读，我缺少可供凭仗的慧根，眼观，口念，想记在心里却未能，仿佛对文偃禅师失了敬意。

从寺院转出来。向东这一边，可以往后山去，更望见蓊郁的竹树在渐起的峰岭上摇起一团绿影子，吹来的风里还带着桂花的香气，并且隐隐听见涧谷中悬瀑的飞响，所以有桂花潭的名称，寻常山景是可以敌得过的。访寺过后别有风光待赏，可说二美具。就踏着一条如同蛇身般的狭径转到寺后的山下，来寻那片幽静。粤北的秋天，不染萧瑟之气，一片清凉罩住寺的东面靠山处。亭中坐着游人，满身都是绿，我没有细听这群养闲的男女所聊的话，单看悠然的神色，可知游过山和寺，心态仿佛便不同了。古树伸到天上去，太阳光给挡在一边了，不像在寺院的广庭里总也躲不开日头的晒。我连是什么树都没有辨清，只记得遮下的一片阴凉让人心里静，身子坐在这里便移动不了了。白天人多，暮色下来，逛庙或者汲水的人走光，若在这里静听一夜泉声，梦也清了。把眼睛再抬高几分，望见几进院子的后面还立着一座楼阁式佛塔，好像在山与寺之间完成一种气势上的映衬。可惜若以画眼打量这塔，样子还欠古旧还欠苍劲一些，在青绿的林麓深处未免有点不很适配。

人为草光花气所醉，恍兮惚兮，我也不知道自己的身子究竟来到何种地方，似把那天下风光尽收在胸臆之中了。石径又曲折地盘到山腰去，在几块铁壁般的石崖后一拐，断了似的，实则是诱着爬山人不歇脚地直奔更深更高的山里去。我朝一层一层曲绕于峰峦之上的阶径瞧瞧，斜覆出去的叠嶂巨岩那边，一定少不了石碣、古碑、崖刻，我也无心一步一步地上去，欣赏古人的字和诗。起身离去，心里实在还是留有余恋的。

我自知不谙佛法精义，更无立宗弘法的大愿，求取梦幻空花的妄念也断无，对着融化在阳光里的远山凝眸，心就同野鹤一样的朝向苍茫云天了。

天 童 寺

　　杨柳三月，我在扬州，曾倚大明寺之槛眺云飘青山，听鸟叫深林，真如古德言："大家颠倒舞春风，惊落杏花飞乱红。"九月秋光里，我又走在明州天童寺前的绿荫道上，左右十里长松，如印灵踪。还有竹，真正的修竹，同我在九华山中看过的一般气势。绿映山寺前，是所谓灵泉竹吗？如果点头，仍是从古德之说，是"不从栽种得"，而且有诗意："三冬瑞雪应难改，九夏凝霜色转鲜。"天童之竹，浙东独绝耳。

　　古山门立翠影下，貌古，有野意，所依傍的，是两边田舍乡风，绿垄深处，似有牧笛伴与的清歌飘响，其词应当是这几句："芦华白，蓼华红。溪边修竹碧烟笼。闲云抱幽石，玉露滴岩丛。"这一刻，宜静坐檐下，品一瓯苦茶。

　　仍是遥通寺门的长路，走尽它的一段，是漾于高阶前的万工池。张宗子谓其"绿静可鉴须眉"，这是无从疑的，松竹之影自太白山悠悠飘下，环池皆翠。名"万工"，想必入山疏凿它也是大倾人力了。杭育之声早被岁月的风吹远，侧耳只能听见鱼跃的轻响。我看这里颇如厦门南普陀寺和九华山化城寺前的碧池水，淡笼寒雾，犹纳五湖烟景。假若找诗对景，也不难，是《景德传灯录》里的两句："风吹荷叶满池青，十里行人较一程。"栏边横列佛塔七尊，凑成浮屠之数，虽静立，也仿佛暗含无尽言语。陶庵老人谓"傍有大锅覆地"，是龙其遗也。我虽未见，却猜想，大约是那口有名的千僧锅。我多年前在粤西鼎湖山中的庆云寺，也是徒闻供众僧水米的千人锅而独不见，就胡乱想，我如果是僧，游方至岭南，怕是会饿肚皮的。在江北则不同，我见过的千僧锅，是在五台山的文殊寺（这口锅，深圆似不可测知，铸于明万历年间，比天童寺的这一口，要早数十年），粥馍汤菜之香也仿佛四外飘。

殿宇偎山而筑，和别处的寺院比，同中之异，是大，广占林野，蔚成东南佛国之盛。入了这样的大伽蓝，山林气是要重得如病了，以"泉石膏肓，烟霞痼疾"八字似能状之。

山斋佛堂大观，只是在往昔，我在今日能够看到的，唯所遗的一角，纵是雪泥鸿爪，也足堪在浮想中摹绘旧日盛景。天王殿里，笑佛配以四金刚，身量甚高大，始惊我眼目。入于胸次，至人"诸佛被我吞尽"的大话移用于我，是要颠倒着来说的。"清静性中无有凡圣"的论调，在此时就颇可怀疑。

如来佛的面目，我早已看熟，土身木骨，五彩金装，以堂皇大殿为家，居山之年不知其久。我看佛，素不俯首，盖心非有所宗。比较着说，我以为释祖涅槃身姿最含感情，号为第一者如张掖大佛寺里的那一尊，惹人流连不去，还仿佛能够听到世尊之音："汝等善观吾紫磨金色之身，瞻仰取足，勿令后悔。"较常见的正襟危坐式，并非无妙相，至少也是浓芳疏香，各领一派风神。

侍在两旁的罗汉十八尊，貌肥，传神似能言笑。我去年在平凉崆峒山莲花寺，欣赏过一组罗汉像，形貌均很清癯，造像功夫非常之好，为远近访游者夸赞。天童寺的罗汉远西北风土，被吴越的温山软水养得心无愁苦。

水月观音的柔婉似比释迦的静穆更能近人情。天童寺的这尊观世音，柳枝净瓶不离手的老样子未改，所临却是汪洋之上的万里烟波，一望苍茫，不知其所终。佛、菩萨、罗汉，过百身，塑在海浪间，似成为观音的配景。我走南北寺庙多座，还从未见这样好的佛众的群塑，较《列仙图赞》中容颜枯槁奇古的诸神绣像更耐端详。就悦目说，我可算得偿所愿。

藏经楼耸于全寺极处，似为一院收束。金色檐脊衬在太白山绿色中，若飞。抬眼看天，也实在像是不很远。这一景饶有岳麓书院御书楼之胜。此地虽非入泮向书本求学问的地方，起码是两处的楼台，在我看颇多相像。

不见楼内设经卷之橱，佛法如海，畅泳的浮想就未能联翩。也有抹不尽的，是可供挂幕唱戏的正台上，书匾"狮子吼"，这三字，颇可同武威城东北大云寺之上的"大棒喝"匾相呼应。佛力致远，千里犹面，纵是古凉州之音，会稽之地也能遥闻。佛匾，意深，安能阐得破，道得尽？寻其根，却都在于警世。此地如果也飞来一块虎丘山下的生公石，即便是滥竽其间，千人之中，也应当有我一个。

吼，只写在漆板上，寺内却无喧声。张宗子称"余遍观寺中僧匠千五百人，具舂者、碓者、磨者、瓶者、汲者、爨者、锯者、劈者、菜者、饭者，狰狞急遽，大似吴道子一幅《地狱变相》"，已为隔世图画。悬应供室（在福州涌泉寺，呼为香积厨、慈膳堂）木牌的用饭之所，也仅余几条暗红色长桌凳、碰碗筷、细嚼咽的快活声音，皆浮默想中。这样的地方，也只能求静。截用常建的诗句，是"万籁此俱寂，唯闻钟磬音"。我若长年居身这里，耳朵皮大约要变嫩，很恶吵闹之外，连直街曲巷间的棚车鼓笛也会听不惯。五台山的碧山寺上有一副联，是"禅堂止静，缓步低声"。我见那些出入其间的素衣僧人，信受奉行，毫不走样。岂止禅堂一处，看他们吃斋饭，口舌间像是也弄不出什么大的动静。

张宗子所谓"常自起撞人，不止棒喝"的老和尚，三百年后，恐已难遇。我在西藏的色拉寺、甘肃的拉卜楞寺，都曾碰到红衣喇嘛，握棍，朝来人身上打，用力当然不大，是履先禅师口中"打骨出髓"四字之训吗？对未能全懂布施、持戒、忍辱、苦行之类了身达命观的俗人，老喇嘛也要不失其宜地舞舞手中棍。说是易惹人生畏，也未始不如实。

或曰："四面是山，阇梨向什么处去？"这话，不是冲我，毋庸答人问。却无妨暂充得法人物片时。回头，仍旧过古山门，面对一派孤清，即使不具佛眼而用平常目光，似也有的看兼品味。不喝微苦的茶，坐禅看静也好，十方诸佛恍若也能聚于目前。话虽如此，我究竟是释门之外的人，亦无心去走佛化的路，那就赶紧改独坐观心为吟诵禅诗，见于《五灯会元》中的这四句就颇能应景："瘦竹长松滴翠香，流风疏月度炎凉。不知谁住原西寺，每日钟声送夕阳。"字句间的机锋公案纵使悟不出，远禅家三昧而退回到诗，也可得自家一片田地。抬眼，自在山水更是好看。

衲僧之梦逝，未必不想上求"少妇棹孤舟，歌声逐水流"之境，却感到难。那就等而下之，满足于心印未随清风飞云而远的残花影吧，也能供我放笔一笑。

宝 华 寺

　　禅家七祖怀让在衡山磨镜的那个台子，实则是一块斜石，我多年前游山的时候过其旁。怀让在禅史上的名气大得很，掷钵峰下的福严寺又是七祖道场，我却没有什么可说。不入佛门的我，反有兴趣探问马祖道一昔日在石边领受南岳之主启悟的公案。说到衡岳，印象不浅的倒是他。

　　禅家爱山。识道而择居山林，为求静。观松，看花，闻鸟，听泉之际，得云之闲，月之幽，心也放逸，神也逍遥。此种意态，几能统摄天下一切山。山若有灵，这禅宗家风可算要紧的一面。便是这多山的赣南，又有何异呢？

　　马祖道一是南宗禅中的超卓者。怀着高远心志的他，辞别湘东衡山，过闽北佛迹岭，越赣中临川，行至虔州佛日峰面壁坐禅。怀让传嗣的"心印"之法，让他和苍莽山川融为一处，亦从自然中领受南宗的精义——顿悟。据传"山鬼筑垣马祖避往龚公山"，道一禅师在龚公山建寺、开坛、讲法，禅学不盛。遂将这处梵刹交给徒弟智藏，去了洪州（南昌）。洪州宗的创设，便是这之后的事。我此行未获缘一瞻佛日峰上的马祖岩，却在看过客家的白鹭古村，返赣县梅林镇的路上，车子一拐，驶上了通向宝华寺的路。

　　马祖道一卓锡弘法的宝华寺，藏在龚公山麓。择址这样深僻，赣县本地人有多少知道它，我也不敢断定。一路之上，也不知绕过几道葱翠的峰岭，也不知越过几条白亮的河流，直把映带左右的田舍风光看了又看，暗自赞叹江右风光的好。唐虔州刺史龚公，择此栖遁，是将山林气和农家景相融了。

　　宝华寺虽说是唐时建起的古刹，庙貌却已残旧得极可以。年代过去那么久，看在眼睛里的已非旧时形制。不待去查阅史实，似乎已经明白此寺兴废的大略。今人下手整葺，全在它的名气之大，并且足可远溯禅史上几位尊享祭飨的人物。我好像没有瞧见崇宏的寺墙，殿堂的左右尽叫红色的山坡围拢，到处堆着木料和水泥。殿里高供的佛菩萨，正在髹漆敷色，莫说那眉目辨不清楚，便是佛界的静谧，也暂时寻不见了。倒是山门的那尊祖露宽胸圆腹、面堆无邪之笑的弥勒，不改神气。此尊笑佛，体大、色乌、质硬，据称是用阴沉木雕成的。如此说来，也就经千万春秋而炼成，更不再受那自然的变异。

　　踏着后面的层阶，上到高处。有座修到一半的殿宇，它的名字我也没有请教僧家。它的过去不能知道，它的将来也不能知道，便是公输天巧，推想和天下禅林亦无过大分别。况且我这人的眼光真是怪，修葺得太过金碧反倒无感，这种古旧的样子，殊能添我的兴味。古杉的影子落下来，栽植于何年何代我也不知道，只觉得头顶飘着一片苍老的云。比这更老的是一座尚无殿门的佛堂里传响的唱诵声，是唵嘛呢叭咪吽的咒语吗？看几位穿着褐色僧衣的和尚在蒲团上跪拜，我的心微微一颤。这几位的脸上似无表情，双目稍稍闭合，沉于静界而避开现世的一切。龛坛上是一尊千手观音，体小而尤显精致，在幽暗的殿内，泛出一片灿黄的光，直映亮眼眸。木鱼也仿佛敲得极紧，声音里，含着人在此岸心在彼岸的虔怀。此种微妙本心，我怎能轻易契悟？僧人的襟袖下摆着一册《暮时课诵》，字句间的奥妙，理解起来也不能立得门径。看他们不为外界所扰的神情，不免想起结庐习禅的马祖道一。心是一潭水，一切吵闹搅不皱它。寺僧念经如常，并不在意大殿内墙的有无。真是息虑静缘！戒定慧的奥义，缥缈如一片云，又可从浮上他们脸庞的一切，隐隐地知道。即心是佛的禅理，却更觉幽妙与玄远了。檐边风响，泉喧，入耳的只一字：空。那个方正的功德箱里，像是不空。

大觉殿的表面，砌着灰色的砖，尽显清朴的样子。正中的石台上，照例供着三尊佛菩萨。我的目光在他们身上一跃，落在后面一座楼阁式石塔上。它叫大宝光塔，传为唐穆宗为大觉禅师而造，到了灭佛的唐武宗手里，废毁，北宋元丰年间重修。七层塔身，约丈高，塔刹的宝珠、宝盖、相轮，和那塔身与基座，同木构楼阁的门窗、额枋、斗拱比较，亦能得其仿佛。飞翘的塔檐尤其宽大，檩椽、雀替、瓦垄也具体而微。悬在四角的铁马，若有风来，也会发出禅界的清妙之音吧。一雕一刻，宛如开出盛美的花。飘逸而流畅的线纹，抵抗着时光的磨蚀，空气犹含一丝香。它又有一个"玉石塔"的名字。岁月之痕印在上面，色白如雪的样子也只在追想中了。我绕塔细看几眼，不论是唐，不论是宋，众香国里多少人也像我这样端详它，履印温凉之际，更有那口中的默祷，翩翩的神思，已飞离这僻远的山寺。

古杉的影子遮着殿堂厚重的屋檐，故人无迹，老树的铁枝上泛出新碧。心头总还留着一丝情感或者精神的印记吧？就我的感受说，如同马祖道一听怀让禅师喻佛理后，"一闻示诲，如饮醍醐"。这一刻，思想的翅膀充满倦意地收拢，我不愿和任何人讲话，不愿思考尘俗的一切，只想和现实世界保持无形的距离。我抬起双眼，目光穿越厚厚的岁月之障，在无边的沉黯的空间游荡。我意识到自己已经进入无力对生活做出改变的生命季节，只有把命运交付剩余的时间。这也是禅的本意吗？恍兮惚兮，我的心界蓦地映出行走在迂曲山路上的马祖道一，宽长的襟袖拂起晚天的流云，破旧的芒履沾满河谷的湿气……身影倏忽隐逝了，化作一株青色菩提树，迎着飞漾的雨雾摇动，点点星辉在幽亮的夜空开放簇簇蓝色的花朵，便有一种奇异而莫名的力量潜入我的内心，幻成白色的梦，失去一切真实。我的灵魂也被远近的山岭围裹。

鲜绿的树色荡起一片温柔的精神底色。此时，与心灵相伴的唯有机械敲响的木鱼声。我能从单调的节奏里听出丰富的含义，仿佛整个身体在空明的水中自由翔泳。

寺中据称还有柳公权的碑铭值得一看。我是偶过，无暇细寻，只得存憾。回望，天下寺庙都不能少的大屋顶横于飘云之下，压住整座山。

寺是一尊佛。妆未罢，尽显本来面目。

普 救 寺

普救寺的主人，不是大雄宝殿里那三尊石佛，却是相国小姐崔莺莺、洛阳的穷书生张君瑞，还要算上丫鬟红娘。此寺的巧妙，都在这三人身上。

寺史，可以追到武则天的年月。元稹写传奇《莺莺传》，动笔之先，应该是知道这座寺的，况且鲁迅说他"以张生自寓，述其亲历之境"，但到了曲词宾白都好的戏文里，"始乱终弃"的薄情之举又变为"终成眷属"的团圆之美。花好月圆的结局令无数男女适意当可以设想到了，小姐、书生和丫鬟凑成的一台戏，成了百姓口里的佳话。历代工匠起劲地修寺，也一定听说过这仨人，比起端坐莲台之上的佛陀，更近人心。便怀上梦，梦使他们的日子有了"土气息，泥滋味"，这六字是崔莺莺唱出的。粗大的手掌，垒墙，髹漆，摹像，勤苦地护着这处清凉界，使它久延春秋，全为娱人心目，断非寻常庙堂之可比。寺的近处，有村，西厢村。得名应当也是从王实甫那出五本二十一折的杂剧来的。

世上有了《西厢记》，儿女之情就把无数的心给缠绕上了，不知多少朝朝暮暮。你知他知的崔张故事，最系人思，说起也是不尽依依，只因问世传述，听也听熟了，且不消细说。本来我对西厢风月的笔墨，不管姓董（解元），还是姓王（实甫），实在不留意情节之妙，只叹赏曲词之美。

这个叫普救寺的老庙，建在晋南蒲州城东边峨眉塬的上面。塬，就是台地，也像土岗，上下直陡，顶部平阔。黄河流过中条山这一段，你站在风陵渡口，往河东河西的晋陕豫一带望吧，差不多都是这种地貌，像两扇屏障，直直地朝前伸。蒲州的老墙垣还留着一截残址，荒草碎砾，只有几个寻古的人停下来低回。离它不远的地方，几个大铁牛卧在岸边的石堤上。黄河改了道，蒲津关不存，过渡的浮桥亦废，它们带锈的身子逃开水浪的激溅了。

塬本不矮，把寺托得更高。照陈从周先生的意思，中国古人建塔筑亭，选址必不在顶部，须略低于最高点，存些含蓄之意，才是好眼光。莺莺塔危然塬巅，幸而非只一塔，低处殿宇房舍，各有分布，饶具阆苑仙阁之美，故不觉其孤而无依。这么一看，普救寺的位置在这黄土塬的顶上，也就由它去好了。

时在仲春，不是崔莺莺所云"况值那暮秋天气，好烦恼人也呵"的季节，登塔高眺，"下西风黄叶纷飞，染寒烟衰草萋迷"的光景还离得远。聊可慰情的是，黄河岸上风物，尚能览而尽。

一进山门，光那连向大钟楼的石阶，就过百级了吧。我瞧那往上伸的势头，倒发了个怔，《西厢记》里的老夫人，怎么上去的？我呢，"讲一句笑时行一步"，好似是朝头顶那座密檐式砖塔仰拜一般，恍若听见红娘隐在梨花深院的树影后偷乐呢！听过这戏里"意似痴，心如醉"悲调的人，或以为此六字是为我而唱的。

老夫人和寺僧法本观战的所在，就是大钟楼。"王西厢"第二本《崔莺莺夜听琴》说那"统领十万之众，镇守着蒲关"的白马将军杜确，下了将令："速点五千人马，人尽衔枚，马皆勒口。星夜起发，直至河中府普救寺救张生走一遭。"雄师寺下列阵，"半万贼兵，卷浮云片时扫净"的鏖战场景，踞楼正好瞧个痛快。飞荡的烽烟刚消，杜将军拿了作乱的孙飞虎后辞寺，"马离普救敲金镫，人望蒲关唱凯歌"的声势，料也可观。那口不知何年铸成的刻字大钟若要一响，怕能传遍黄河湾。蒲津桥头的大铁牛，也会惊得眼睛圆睁。

深闺梦里人，"春山低翠，秋水凝眸"，好一番娇羞态度，只恨早不复当年风华。我却觉得这些古时的士女是留在过去的时间里呢，容色不染风尘。想得深了，也学落第的崔护，怅咏人面桃花之诗。也巧，崔护是博陵人，和崔莺莺恰是同乡。博陵崔氏为望族，他们皆出其门也是可能的。在我这里，生活中实有的青衿、戏剧里虚构的闺秀，不分家。

梨花院无伽蓝气，几间清凉瓦舍，和北方人家的宅子没有什么不同。砖木门楼尺度不大，清水脊，灰筒瓦，悬山顶，琉璃正脊两端，那似鱼似鸟的鸱吻，卷尾若飞。出挑的檐下垂着花瓣莲柱，讲究人家的宅门才有这等气派。没有绿色屏门，可我一眼就瞅着里面那个紫色木雕屏，像一道影壁横在门后。雕屏中间镶着一块扇形木板，浅黄色，横斜树影，隐约其上。转到它的背面瞧，一字不误地题着四句，恰是崔莺莺吟出的："待月西厢下，迎风户半开。隔墙花影动，疑是玉人来。"这个设计，颇近行草写扇面。导游姑娘站在雕屏前给我念这诗，粉衣上几朵好看的花，是她的姐妹绣出的吗？

这是个三合院，没有倒坐的南屋。北房三间，是老夫人住过的。西厢房也是三间，莺莺和红娘住进去，帘栊帐幔，花烛灯彩，恰是丽人的温柔乡，供花设瓶、安置笔砚也会的。"昨宵个绣衾香暖留春住，今夜个翠被生寒有梦知"就在此屋吧。东墙角，立着一蓬竹、一块石，瞅那皱、漏、瘦、透的样子，应该是太湖石。竹之翠、石之白，叫红墙衬着，有一点味道。张生月下"手挽着垂杨滴溜扑跳过墙去"，就是这里。墙的那一边，垂杨是见不到了，倒是长着一棵杏树。听那籁籁的乱叶响，绿荫下的游人，不必再问这树是何由来。以传统的眼光瞧，书生跳墙幽会，呼为"雅举"总是不很适切吧。好事之人在这一处艳迹前踱起步来，必能索出一个道理吗？或许还会记起红娘的那句唱："为一个不酸不醋风魔汉，隔墙儿险化作了望夫山。"鬟婢开口，分明也尽是灵透心思。宿慧天成的红娘，在崔张之间来去，也算立了一场功德。

人在门旁窗前，抬眼，叠涩出檐的莺莺塔身虽只露个侧面，却是如画般的好，值得几次回头。这个小院子，真似红娘所唱："风静帘闲，透纱窗麝兰香散，启朱扉摇响双环。"闲情文辞又让我将那敷衍出的陈迹故事思索了一番，殊觉曲折细腻。得，我又陷在戏里了！

白马将军退了贼兵，张生从西轩搬进书斋院。院子后面有门阶，通向低处一片池水。沿池置桥，石栏、亭子、岸石、竹树……比别处更觉幽静。为情所恼的河南相公，无法把这缕相思丢过不在心上，恹恹的，无事闷坐，正愁往后的日子怎样度，脸儿也越觉瘦了下去。一道简帖儿，破了心里的苦，只怨来得太晚了一点，遂叫那花笺锦字诱着，径入园内，目迎良宵下的倩影芳尘，好似见着天上下来的神仙！令天下女儿淌干一生眼泪的爱意也就缠绵不尽，急欲把埋在心底的所有的情给她。风袅篆烟，心底生春，入骨的凄凉总该散了吧。

花间美人，本是中国婉约词家所艳称的。游过普救寺，我的所悟像是更深了一些。

古　圣　寺

古圣寺是草街镇上的一座老庙。草街镇在合川东南，靠着嘉陵江。

这座寺，明代初建。能留到现在，是因为清咸丰元年重修了一回。

寺院靠着凤凰山，檐楣间就题着"凤凰山"三字。山上的草树很繁茂，常能听见鸟叫。从地脉上看，这里和东边的华蓥山、西南的缙云山接得近。

古圣是谁？似无确指。我只听说这座寺是和陶行知连在一起的。他在这个山窝里办起了教育，志在改造文化落后的国家。这里的育才学校，是他的又一个伟大的劳作。此前，南京北郊出过一个晓庄实验乡村师范，那是他的初次尝试。

寺前有一个池塘，曰周子池。这个名字是陶行知起的。周子，就是周敦颐，这位北宋理学家在合州当过五年通判，倡办州学之时，把"三苏"父子也邀来了。嘉陵江东岸学士山上，即有他"偶坐而爱之"的养心亭。池面浮着荷花，露珠儿偎在叶子上。碧水、清莲，读过几年书的，哪会想不起濂溪先生的《爱莲说》呢？"圣"这个字，他受得起吗？

池边绕着一条小径，是个散步的好去处。得闲，师生们从古圣寺里出来，常在这里走走，呼吸着黄昏的空气，说说笑笑。有时候瞧见陶行知从逸少斋的茅檐下过身，就冲这位"老夫子"打招呼。老夫子，学校里的人乐意这么叫他们的校长，情分是很温笃的。逸少斋是陶行知的住处，眼下成了一间粉墙青瓦的办公室。

寺门像个石牌楼，两旁的墙八字形朝南伸出去，上面刻着方正的擘窠字："檀林"，这是佛气；"忠孝"，这是儒气。字是冯玉祥写的，虽用楷体而不失隶书骨力，自见奇逸、雄媚、朴茂，亦给山门添了气象。费正清说过，"陶行知和冯玉祥之间有一种隐秘的关系"。什么关系呢？正如陶行知自勉诗中之所曰："为一大事来，做一大事去。"这个大事，就是乡村教育。他的眼光是朝向大众的，他的情感是系于民间的。这一切皆源于他的世界观的基调：济世和良心。从美国哥伦比亚大学师范学院孟禄、杜威门下拿到"都市学务总监"文凭回来，他脱去西装，穿上草鞋走进乡野，用了传教的精神，创造性地在平民中间推行教育试验，以个人的热情与汗水胎孕乡村的新生命，培育农夫的新灵魂。他肯做沉实的泥土，裹着希望的种子，催它生长成美的鲜花和壮的大树。他也明白，一个知识分子，要在中国的政治环境中实现某种理想，必得依凭权力不可。他渴求自己的生活教育理论在实践中有成。北伐时，冯玉祥帮过晓庄学校驱匪；又逢抗战，古圣寺里收养着的，是近两百个失了家的难童，冯玉祥有博爱之心，为给他们受很好的教育，也为了躬践夙诺，应陶行知之邀，领了育才学校副校长的尊衔。学校开音乐会，这位"基督将军"爱上台唱起山东民歌《爸爸上山去打柴》。歌词是他自己填的。校门前立着他的字，犹如有了护符。

我在蓬莱阁上也见过冯将军的字：碧海丹心。写这四个字的时候，察绥民众抗日同盟军正受着蒋日夹攻，饮恨察哈尔、遁迹泰山的他，心忧民族危亡，和李烈钧登蓬莱而泼墨，腕底笔致，苍劲凝重而隐含郁愤怨艾。端详其字，性情和器识也能测出一二。

古圣寺颇残旧，里面没有什么人，像一个荒凉的园子。何其芳的诗里说："我知道没有声音的地方就是寂寞。"这个时分，我多希望听见苔径上响过细碎的足音呀，而且从明净的眼神中看到理知的折光。进去，身子先被黄桷树的清荫遮住了。这棵树已有了春秋。我恍如看见欢愉的学生在树下歌唱，诱得丹墀前的那对石狮子，歪着脑袋听。校园里的人那么乐观地爱着生活，那是他们最艰苦也最幸福的岁月。演坛上的青春之歌，把明媚新美的一面烙印在校史上。

上下转了几个殿，都能闻到一股老屋子味，是从积尘和朽木上发出来的。旧殿的门口挂着木牌，写明音乐组、舞蹈组、文学组、戏剧组、自然组、绘画组、社会组……大概还照着当年的样子，以存其真。矮些的是牛王殿，面阔七间的它，仅剩下偏殿，分立在基址两边。右手是音乐组。门口的古碑留下了，刻的是"恩沛佛门"，竟是道光皇帝御笔。教室的墙上，还嵌着一块《重修凤凰山古圣寺碑记》，可能是清代重茸时的东西。这两块很大的碑石，当"墙砖"用了。学音乐的同学们，朝夕晤对这些旧物，会得些灵感吗？讲台的位置，放着一架风琴，很旧了。满室的桌凳也看不出漆色，粗糙多痕。是那会儿的学生用小刀乱划的吗？不会的。我好像看见贺绿汀、任光、李凌、黎国荃在弹琴教唱，一双双会说话的眼睛天真地盯着老师，很专，很纯。乐理与视唱这些特修课，在孩子们心里开出艺术的花。他们望着世间一切闪烁的东西，做起星月的灿梦。这里面，有个害过癞痢头的孩子，叫陈贻鑫，他后来写出了管弦乐曲《抗战随想曲》。写自己的时代，跟隔着光阴写，不是一个感觉。那创作的笔一摇，心灵就浸在里边，虽然宣抒着个人的心绪和情感，却又常能反映出大众的心音。从胸膛里跳出的音符，在裂云都发烫的天际炎炎地燃烧，赤焰的光亮中，飞响勇壮的战声。音乐组用过的小提琴和二胡，所经历的年月不算短，静静地摆在一边。我看看那把小提琴，上面好像留着黎国荃的指温。

大雄宝殿空了。正脊上耸出一个尖，雕了花，这殿昔年也宏丽过的。释迦佛祖从莲花座上下来，迦叶、阿难两位尊者也走掉了。安置在侧间的法堂，僧尼的忏摩、布萨一声也传不出。这里成了戏剧组和文学组的天下。戏剧组的黑板上画了几张脸谱，章泯先生当过这个组的主任。我瞧一下工整的板书，仿佛看见他正在讲授戏剧的分类。袁文殊、田汉、水华、沙蒙诸师的身影也在眼前晃。

殿后是天井，左厢房被绘画组占着，里面好像敞阔些。靠前的位置放着图画壁报，以人物、静物素描和风景写生为最多，是当年的吗？虽为旧笔墨，殊觉新洁鲜丽。陈烟桥也是用心从教的一个人，战时条件劣，这位主任带着他的学生，把桑枝、枫枝烧焦了，当炭条用。前尘依稀，我愈加知道这学习的艰辛了。故而那视觉意象的真和美，满浸着勤苦的汗水。陈先生是版画家，在美术上耗心而多劳。鲁迅夸他的作品"黑白对比的力量，已经很能运用的了"，勉励他"最好是更仔细的观察实状、实物，还有古今的名画，也有可以采取的地方，都要随时留心，不可放过"。黑板上的字还在："自1931年起，由鲁迅倡导的新兴木刻，开始了我国创作的版画。"这几个粉笔字，极端秀，谁见了它，也不忍擦掉。

我最在意的文学组，恰和绘画组对门。我前后细瞅了几眼，嘿，敢情它就在戏剧组的隔壁。所可惜的是，室内狭小，没有黑板。我靠近方格木窗，想捉住一点嘉陵江上的风吟雨啸似的，却无一丝响动。天光透过檐前乱密的枝叶照进来，真静呀！我犹能听见文学组主任艾青从讲台上发出的诗一样的声音，通向心。昔日上课的情景也就灼然可以映现，一张张慈和面孔亦仿佛近之。教室这般简陋，他和力扬、何其芳，往年轻的心灵里照进了阳光。这里的生活印记，也应留在他们的诗文里。

在育才学校传道授业者，为数莘莘。只消提一提为许多爱好的人所熟知的姓名，眼睛就亮了：丰子恺、姚雪垠、夏衍、曹靖华、刘白羽、周而复、邵荃麟、艾芜……于这里的教学是颇为尽力的。我年轻时曾很受他们的影响，倒极想过去的时光，坐在硬实的条凳上，伏着桌，听诸君的一堂课亦觉得是好的。这些大名人来教一群小孩子，引着他们从书本走到生活去。渴求温暖的心开始迎着春光萌动、欢欣、跃进，使人生美丽。孩子群里就出了英雄，他们的名字刻在碑亭里。黾勉就学，明于道，志于行，以救世拯民为念，从这里走出去的，真有栋梁之用。翦伯赞说育才学校"使人的奇迹代替了神的奇迹"，这话多好！

陶行知所开始的，远未完结。古圣村的小学，还用着"育才"的名字。下课了，几个学生回家吃午饭。别看是孩子，天天从寺墙外路过，里面的沧桑全在心中装着。他们和几十年前的校友一样，天空是高的，志向是远的。

这寺，因有青春的生命蓬勃地成长，使我们看起来，它古旧，却非陈朽，它空寂，却非苍白，它幽僻，却非冷清，并且给后代一种策励的力量，促使他们将前行的足音踏得更其铿锵。挺立院中的那株黛色参天、不甘衰谢的黄桷树，就是此校精神的化身。

"从笔头里透出心头的力量。"陶行知的这十几字，巴金给抄下了。这是让感情发热的话。怀抱为民众的热情而倾力农村教育，建设"人人有水仙花看"的理想社会，在当时尚有梁漱溟、晏阳初。过了很久，梁漱溟还为陶行知"教学做合一"的遗教所服膺。老夫子的不凡正在这地方。

语曰："师垂典则，范示群伦。"多少年后，说起古圣寺，一寺之主当然是陶行知——中国乡村教育的圣人，不过没那么古就是了。

塔 尔 寺

佛法入藏，衍为喇嘛教。教派多种，格鲁派最为显耀。释侣衣帽皆黄色，故得来黄教的名号。教主是宗喀巴。人类出于对木石的信赖，在大地上修造远离现世的建筑，使精神性的东西在物质化的稳固形式中获得对于时空的超越。我这些年去西藏、甘肃，看了数座黄教寺院。塔尔寺建于宗喀巴的故土，黄教的总根应该在这里。游过它，我就看全了黄教的六大宝刹，也算一种圆满吧。

塔尔寺在湟中县鲁沙尔镇。这是一片谷地，从西宁出来，走南川，数十里即到。殿堂寺塔都造在山坡上，同拉卜楞寺相仿而格局稍小。有许多院子，好像是陆续增筑的。整个寺貌是松散的，甚至有些随便。湟水汤汤，人的性情也会放逸。在重重的院落转悠，我始终没有方向感。真不知要环顾几番才能将南北辨清！佛门深如海，不是谁都能够一眼看透的。

寺前是一溜白塔，八座，不高大。样子差不多是一样的，区别仅在细处。这样的"窣堵坡"我还是初遇。塔腰雕出释祖本生故事，我如见着一部佛界的浮世绘了。有位年老的女人，手触着塔前的石栏，好像在抓住深深的祈望。

她一圈一圈缓步走着。明亮的阳光从蓝天泻下，照着她黑皱的脸和微驼的瘦骨，不见一丝笑容。寻找幸福的过程总与苦难相伴。她拖着沉重的影子，轻念咒愿，是在复诵一世未脱的苦谛吗？这八尊如意宝塔是清乾隆年间建起的，数百载风雨中，多少虔诚的信徒绕塔而走。如今，塔周那道深深浅浅的足痕是叫新铺的地面掩去了。

藏人造寺，以镏金铜瓦覆顶。塔尔寺里有大小金瓦寺。灿黄的光芒飞闪，显示着高贵之气。宗喀巴好像仍在至尊的圣位，不，是在黄教的源头安详地微笑。

小金瓦寺供奉的是护法神，还有一些金刚力士。看过，只记住凶悍的眼睛。金刚努目，所以降伏四魔，本不足惧，可我还是觉得低眉的菩萨亲切。在塔尔寺，壁画上度母慈婉的目光触到我内心的柔软处。我是把度母看成一尊女神的。她将暖意和温情带给雄性的高原。寺中的油塑、堆绣仿佛是她的巧手做出的。廊下的转经筒绘满六字真言、八吉祥相。入山访寺，我对"唵嘛呢叭咪吽"这六字多见，却不懂它的真义；莲花宝瓶的图案过眼，也不能深知其所寓。枯对墙上一幅《六道轮回图》更是不得解。足见我对释界的隔膜。

到处都是哈达。色分三种：白黄蓝，均极鲜艳。我感受着色彩的力量，亦仿佛看到晶莹的飞雪、炽亮的阳光和阔远的海面。熏修的喇嘛也会悠然远想。

大经堂里一片安静，我没有赶上两千喇嘛合诵经文的时候。梵音深妙，隆盛之景总也可比五台山上的大法会吧。我对佛门教义虽不能信受奉行，旁观，也能感受其场面，体味其气氛。恒沙众生，皆为法侣，佛境常以广大无边的壮景夺人，在习经的堂内，更是极有布置。高处垂下宽大的帷幔，外裹彩毯的柱子超百根，缀饰刺绣花幡和飘带，极尽繁丽。长条的布垫整齐排列，空着。在微暗的光线下看，自有一种幽深感。僧众低眼念经书，举目则见酥油灯光映着的宗喀巴和强巴佛静渊的容颜。口诵真言，心观佛尊，和坐入学塾里开口"子曰诗云"比，滋味真是大异哉。经堂内的清众，全将一生苦乐系于蒲团上的日月了。

我最抱憾的是，大金瓦寺修葺未竣。一块木牌上写着：农历八月初八迎客。大概是个吉日。可惜我等不到了，只好仰看一眼屋脊上闪亮的金轮，叹口气。这是全寺的主殿，重檐歇山，是一座汉式建筑。金银灯、古瓷瓶环供一座大银塔，在敬瞻的视线中凝定为佛光四射的影像。一座纪念性质的塔，使失去肉身的宗喀巴以另一种形式存在。推想它和甘丹寺的宗喀巴灵塔，同其高大吧。殿前的菩提树还活着。据传，树下埋着这位教主的胞衣。宗喀巴如果是在这里降生的，格鲁派必会把大金瓦寺尊为祖庭。

塔尔寺的菩提树，以小花寺里的那棵最繁茂。飞花乱坠如雨的光景过去了，秋已深，树下落满叶子。我拾起一片，犹散淡香。

飘来几朵湿云，亮亮的雨丝蓦地就把山寺织入一片朦胧中。高原的阳光细雨装饰着宗教庄严的背景，金瓦闪闪的光焰里，浮映出宗喀巴雍容的表情。

晋　祠

去晋祠路上，遍野绿禾。这景色在黄土高坡较为触目。仙才诗人吴雯"一沟瓜蔓水，十里稻花风"的吟哦，放在这片风景里，就成绝唱。想跳出古人藩篱另咏新境，似不易办到。

晋祠原本不是一座祠，规模远不是现在这样大，具庙堂之盛。造祠的年月在北魏稍靠前，比云冈石窟看来要早。纪念的人物却遥溯西周，逾千几百年而久，是周武王的儿子叔虞，他被尊为晋祠之祖。隔过多少代，还能有人为他造祠，可知叔虞众孚不浅。晋祠的选址也好，依吕梁山悬瓮峰，临晋水源头，山水搭配，尽得形胜。《山海经》"悬瓮之山，晋水出焉"，很形象，可催人浮想。但这座孤祠在五百年后，不再成为这片风景的中心。孟子"五百年必有王者兴"的话，在这里照例有效。宋代兴造的圣母殿，气派远在其上，大领风骚。这也让人无话可说。圣母邑姜，武王之后、叔虞之母也，又是执掌封神大权的姜子牙的爱女，故殿前鱼沼飞梁、献殿、对越坊、钟鼓楼、会仙桥和水镜台，历代增建不绝，是叔虞祠没有办法去比的。再有一个实用的原因，是百姓把圣母看成晋水之神，可保农事，故虔诚相敬。朱彝尊说得很明白："圣母庙不知所自始，土人遇岁旱，有祷辄应，故庙特巍奕，而唐叔祠反若居其偏者。"人们把心意都给了邑姜，此重彼轻，似夺了叔虞的光彩。其实，这大约是我在妄发杞人之忧。母子之间，不必从细计较，唯天伦深情无可穷尽。

自从有了圣母殿，晋祠的慈悲意味就浓多了。在北有云冈五台诸佛的三晋，祭祀这样一位女性神，表明神的队伍也会随人间的情感有所纳新。另一位同圣母平相起坐的是水母柳春英，她出身百姓之家，却依然如一尊佛，坐于难老泉头，同君主之后的邑姜并列。她当然是传说人物，这座水母楼亦晚于圣母殿五百年，为明代之筑，但楼殿里面的当家主人均是美丽善良的女性，尊卑的差异消失了，连神佛也情愿让出一片江山，留给她俩来坐。

我是个情感型的人，偏爱让艺术的东西走进眼界。对圣母像固然挑不出毛病，她毕竟是依照佛相塑出来的，脱不掉旧有的模子。加上我刚从云冈、恒山和五台山一路绕过来，故在感觉上很难新鲜。倒是环圣母像而默立的四十二尊侍女彩塑颇惹我流连，非神非佛，完全是寻常女人的形貌。她们在圣母前听候差遣：扫庭除，梳妆发，奉饮食，侍起居，音乐歌舞、文翰墨楮亦各有所司。谈不上雾里看花，更不是拜，视角由仰而转平，距离感也仿佛淡去，只像在同一群凝固的美女做着心灵的交流，听她们叙说千百年来的悲欢故事。

烟雨稠，一堂丽人多忧怨。

皆为宋塑，若来打一个牵强的比方，恍如浸透婉约词派的风格。从传神的双眸，从纤巧的桃花嘴，从丰满秀丽的体态，从玲珑流畅的曲线，从飘曳漾动的衣纹，均能有所体味。"宫中彩女颜如花"，这是李太白的歌咏，极言貌美。不单如花，而且各有性格血肉。尤其是那几尊青春已凋的侍女，美丽如水一样随岁月逝去了，眼神流露着不尽的忧郁和无可奈何的悲凉，既传情，也隐含一丝冷傲。许多人都夸这几尊彩塑好，我看也是，我和大家的眼光略同。水母楼里也有侍女像，但不似这般写实，别为一种风格——人面鱼形，背部的线条优美地起伏着，似随波浮游，充满浪漫精神；容颜同样各具神貌，独有身世。这八尊侍女彩塑虽较圣母殿里的为晚，明代作品，风格却仍大有承袭，且更多夸张和具有抽象感。中国的人物雕塑自秦汉始，就懂得在刻画性格上用力，秦俑算是一个最伟大的典型。数千兵俑，面目无一雷同。这个传统，至宋、明已臻高峰。间隔千年，愈趋精致。强壮的兵俑，柔丽的宫娥，一为殉葬，一为守侍，均是供奉死人的。在等级之阶高入层云的封建时代，艺人的天才只能在宗庙祭祀里派上用场，且渐显高超。我们只是以欣赏的眼光去看，故可作中国雕塑史上的两座奇峰观之。

这样一比，唐叔虞（晋初始的国号为唐，叔虞为一代诸侯，故以唐冠于名之前）祠不光在规模上未及圣母殿，就是在塑艺上似也太无神韵。龛内的叔虞像，坐得四平八稳，一脸死相，好像和许多祠堂或禅林里供奉的神佛同出形范。因端详不出什么神色，故过眼不易记住模样。其实，附近有这样好的山水，正该领受"天之风月，地之花柳，人之歌舞"的云泉闲情。此引语是明朝人陈眉公说的，我借过一用。陈氏的生平大略我不知其详，可就凭他这一番萧散心境，也不难断定他大约是个饶具风神的妙人。

这亦是从叔虞的面孔上很难寻得到的东西。话说回来，也实在叫造像施彩者为难。叔虞是远古人物，历岁滋久，依凭什么摄神图貌？只能概念化地塑一尊交活儿。到底是一代明主，不能像五百年后的宋人塑侍女那般随意从容，怎么捏造怎么是，少不得小心谨慎，无逾尺寸，故构思僵滞，极缺创意。要不，人各有貌，哪能一称尊显就都变成长眉细目圆胖脸，仿佛一乳胞胎？不知这尊叔虞像是否为北魏旧物，假若和前殿的乐伎像同为元代之塑，甚至更晚，则要换另外一种说法了。捎带提一句，我无意躲在叔虞背后大说挖苦的话，我只是不喜欢类型化的作品。失去个性的艺术，没有生命。

难老泉，名气很大，绕亭阁而奔泻，是为晋水之源。泉之名，出典在

《诗经·泮水》里的那八个字："既饮旨酒，永锡难老。"这是鲁颂中的锦句。全诗实为对鲁僖公祝捷宴饮的吟哦，是赞美诗，祈寿求福的佳境层出。得之醴泉，相忘于江湖，筑，当为之击。给流无尽止的清泉取这个青春感极强的名字，泉之绿，之去向悠远，皆在概括中，真是一个不能再好的叫法儿。命名者是谁？不见记载。只有当地大书法家傅山的"难老"二字立在泉之畔，再无交代。

我临池边，泉不是最旺，却也流得潺湲，其声柔柔，似情女情话。水清若无，目光一下子就能穿透，落在卵石绿莎上，晶莹澄澈。幽鸣丝竹，惹人眷慕难去，颇得柳子厚泉石神韵。对，还有游鱼数点，乱穿碧漪间，纵得泉之乐、溪之趣，皆为水之歌。

这是一泓流淌着诗情的清泉。公木先生有《难老泉》诗，我最为喜欢的是末尾两句："凡是泉水潺潺流过的地方，就有荷花和稻花一齐飘香。"这就不单是为水母娘娘复述传说了，寄托的是对祖国河山的美丽情思。数年前，我和公木先生同游漓江与灵渠，碧水在他的心底也溅起过激情的浪花。

沧浪之水，使晋阳大地不老，又如祠内的周柏隋槐，葱茏的是永远的诗意。

> 水秀山明无墨无笔图画，
> 鸟语花笑有声有色文章。

水镜台的这副联语，真好！

阳 明 祠

清郑珍："扶峰山，在城东，插天一朵青芙蓉。"我登上黔灵山东望，扶峰山直似他的所吟。

阳明祠在此山下。王阳明是余姚人，三十六岁那年，因抗疏忤旨，触怒乱政的权阉刘瑾，谪为贵州龙场驿丞，居三年。龙场即今修文，去贵阳未远。扶峰山下旧有文明书院，正德四年，王阳明受席书礼聘讲学，听者常数百人。我如能早生五百年，"学而时习之，不亦说乎？"环坐而听的实境，我无从知道，只好览文籍。《中国书院辞典》席书条谓：席书"性嗜静养，学问以周程子为宗。正德初，提学贵州，悉心文教，与毛科同修书院，课士'先德，后文艺'。时王守仁谪龙场，亲致书聘请主贵阳文明书院，'身率贵阳诸生，以所事师之礼事之'。'亲问朱陆同异之辨'，守仁'举知本体，证之五经诸子'，豁然大悟。从此常'公余则往见，论学或至夜分，诸生环而听者以数百，自是贵人士始知有心性之学'。至嘉靖十年，弟子依书院故址建祠祀阳明"。

阳明祠同文明书院实为一家。

我非学界中人，对于宋明儒家的天人性命之理说不明白，身文明书院，还是要忆起旧游的鹅湖书院，去想朱文公和陆氏兄弟不合而罢的论辩。

王阳明是一位胸藏气魄的人物。这个印象，我是在三十几年前就得来的。其时失学在家，某日闲读《沫若文集》，在《王阳明礼赞》一篇的首尾，郭先生不避重复，尽引《泛海》诗："险夷原不滞胸中，何异浮云过太空？夜静海涛三万里，月明飞锡下天风。"这四句诗中是含有一段故事的。照郭沫若的说法是，王阳明贬往龙场的道上，"南下至钱塘，刘瑾命腹心二人尾随，原拟在途中加以暗害。聪明的王阳明想出了一条妙计，他把一双鞋子脱在岸头，把斗笠浮在水上，另外还做了一首绝命诗，假装着他是跳在钱塘江里死了。尾随他的两位小人物竟信以为真，便是王阳明的家族也信以为真，在钱塘江中淘索他的尸首，在江边哭吊了他一场。王阳明投身到一只商船上向山出发，船在海上遇着大风，竟被飘流到福建的海岸。上面的一首诗便是咏的这回航海的事情。读者哟，我们请细细悬想吧。在明静的月夜中，在险恶的风涛上，一只孤舟和汹涌着的死神游戏，而舟上的人对于目前的险状却视如浮云之过太空，这是何等宁静的精神，何等沉毅的大勇呢！孔子在陈绝粮、倚树而歌的精神会联想到，耶稣在海船上遇飓风，呼风浪静止的勇气也会联想到吧"。王阳明是力倡心学的大儒。对于姚江派的学问，我自认较难悟透，稍微一偏，像是离安禅与坐忘的佛道家不远了，读《泛海》诗，他的凛然气度却实在是能够感受到的，其心可以八字为配：高如朗月，洁若秋霜。我仿佛要将数百年前的他，视作有幸在情与理上相接近的人。

几年前，我去绍兴，游过王羲之的兰亭，忽然看见路旁一块矮碑，读后，知道西里即为王阳明墓，可惜未往。今日黔寻他的旧迹，且获缘站在祠内的塑像前留影，也聊算慰情吧。这是一尊坐像，形貌似太过枯，大体如他刚逾三十岁时在四明山的洞中负病静坐的样子。在郭沫若看来，这便开始了王阳明的苦闷时代，病苦和流谪折磨着他的灵魂，求仙信佛成了生活的主调。由不惑之年至死，则入了他的匡济时代，文政、武功、学业把他托向生命的顶点，"他的精神我觉得真是如像太空一样博大，他的生涯真好像在夜静月明中乘风破浪"。走近阳明先生，在儒之外，似乎也能够嗅出侠的气味。

祠中风景几近甲秀楼旁的翠微园，略得江南小筑的韵味。堂前花树，散为一院清阴。泊然静处，不闻炎凉，不闹直，唯听雨滴阶声，雪窗音。此境恰宜安心读儒书。

抄下阳明先生一联诗："画舫西湖载酒，藕花风渡管弦声。"可引人翩然醉美梦之境，却嫌轻飘，那就无妨领受他性情的另一面。《瘗旅文》是王阳明在龙场篱落间写出的，传为名篇。末尾哀歌曰："呜呼伤哉！翳何人？翳何人？吾龙场驿丞、余姚王守仁也。"调近屈骚，亦多悲慨，惹后世学人神容蹙然矣。天若赐缘，我很想游访阳明先生谪官的去处，龙岗书院，亲观他自筑的何陋轩和环植碧竹的君子亭，纵是遗痕，也好。

米 公 祠

    我在一些山寺，多次看到米芾题的"第一山"匾。镇江黄鹤山有他的墓。我有一年入招隐寺访昭明太子读书台，知道米氏像是埋在近处一个什么地方，可惜没能去看一眼。

    米芾是哪里人呢？说法多种。从他自号襄阳漫士来看，说是襄阳人，大概是可靠的。我初到襄阳，就看了米公祠。清《重建米氏故里碑记》说元人"于汉水之滨仿古式独自创修米家庵"，这应该是道明了它的来处。现存的这一座，已是清代之筑。祠门临着东流的汉江，很开阔，还能够望见南岸的夫人城。

    米家族望不浅。我看过一份族裔世系表，余烈仍存。米氏族人虽落籍四方，只因在襄阳建祠续谱，正可以寻到族属脉源。

    入宝晋斋。米芾那篇有名的《动静交相养赋》即写在这里。我感到耐看的是《南宫西园雅集图》。花竹溪桥、古砚瑶琴，眉目皆传神情。《重建米氏故里碑记》云：其乌帽黄道服投笔而书者为东坡先生；仙桃巾紫裘而坐者为王晋卿；道貌紫衣，右手倚石，左手执卷而观书者为苏子由；团巾茧衣，手兼蕉扇而熟视者为黄鲁直；幅巾青衣，袖手侧听者为秦少游；唐巾深衣，昂首而题者为米元章……此图所绘宋代文士在王诜开封府第兴集情景，何异兰亭修禊。真是"自有林下风味，无一点尘埃气"，人间清旷之乐至此而极。画好，《重建米氏故里碑记》也写得好，可作散文读。入画者皆宋时人物，唯米芾着唐巾。米氏拜石，颠不可及，还不过是其一；他偏爱唐朝衣冠，又"好洁成癖，至不与人同巾器"，也是出了名的。祠中专筑"洁亭"一座，春夏为叶影花荫所衬。

东西两苑的粉垣上嵌多方碑刻。我们缓步其前，赏味书艺兼体会文心，又站在游廊和曲桥上观玩祠中的布置。院内花木甚浓。有几块饰景的园石。我好像瞧见襄阳漫士面石揖拜的痴态。

霸王祠

　　乌江渡头的水面实颇浩淼，萧萧碧树于皖东的江天随风摇枝。望江亭下，田畴覆绿，接向一片临波的芦荻。

　　我小时看过一套《西汉演义》连环画，上面所绘的项羽，是一个披甲按剑、腮边生须的猛士。瞋目而视，重瞳子却是不好画出来的。似乎唯具此等面目，才可鞭虎驱龙，演出巨鹿破秦、彭城击汉的壮剧。司马迁记事的好笔致用在《项羽本纪》上，则添些故事的趣味。这也并无可怪。知堂老人云："就是正史也原是编辑而成，里边所用的野史材料很不少，这在古时也本是小说类的东西，与演义说部虽是时代早晚不同，差不多是一类的，论到可信的程度实在是相去不远。"历史同文学既可交融，项王于垓下悲歌虞兮，帐中美人和之；继率八百甲胄溃围南出，驰走乌江浦，羞随亭长过江东，抛颅赠予吕马童，犹能牵惹今人感情。阴陵道上遍生虞姬草，插鬓上，似又遥听罢舞美人幽怨的低诉。吕思勉："楚汉间事，多出传言，颇类平话，诚不可信。"我的态度，无心在信与疑之间徘徊，亦不计较史事的是否失实。临古迹，唯愿怅发一缕怀人的幽情。

霸王祠在一座丘阜上，门阶两侧全是树。院子颇敞阔，也很清静。正殿和厢屋里都塑着霸王像，"岧岧庙貌峙江滨"。《史记》上说，项羽吴中初起时，年二十四，败走东城，叹曰"吾起兵至今八岁矣"。霸王只活到三十出头，给人的印象却是老如廉颇了。徐州户部山戏马台上也耸着一尊霸王像，眉宇间是深含一股英雄气的。"自立为西楚霸王，王九郡，都彭城"，那是他平生最得意的时候。

墓道幽暗，拐一个弯，通至项王坟前。这应当是一座衣冠冢。因为《史记》载，汉高祖以鲁公礼葬项王于谷城。这大概是不谬的。坟上细草在阳光下泛绿。风霾中，碑表芜灭、丘树荒毁的景况已属往日。血肉之躯硬化为石筑的枯冢，后人却享祀不忒，似乎已将新安坑秦卒、咸阳阿房炬的暴虐淡忘。楚汉争衡，刘邦终为天下宰，沛县的歌风台峨壁雄脊，霸王祠无法与之比高。垓下之叹同大风之歌，一寄将死的忧情，一抒踌躇的壮志，一显过人的勇力，一表超凡的心智，都是足可传世的古调。吟咏，想到两千年前争帝图王的烽烟，真是一部二十四史无从说起。乌江渡口仍如旧吧，昔年亭长即在此舣船待项羽。鹿死不择音，假定命厄的霸王引骓渡江而东，重张旗鼓，再起兵戈，天下大势亦很难测定。少学万人敌的八尺将军，心既死，也只好悲饮天亡战罪的余恨，命殒青锋了。冀图的霸业，转瞬成空。刘邦则不。固陵一战，楚破汉军，"汉王复入壁，深堑而自守"，几陷绝境。得脱，反聚诸侯兵围楚军于垓下。刘邦所以称帝，项羽所以败亡，天心乎？人命乎？我看着项王孤冢，无语。曾巩："滔滔逝水流今古，汉楚兴亡两丘土。"江东子弟过此，会在一片江声中虔心祭酹的吧。

秦失其鹿，天下共逐之。英雄乘势，或起于垄亩，或起于草莽，皆来一争至上的帝位。中国历代封建王朝的更替，无一不以最原始、最血腥的形式完成；而个人的得志与失路，尽凭成败来定。在一般人看，世为楚将的项羽，仍可算是一个末路的好汉，又因了虞歌与雅啸而平添几分凄楚美。闪熠血光的楚汉战史，为之浪漫。

"拔山力尽乌江水，今古悠悠空浪花。"诗很悲凉。项王逝矣，永绝隔岸的故人。莫非去伴帐中的香魂？惆怅对西风，一声声哀怨的楚歌从远古隐隐飘近我的耳边。嘶风的神骓还在系念旧主吗？荒原之上，那离离的美人草，尽是青血所化啊！

覆满血痕的历史，一经汤汤逝水的洗濯，也便成了梦里的诗。

三 苏 祠

　　三苏祠在眉山。东坡诗"家有五亩园，幺凤集桐花"，大约为宋朝时的景象。改宅为祠，院子大多了。我没有看到枝头的桐花凤，清阴下的瓦屋仍如旧日气派。

　　绕庭之水流得很闲，发出轻响，在一片竹林前汪成池塘，上面浮着绿萍。好像有鱼。水景略作点缀，造弯折的短桥，筑翘角的小亭，随处坐下，都不妨看花听鸟，细品画中的滋味。

　　正屋高大。苏氏父子不分家，都被塑成敷彩的泥像供在里面，长袍的颜色是一样的，眉眼似乎也是一样的。不很生动，却皆有平和之气。我默立片时，好像在看佛。

　　苏洵像的上方悬匾：养气，非常传神。这两个字，一下子就把泥像给点活了。还有数行小字，前面几句是："苏氏之学以养气为宗，洛中兄弟之理，眉山父字之气，前人并论之矣。"这是把苏家三口和同代的程氏二儒相埒了。只说苏轼，诗文书画兼美，纵使才气，笔底尽有风神在。"养气"匾挂在堂中，很合适。

屋后西边有一眼老井。井口是圆形的，如普通水缸口粗细。用红砂条石三面围栏。井大概是当年的。我朝井下看看，汪着水，甃面有一层青苔，斜出几片绿叶，荒弃久矣。井旁是一株三百年黄荆树，半枯。往西走几步，有一棵荔枝树，枝干灰白，全无生气。苏轼在岭南"日啖荔枝三百颗"，未免夸口，却可以推知他是一个馋人。据说他从没有吃到家园的荔枝。汪曾祺："红栏旧井犹堪汲，丹荔重栽第几株？"句意好，我看不妨刻联，挂在院中。启贤堂后面，朝南一间大厅，是来凤轩。阶前花坛开着一片白色花。鸟音很欢实。隔过飘萍的方池，值得久观之物是启贤堂后檐下的木假山，色黑，形似瘦小之山而非真山，不过一件园中器玩也，处梁栋之下，犹有姿态。苏洵的《木假山记》是一篇有名的山水小品。文中"余家有三峰"，应指此物。朝夕相对，让他渐悟一些道理出来："余见中峰，魁岸踞肆，意气端重，若有以服其旁之二峰；二峰者，庄栗刻削，凛乎不可犯；虽其势服于中峰，而岌然决无阿附意。吁！其可敬也夫！其可以有所感也夫！"字句焯有波澜。论者以为文章颇带战国纵横家气势，持之有故。钱基博谓"苏洵以申韩之峭刻，变苏张之纵横，其气放，其笔拗"，家风下传，轼、辙均"工于策论，疏于碑传"。所长所短，我无缘游于苏氏之门，头不冠四学士、六君子的嘉名，也就无以言。

碑亭临水，飘着墨香，有人在拓印。苏轼之学，皆由欧阳修门下开拓，亭中有他抄录的《醉翁亭记》《丰乐亭记》就不奇怪。表忠观碑也在这里（杭州西子湖岸亦立有一尊）。虽苏氏兄弟"可以抒议论，而不可以作碑传"，"唯《表忠观碑》气跻苍坚，辞能劲敛，卓荦为杰，集中之冠"，这是钱基博先生下的赞语。坡仙大笔淋漓，眉山人似也长于舞文弄墨。有人入亭握笔，久不知倦。苏轼尝谓蔡君谟："学书如溯急流，用尽气力，船不离旧处。"这些临帖人，字中得趣耳。

园中多小筑，披风榭、瑞莲池、绿洲亭皆不俗，凑在一处，恰是山坡水岸风景，无复宏丽，味道却不浅，苏坡仙的萧散态度正可以在此处落实。袁宏道："东坡之可爱者，多其小文小说，使尽去之，而独存其高文大册，岂复有坡公哉！"此话算是一段说明。

楚颂园广数亩，附会苏轼买园种橘故事而辟建。我从篱栅旁过身，双眸为一片明艳花影映亮。愁红随风飘落秋溪上，意若武陵世界。

眉山的东坡肘子很出名。我不胜荤腻，无心一尝。过新津，在路边吃了几口黄辣丁。

五 公 祠

　　唐宋两朝，官吏负谴，常常要远贬边裔，颇近流刑。柳子厚"一身去国六千里，万死投荒十二年"，是含泪之语，五公祠中奉祀的诸君，同此身世。

　　椰风吹雨，我踏着湿亮的砖道绕祠一走。看过数尊造像，念罢多副对联，没有什么深思。我不治史，对于谪居海南的这五位在青史挂名的人物，少所知，也就无以言。五公中，举史久名大的李德裕，便会想到晚唐的"牛李党争"。两位高登相位者，互不低头，辨是非，就如理乱丝，怕只有范文澜那样的史学家能够说清眉目。白居易讲，牛僧孺嗜石。李德裕以何为雅呢？大约唯寄心楮墨是好。或曰他谪降崖州司户，于贫病中著书不歇。"海南第一楼"内立这位唐相的雕像，貌清瘦，有骨格。李纲、赵鼎同为宋臣，抗金的精忠之气可比岳鹏举。我幼时喜读小人书，《岳飞传》买齐一套，知道李纲与连名的宗泽，很是佩服。多年前，我去镇江，从北固山下来，过东郊的京岘山，看了江南春雨中的宗泽墓。幽幽荒草，淡淡远野，四围略显凄迷。李纲墓在福建闽侯大嘉山下，我是车过其境而未往观。尝入武夷山，在孔庙旧址建起的博物馆，史宏物赡，供我端详。馆中专为闽北八大名人塑像，临门而迎无边山色的，就有这位邵武人李纲，同朱熹、袁枢、柳永、严羽、真德秀、宋慈、杨荣诸贤比肩而立。现今，在海南又见其像，遭嫉害而谪徙的苦况，隔过数百年，细品，犹近"旧江山浑是新愁"的滋味。

可同唐宋五公争胜的，在此处是苏东坡。坡仙远谪琼州，岁过花甲。"今到海南，首当作棺，次便作墓"，几怀必死之心。然而从他的《在儋耳书》中又不难读出一番旷士襟度："吾始至南海，环视天水无际，凄然伤之曰：'何时得出此岛耶？'已而思之，天地在积水中，九州在大瀛海中，中国在少海中，有生谁不在岛中者？"又以诗示弟子由："他年谁作舆地志，海南万里真吾乡。"乡民仰其才望，皆以谪仙人目之。比较五公，别有一种疏放态度。

苏公祠配在五公祠近旁，似夺去大半风光。堂中供坡仙抱书戴笠彩绘像，壁上，传薪毓秀的连环之画形同为他立传。阶前是春日花木。东坡豪放，满眼绿叶素华却只配得上宋人的那几句婉约词："一年春好处，不在浓芳，小艳疏香最娇软。"

昔年，苏公祠是一座书院，东坡书院。苏轼在这里住过数日，嘉名久留。元代，乡人承其学风，置学田，建书舍，聘山长，设讲室。书院匾额是赵孟頫题的。

学苑气邈矣。四周看看，亭阁、花池、山石，完全像一座适于游憩的公园。院内有方池，呼为金粟泉，苏坡仙"指凿双泉"遗迹也，听去仿佛一段可入宋人话本的材料。临池前，我好像看见长髯的苏翁在水影中浮笑。此后，我得缘入蜀，在眉山苏氏故宅看到一口老井，就想起椰风下的这眼金粟泉。

洗心泉久湮，故凑不成"双泉"旧景。幸而有一座洗心轩在，配于金粟泉旁，也算未失其宜吧。

祠前一片湖塘，碧叶田田。烟雨如洇在纸面的水墨，淡去了古史中的哀乐。唯余村野上四月的牧歌，袅袅不尽。

莫 高 窟

　　敦煌的精髓在莫高窟。窟中的极品是塑像和壁画，几乎遍及近五百座石窟的甬道、龛内、四壁和窟顶，交光互影。从无际沙野中一步跨进来，至少可以抛掉瀚海的荒寂，走向艺林，在千年禅窟中欣赏古典。

　　莫高窟少雕像，这和龙门、云冈有所不同。因为它的岩层没有那么强的硬度，无法依崖壁施斧凿。它只能以塑像和壁画为一家之绝。古时，这里的石窟大于现今规模，多可上千。昔日的工匠们一钎一錾开出庞大的石窟寺群，塑像两千躯，彩绘四万多平方米，历前秦、北魏、隋、唐五代、宋、元、明、清诸朝，与千年风雨相始终，给八百里祁连别添一种风景。

　　这风景也实在太浩大，看了一些，终不得要领。

　　莫高窟前密植了一长溜白杨，聊得烟柳之胜。外来人不好一眼望透枝叶后面纵横低昂的洞窟。窟前有河床，天旱，未闪波光，但河的名字还被人记着——大泉河。"前流长河，波映重阁"八字，是摹景之词。可以推知，这同晋北悬空寺下有一条浑河汤汤流去，气象略近。

　　选看了几个窟。无灯，只靠一个电棒在漆黑中晃动，在很淡的光束下端详那些塑像和壁画。第二百九十五窟还好，洞外之光从敞开的大门照进来，可略作观览。这是一座魏窟。按潘絜兹先生的说法："北魏塑像的特征是佛菩萨的体格都较高大。面相则额部宽广，鼻梁高隆通于额际，眉眼细长，颐部突出，唇很薄，发髻作波状或螺旋形，衣着则佛穿的是长袍，菩萨都袒露上身，衣的襞褶紧贴躯体，好像是穿着薄薄的绸质衣服，刚从水里出来似的。衣褶线条劲健有力，使人看了没有柔和之感，即使飘举的带子及下垂的衣角都是如此。总之无论从面相、体格、衣饰各方面看来，它都带有一些印度人的味道。"这和佛教初传，谨守原作造像仪型相关。我看这些魏塑，也觉得原始印痕过重。倒是依壁的影塑能传精神。所塑虽是菩萨，一颦一笑皆近人情。弯细的眉目，微翘的唇角，让人若观立体的蒙娜丽莎。如果这些是北魏作品，非后代补塑，那么它们应该是唐杨惠之"塑壁法"的先河。

壁上有墨字"二四二.P111魏"，这是张大千先生的亲笔标注，他曾经在这里为窟寺编号。

魏塑至隋，渐入佳境，这是潘先生的看法。魏塑重"秀骨清像"，隋塑贵"雍容厚重"，手足肌体显出丰腴，衣褶线纹变得柔和，只是比例不当，头大身量小，难合尺寸。但隋塑已开彩绘之风，望之艳丽。唐塑的辉煌，离不开它的奠基。

唐窟之数，占去了莫高窟的半壁江山，塑像六百七十躯。潘先生云："这个时代的佛像，面相温和、慈祥、庄严、镇定。大多盘膝端坐，手势作说法、思维或召唤的姿势。衣的襞褶流利如绘画的线描，但准确地透露出内部丰润的肉体，合于人体解剖科学但又不斤斤拘泥于此，显示了艺术家巨大的创造才能，特别在菩萨像的制作上，使我们惊叹。这些菩萨像，都如袒胸露臂的美丽的女性。她们身段秀美，气度娴雅。修长的眉眼，表现无限明澈、智慧、温柔而又不可亵渎。小小的嘴，唇角带着微笑，好像在亲切地倾听着人们的祈求。袒露的部分，都精微而妥帖地表现了肌肤的细腻润泽，好像里面有血液在流转，脉搏在跳动。衣裙都能表现丝绸的质感，薄薄地贴在身上，漾起的襞褶如微波荡漾，极富于音乐的节奏感。"这一段文字真是精彩的传神写照。唐代艺术家以无生命的泥土麻草创造出血肉丰满的菩萨塑像，不过是借佛的名义而塑造着人间少女的美丽形象，望之绝无隔膜感，从而将始于隋代的造像的世俗文化风格推向成熟。

罗汉和天王力士塑像，则大显阳刚之气，这同漠野风光相配。

所观唐塑，印象至今犹深者为三尊佛。其一是第九十六窟的弥勒，三十多米高，坐姿，是莫高窟中最大的佛像，伟丈夫也！因其形巨，在外面建九层楼以覆之，故这又是国内最大的室内坐佛。在技法上，它是先依山崖凿出形体，再行泥塑装銮，这是将石雕与泥塑糅合了。这座佛和楼，比之云冈的第五窟更有气象，须仰视，方可得见那双长而低垂的眼睛。从面目上看，这尊弥勒近于释迦。我有些纳闷，后来还是从潘先生的书里明白，在莫高窟的塑像、壁画中所见的弥勒，和阿弥陀是一样的，只是手势不同，不像后世常见的大肚皮喜笑颜开的那个样子。这尊弥勒佛历代多有增修，现在看到的为清代重绘。画在身上的仿佛一件青龙袍，很古怪，似在禅界添一抹道士气。

其二是第一百三十窟，天宝年间开凿。佛高二十六米，为莫高窟第二大室内坐佛。石胎泥塑，贵在衣纹简练流畅。藻井、龛顶、背光、莲座均极绚丽。齐眉目处壁上，绘飞天，两米之长，当算作飞天里的巨人了。翘耸的窟檐下，长杨轻曳，夹竹桃红，飘一缕浪漫。

其三是第一百四十八窟，这是盛唐之作，所塑却是一尊释迦涅槃像，十五米长，是这里最大的卧佛，且形体极秀气。身旁七十二弟子举哀，各显悲切之情。这还不足以传达悲恸，故又在壁上绘满《涅槃经变》壁画（唐代壁画以经变为主，这和北魏、西魏时代多以说法图与本生故事为主有所不同），色泽犹新。《西方净土变》和《东方药师变》也来相配，均是将经文故事变为壁上的图像了。据此，可观唐代大型经变图面貌。

壁画题材丰富，按照潘先生的归类，计经变、佛传和本生故事、尊像与荼罗、供养人像、藻井及边饰图案等五大类，且均属于水粉壁画（唯一施以水彩的，是一座元窟里的壁画）。潘先生是美术大家，他说，莫高窟壁画的制作程序是"先以厚约半寸的泥涂于壁面，泥中杂以锉碎之麦草和麻筋使之坚韧。然后再在泥壁上涂一层薄如蛋壳的石灰面。打磨光滑，画时先以赭红线打底，也有用淡墨线的。所用颜料大都是粉质的，不透明，层层涂绘，最后再用色或墨线描绘一次便完成了"。所遵依然是孔圣人"绘事后素"的主张。在粗糙坚硬的崖壁上，做精细的彩绘，其劳之劬，为同辈的士大夫画家所无从想象。

壁画极能耐久，贵在颜料。所用烟炱、高岭土、赭石、石青、石绿、朱砂、铅粉、靛青、栀黄、红花等十多种，其中石青、石绿、朱砂、赭石属矿石颜料，用于壁画，不畏沧桑。这里的许多作品，和我在云冈石窟所见的藻井彩绘一样，红红绿绿，非常鲜艳。千余年前，它们大约就是这样。我对北魏、西魏的佛教壁画没抱多大兴趣，不外是本生故事和说法图。可欣赏的是第二百四十九窟藻井上的中国古神话图画，飞舞的线条，奔放的气韵，让人想到浪漫的楚文化，也想起飘逸的帛画和汉画像石，敦煌壁画与中原壁画，源流同也。我目之所及，竟与前年在洛阳古墓中见过的彩绘汉墓砖，风格大近。

鲁迅所说"佛画的灿烂"，概括得好，是对唐代宗教壁画的嘉许。

壁画中最富神采者，是飞天。我对敦煌飞天的印象可以溯及少年时代。我只醉心于它的造型，后来才知道它叫犍闼婆，亦名香音神，是一种飞于空中的供养菩萨。职司是在佛说法时散花、奏乐，属天龙八部之一。这种伎乐之神，借助色彩和线条绘出翘舞之姿和飘曳的长带，就宛然天上了。飞天使"线"的艺术张力达到绝美的程度，它表现了"轮廓、质感、情绪和节奏"，在中古艺术史上，这样充满现代感的形象还颇为鲜见。

飞天是理想化的美神，壁画中的供养人则为十足的写实风格。他们捐资兴造窟寺。当然有资格让自家的形象挤进神佛世界。北魏时期的这类人物同塑像风格一致，"刻削为容仪"，很清瘦。到了唐代，壁上供养人则风貌大变，易"秀骨清像"为"秾丽丰肥"了，折射出唐人的审美好尚。潘先生云："所有供养人，大体仍作礼佛行进模样，但姿势变化较多。有的端着长柄香炉，有的举着花束。侍从人物男的则捧琴囊弓箭，女的则捧镜奁扇杖等。有些后面并有伎乐车马之属，比之前代要复杂多了。像侧除侍从人物外，一般皆有题名，有的并有发愿文。"用来作为典型的，是第一百三十窟的晋昌郡太守乐庭环一家供养像。男的"裹软脚幞头，着圆领蓝袍，腰带撘笏，手执香炉，气度雍容"，女的"面如满月，施有靥饰"，身着锦彩衣裳。一眼瞅去，即为富贵人家。画外的伎乐歌舞之盛，鲜衣美服之丽，不难想象。

辞莫高窟返敦煌市。沿途所见依旧大戈壁，望去似无边际。地下多汉魏古墓群，想必又别有乾坤。

晚，食甚欢。美在特色，谓之"敦煌宴"。比方沙州一景、飞燕古城、月牙春色、阳关活鱼、鸣山大枣、敦煌烤鸭诸味，不离此地风景。雪山驼掌为我头一次吃到。雪山用鸡蛋清制成，取祁连雪峰意境。驼掌却是真的。人谓"东北喜啖熊掌，西北乐食驼掌"。我在北大荒十载，未有机缘吃一回熊掌。想不到只在西北几日，便有驼掌口福。当然，味道现在已记不清了，唯不忘其名。

晨起，小城静极。出敦煌宾馆大门在树荫下朝街心走。沙州市场两旁的壁画，烧制得极光亮。左边一幅是《丝路商旅》，右边一幅是《大唐集贸》。画面十分热闹，可比《清明上河图》。千载之前，天山南北路与河西走廊之间，真是商贾辐辏，相望于道，货殖之风盛矣。

街上有叫卖者，摊着的是李广杏，为敦煌特产。李广杏个儿不大，青皮，尝一口，不酸，当地话"筋筋的"，谓之有咬劲。"筋筋的"三字，很好听。

又走近路口那尊飞天像，如一片乳白色的云浸在阳光里。碧叶间花似彩霞。

空气中含着浓浓的诗意。思绪如风，飘荡于古城上方的寥廓蓝天。

别敦煌而东去，望见宾馆一联：

关山跃马过，
明月照人归。

榆 林 窟

安西的出名，是因为风。岑参"轮台九月风夜吼，一川碎石大如斗"，移用在这里，不算夸张。路旁卖瓜的女人紧箍头巾，揣手儿站在昏黄的风沙里。瓜的名字不土，呼为"金皇后"；北京的叫法更洋，曰"伊丽莎白"。吃，其味无异，甜！

风的世界里能长出这样好的瓜，真是怪事。

戈壁滩无遮拦，就那么大模大样地仰在天底下，望去只是一片碎石头。少水，连耐旱的骆驼草也长不高。骆驼草给大戈壁带来一点绿意，这就不容易，干渴的旅人会从浅浅的绿意中看到希望。

蜃气不难遥望，隐约如眺雾中楼台。走近了，什么湖泊呀、水岸呀，全没有。大自然跟人开了一场玩笑。在这样"旱其乾矣"的旷野，人们向往的是水，清凌凌的水。

戈壁滩真叫大，车行多时，枯望中，总还是那样一种不变的景色。大戈壁让人想到的是一个字：空。

这是佛境。

奔南，车拐入山口。祁连山腹地是一片乱峰，全是秃的，毫无酥润感。往前，稍好些，可以瞧见路旁的绿草和骆驼。牧人很闲在，把自行车撂在道边，就仰歪在避风的斜坡下，眯眼晒太阳。我往年在北大荒放羊，也是这个样子，所以举目一望，感到很亲切。

风大，似要将一切卷去。"飞沙走石"四字，虽已被人用俗，可是在这里，还是躲不开。有什么办法呢，换旁的词，都不合适。

昏蒙的天色下，横着一道高塬，顶部很平。我在豫西伏牛山，见过这样的地貌，完全像是出自人工。近看，是一道深峡，有奔流的河水，有舞风的长杨。两侧的断崖上，横列着数十孔佛洞。

这就是榆林窟。

守窟的，是一位道长，也姓马，瘦脸，长须，目光很冷，背过身在院墙边钉窗户，没话。

他为什么会久守佛窟呢？不知道。

窟檐下，支着棋盘，残局。倚墙是一幅刚绘好的画，入画的是门外的风景。有位留长发的中年人坐在暖暖的阳光下，衣前印着"南开大学"四字。我推想他应该是一位专门来这里写生的画家。

这座临河面崖的小院，真叫一个静。居此，求养闲自适，恰好！在山外，要找这么一个去处，不容易了。

榆林窟不像莫高窟那样有排场，只因尚未举大力，兴土木。这也好，可以直睹不改样的旧貌。入窟看，印象是佛画比彩塑要好。理由简单，多数佛塑已非唐宋面目，添上大红大绿，一看就是清代的补塑。壁画则万幸，原貌大体未改。例，可举第二十五窟的，凡来榆林窟者，无不观。鲁迅"在唐，可取佛画的灿烂"，于此可证。

榆林诸窟，多不很高大，画幅不宽，用线用色就更讲究，少逸气，多工稳，笔迹圆细，吴道子早年画风存焉，似也糅入一些李思训的金碧之法。我在北壁的《弥勒经变》前端详了半天。美术家看画技，僧人观弥勒三会的场面，我呢，不懂画法禅理，只好揣摩神韵。还进一步，意在把画中佛陀、菩萨当常人看。打量其眉梢嘴角，各浮表情，似融入俗世的悲喜。莫高窟的一尊北魏禅定坐佛，细目低垂，薄唇微翘，深含一缕温婉的甜笑，很迷人。我看过多年，仍不能忘。榆林窟的这幅唐画，落在佛众面相上的笔意，大约由此脱胎。弥勒讲经说法，自有可赞的高论，我因身处迷海而未登觉岸，故同得道的佛陀难有会心。却不妨灵机一动，变虚幻的佛境为实在的现世，菩提树下听如是我闻也就有了可感的真情。这幅画，不以北魏流行的横卷式连环画绘法构图，也无榜题，却照例能够读出情节。耕织、嫁娶、弈棋、乐舞诸情状，推想画师当以瓜州昔时的生活图景入笔。弥勒之世，女人五百岁外嫁，这是非人间的，很荒唐。怎样表现呢？总不能把新媳妇画成赤松子那类又老又瘦的仙怪吧！果然，半掩红妆、盼入花烛之室的新嫁娘，被画得又白又胖，丰腴敢超杨玉环。好细腰的今人会惊问，这么肥实，嫁得出去吗？不必少见多怪，唐代，好的就是这个！凌霄殿前的伎乐天，舞影翩跹，唐代教坊乐舞即大致如此吧！就舞姿的婀娜看，跳的不像是胡旋舞，我猜应该是春莺啭。李群玉："南国有佳人，轻盈绿腰舞。"金冠高髻，臂钏手镯，伴以法曲燕乐，比之云中飞天，像是差不到哪儿去。

画是梦。浮想中，飘落一片细雨闲花。

西夏诸窟，以彩绘泥塑悦人，技艺远胜清代作品。有人在窟中临摹，是那位"南开"的毕业生。搭话，得知他姓张，本地人。他性子很稳，讲佛画，一字一句都有来历。他临摹的，是一尊水月观音，同我在普陀山见过的，大致不差。

这位老兄，让我想起张大千。

峡谷中的河水流得很急，皱起白亮的浪纹。风紧，长杨的碧，叶低吟着秋歌。

过午，当院儿飘出炝锅之香，快开饭了。倚门默望，我忽然觉得，这很像自己当初插队的日子。只是我昔年相守的，是一大片湖水，无佛。

临去，抬眼一瞅，窟檐下的那盘残棋，还在矮桌上摆着。

想到陶渊明的一联诗：

> 户庭无尘杂，
> 虚室有余闲。

榆林古窟，清凉界。

云冈石窟

武周山是一座佛山。最高处的云冈，刻了许多石头人，不，是石佛。造型好，年代久，自然珍贵。诸佛像最高的十多米，最矮的几厘米，比例悬殊，好像擘窠榜书与蝇头小楷的对比。至于这里雕了多少尊佛，大概没有人去依次数，数不过来。但一份材料上说，五万多尊，真猜不出是怎么数出来的。换了神仙家也会数花了眼。

景观绝对够得上大气象，比较起来，龙门石窟就显得灵秀了。北魏王朝迁都洛阳，把鼎盛时期的一腔豪气留在了大同。站在摩崖佛像前，你会感到人力的无穷尽。在高大于己身几倍、几十倍的神像面前，你不会觉得自己渺小，你浸身在先人用钎凿雕出的精神的光环中。郑振铎先生写云冈石窟，多征引录述，采工笔之法，我再来写云冈，可不必复蹈此径了。落在这里的笔墨，当以写意为上。

从大同去云冈，有十里河一路相伴，可惜缺少水，无鳞波的意趣。大同另有一个名字——龙壁之乡。理由是城内曾有多块龙壁，壁上浮雕的龙取一、三、五、七、九，是帝王之数吗？腾泽之蛟、潜渊之龙，以水为家，想必大同曾多有河川。谢冰心想得很细，她说在山西多见镇水的铜牛。这是实话。我在善化寺侧院的五龙壁前就看到一尊乌黑的铜牛，原在御河畔，是明代旧物。总共有九条这样的铜牛（大同出铜。民间口语：五台山上拜佛，大同城内买铜），八条被冲走，唯余此条。御河水暴涨起来，也是相当厉害的。可惜这件遗物，也已残损，左角断去，腹腔亦被掏空，半扇排骨没了。因那牛的神情很憨实，便感觉样子颇惨。铜铸躯壳尚难以抵挡岁月，况血肉身骨！

从外表看去，武周山没有什么特别，却是一座圣山。什么道理？无解。但选中这里削山为壁，开凿出一片佛像世界，必有根据（从纯自然角度讲，这里属砂石岩，石质松，易开凿）。却用数万人苦干一个甲子，成为佛界大观，这在今天很难想象。风雨过去千年，云冈气势犹壮。当年从古凉州来的工匠和那位敕建佛窟的文成帝，其功可比筑长城吗？只是这一片佛像的作用仅限于精神，到了现在，又添上一些欣赏的意义。耗费恒巨，在我们普通人来看，是了不得的工程。在僧众那里则另有不同，从打禅修行到朝拜，神圣得无可比方。

佛像的姿态就不必再来说明，大多已褪去色彩，面目模糊，但都是善面，无丝毫怒气。观者的心情也会随着平和超然起来。那些佛像不单眉目雕得传神（这是一种不好用人类的表情来加以注释的面孔），且服饰得吴带曹衣妙处。安适的面目和飘曳的衣纹，显出动静之变，结合得非常之好。这些石雕，初凿时皆为山岩本色，色彩是明清时敷上去的，用一种天然矿物质颜料，不易掉色。我看彩绘绝美者在第十二窟。窟顶一片紫红颜色，乳白的伎乐神翩然若飞，手持排箫、琵琶、觱篥、箜篌、笛、鼓诸乐器，奏巫风，鸣雅乐，恒舞于宫，酣歌于室，大约是胡人乐舞。抬起眼，你会目眩于斑斓的色彩，仿佛聆听天国缥缈的歌声，有一种宫殿般的华丽感。浮雕的不过是优伶人物，却较佛陀、菩萨、罗汉、力士更为亲近，有一种人间生活的情味，其美可比敦煌的飞天。

清代人施彩于佛像，带来益处，可另一种修饰法我却不大赞同——将佛像凿出许多小孔，嵌入木桩，拉上线绳，往来纵横，遂把泥巴糊上去。佛像的表面倒是光洁了，却难抵风化，一有脱落，尽呈鳞伤之象，更为难看。但我们不好把古人揪回眼前来埋怨，风化是岁月牙齿的啃啮。诸佛窟有的前造楼阁，黄绿琉璃顶，古铜色廊柱，山堂水殿的气派，可庇石佛；有的则前无遮拦，比方第十四窟，已失面目，洞中佛早随风雨去了。

最先在云冈落户的五尊佛像都在昙曜五窟。昙曜是高僧，他具大气魄，主持雕出的五尊佛个个形巨。有趣的是，这些佛像各自以北魏的道武、明元、太武、景穆、文成五世皇帝为本雕出来的。礼佛同拜天子相混合，也是一种创造。五位帝王的模样我们谁也未曾见，当然不好评说这五尊作品是人相还是佛貌。虽则坐立各有姿势，却一律饱满圆润，多为释迦像。最有代表性的是第二十窟的大佛，无深洞以藏，躯敞露于外，和前几尊一样，眼睛睁得很大，黑色眸子仿佛是专门镶上去的，颇溢神气，隆准挺秀，大耳肥厚且垂及肩头，背光的火焰纹和坐佛、飞天浮雕无比华美，不像通常看到的释迦佛，眼神总那么平和，圆融无碍，同洛阳龙门奉先寺的那尊卢舍那佛像比较，另具一番气象。大佛的右膝生出一蓬荒草，所踞莲花座已陷入泥土（谢冰心远在半世纪前就这样说），专家们正辟出方形地面，一层层使地的高度降下去，以露出莲花座和石阶，复现旧观。拿龙门比，云冈虽无一条伊河粼粼流淌，少山水映带，但周围密植丁香、松、槐、榆。特别是丁香，花色白，味儿在风中极香地飘，颇有风景。

自此佛龛以降，为西部窟群，无大像可观，多为历代百姓自家雕凿，非官府敕造了，规模远不及前面诸窟，佛像矮小且面目多被风雨蚀去，不成形状。看来，较少有人过问，自然也没样儿了。有的小佛龛前写了"慈善堂"的字眼，俗气。我沿瘦窄的山径走了一截儿，路似乎已绝，步遂止在尽头。

六朝石刻下启唐宋造像之风。

　　大门口一株古杨树，有位做生意的妇女说它活了三百年。枝干已枯，绿叶仍茂，比起千几百年的石佛，便算不得怎样了。对面那座康熙年间的旧戏台早就落了厚厚一层灰土。给没有生命的佛像唱人间的戏听吗？正中悬一个大红颜色的"福"字，狂草。旁边那个卖金钥匙链的男人说："蛇盘兔，是福。"仔细端详这个笔画张扬的墨字，有点像。

　　回城的路上，在佛字湾旁的观音堂看了一会儿风景。这庙堂虽小，但依冈阜之势，颇有姿态，有些像我今年早春在昆明郊外看到的那座万福寺。

　　观音堂门口的石狮前晾着一双黑布鞋。

　　里面供着烟气中的观音，香火真旺。联语：

　　　　　　白莲台上现如来，
　　　　　　紫竹林中观自在。

　　这同我在云南洱海中的小普陀岛上抄下的一副对联意境相仿佛：

　　　　　　座上莲花占得西湖三月景，
　　　　　　瓶中杨柳带来南海一枝春。

　　堂院悬古钟，立碑碣，衰草在香篆腾出的烟雾中摇。

　　迈出门槛，那双布鞋已经挪了晾晒的地方。

龙门石窟

龙门首焉。白居易好眼力！

伊水冲山为阙，一带如龙的山影里竟点缀窟龛若蜂巢，仰视累累。这和我在四川广元的嘉陵江畔看过的千佛崖相近，只是规模更大，造像十万尊（孙席珍说不下几十万）。从北魏孝文帝始，经隋唐，历大宋，在一座石头山苦下了四百多年的雕凿功夫，光这份耐性就要叫后人说不出话来。

石是山之骨。奉先寺的卢舍那佛最为气派，它支撑着龙门山，只是过于肥胖；因为是一件唐代的作品，也就毫不奇怪。这佛有一张温和亲切的脸，很带人情味儿，自然叫人乐意多看上几眼，同古希腊大理石雕像或者中世纪绘画放在一处比较，冰冷的匠意和沉闷的宗教气是要少一些的。看这样的佛像，目光容易掺上感情。这点功劳能记在武则天身上吗？她为这座龙门石窟中最大的佛龛捐助脂粉钱两万贯，数目看来不小。东岸有擂鼓石，我没有注意到，但资料不会有误。女皇上礼佛时要击几通鼓的。不知佛家有没有这个规矩，但其心可鉴。萨都剌《龙门记》里好像没有专门写一写这尊卢舍那，而对另外的几尊却能尽其详：

两岸间，昔人凿为大洞，为小龛，不啻千数。琢石像诸佛相、菩萨相、大士相、阿罗汉相、金刚相、天王护法神相，有全身者，有就崖石露半身者。极巨者丈六，极细者寸余。跌坐者、立者、侍卫者，又不啻万数。然诸石像旧有裂衅，及为人所击，或碎首，或损躯，其鼻、其耳、其手足或缺焉，或半缺、全缺。金碧装饰悉剥落，鲜有完者。

我一直不明白，萨都剌怎么会从笔下漏掉了可发一赞的卢舍那？

佛一律是灰秃秃的，耀眼的彩饰早没有影子。我一直以为露天石佛是不着泥金石绿的，这与殿内的泥质菩萨应该不同。可是忽然记起十几年前在承德磬锤峰下曾见过一幅石刻，佛身依稀有彩色敷设。那么，直斋先生的笔墨不错。

萨都剌那时就叙说了佛像遭损的惨模样。隔过几百年，孙席珍再来写龙门，面貌竟仿佛："山石上浮雕石像，大者数丈，小者数分，总计不下几十万。但几十万的佛头，存者百不得一，因为所有佛头，早都被人挖下，卖给日本人了。"张恨水也讲过类似的话："大小佛头，一齐让人偷了去。小佛呢，连身子都由石壁上挖了去。到了佛崖上，仿佛游历无头之国，你说扫兴不扫兴呢？"这话说得怪让人绝望，却又不是瞎编。所以我一边登崖阶，一边跟游伴引孙席珍的那句话："要看我们的那些古物，应该上东京或纽约去，无须乎再逗留在这里。"就是这么回事！

洞窟多半有名称。门口戳块木牌，写得明明白白。万佛洞、双窑、老龙洞、莲花洞、药方洞、古阳洞、宾阳洞、潜溪寺。我是凑热闹的外行，瞅不出实在的名堂，只得其大概。古阳洞顶刻着名气很大的《龙门二十品》，但没见有谁设架仰脸抻脖儿地拓帖。抢着坐在残基上照相的却永远不断。佛像消逝在风雨中，今人代替了它们。看他们那种激动不凡的样子，我直要惹出笑。

禅心不是寻常人所能领略，但也实无镇日焚香打躬的必要。如果有谁选一片好风水，殚人之力再造摩崖，准会有今日东方朔劝他去心理医生那里看门诊。

石崖虽秃裸而了无覆蔽，却也有数根细柔的野草从岩缝钻出，在风里舞。乐山大佛的耳朵眼儿里也有这样的小草极顽皮地冒一截儿，真是天趣。它们从哪里汲取养分呢？诗人能够从它们摇动的清影寻找到一缕情绪。

墨绿色的伊水在阳光下闪亮，一路柔缓地流。岸柳发丝般低垂，撩着粼粼涟漪。赭黄的沙洲上丛生着浅浅绿草。隔岸是琵琶峰，浓荫深处，掩着一片乳白色矮墙，那是白园。乐天老人的诗魂还在邙山伊水间飘荡吗？"洛阳之盛衰，天下治乱之候也。"沧桑流年，又吟几多新乐府？我当以酒遥祭。

大足石窟

大佛湾是安静的。

到了这里，我可以细看佛陀安详的面目，菩萨温和的表情，璎珞闪烁的繁花似的绚彩，飘衣透出的织锦般的光华，况且头上又是明蓝的天，四围又是茂绿的树，鸟鸣泉响，山林之乐也尽于此了。

临秋了，微风吹不散暑热。阳光炽亮。古人遍雕的佛像在这个山湾里保存得完完全全。向深处走，如入清凉界。溪谷中长出一片松竹。浓翠处，清泉潺潺，幽石磊磊，恰如在为林泉高致写意。凡佛境里所应有的景物，已近齐全。万躯佛身安顿于此，也算得其所归，恍若做起林下神仙，且将数百春秋度了过去。

拂衣入峦壑。眼扫龛窟，尽是佛菩萨的微笑，对于外面的一切仿佛不作理会。我喜欢这种缥缈的、非人间的空气，正不妨暂别世间的牵扰。

川民有开山造像的神工。西蜀凌云山的弥勒坐像，东巴宝顶山的释迦卧像，皆惊观者眼目。来看大足石刻的人，不为佛前问法，却能够感到释家的力量。

释迦涅槃圣迹图，占了一扇崖壁，成了大佛湾众像之主。释迦双目微合，很安详，远入一片幽静清澄的世界。涅槃，是佛家的至境。消忧无碍，虚无寂灭，把这样的情状表现出来，是困难的。南宋的石匠将其刻画得恰好。释迦只露出头和胸，躯干都隐在石头里。恋慕世尊的众弟子也仅浮出半身，腰腿以下全不刻出。省略得真叫大胆！汪曾祺说："雕刻这一组佛像的是一个气魄雄伟的匠师！他想必在这一壁岩石之前徘徊坐卧了好多个日夜！"这尊释迦刻像，压住了宝顶山的气势。

六道轮回图，我去年游青海塔尔寺时才注意到，画满一面墙。在大佛湾，雕于石岩上。里面的人和动物，皆含佛门教义，又是我难以明白的。这个被悍蛮的无常大鬼抱着的大轮子，或许是中国石窟群中的孤例。

千手观音像是浪漫的，和承德普宁寺、开封相国寺造出的多有不同。大足的观音，端坐在那里，千只手臂散在肩背后面，伸着，摆着，舞着，很舒展，很柔软，如一团灿亮的光焰，一片涌动的浪涛。大足的许多佛像强调的是静，这尊观音强调的是动，能够将人的想象带远。

十二圆觉，"骨体娴丽，面色称媚"，似翩翩落定的天女。衣带滑软地垂摆，柔腴的肌肤飘溢着潮润的体香，正透过薄薄的彩裳浮凸出来，仿佛可用手轻触。弯细的眉目微微闭拢，翘动的嘴角漾着浅浅的笑纹，恍若回味刚才的低语。一看宛似永远那么和善，那么美艳，隐隐地打动无数平凡的心灵。好像有柔风幽幽地吹来，有清波粼粼地皱起，幻美的感觉叫人久眠在彼岸的梦里。黝黯的深窟，壁刻流云、花树、楼台，旁衬莲台上妙丽的大士，复现着佛界的怡静。

这里是密宗道场。张中行说："中土的文化传统重格物、致知，也就是喜欢平实、明显，不惯于密。"乡僧赵智凤大约也是受过宋儒理学影响的，举大力营建时，在佛像之外，刻出众多各有悲喜的人物，哺儿、养鸡、牧牛、吹笛，与家常生活不可分，又多是温柔淑静的女性，唇下的笛音犹在风中飞绕，带着明艳的祈愿。巴渝乡间女子的形象镌入山中了，身量小于佛而神情的生动却又过之。世俗的信仰、伦理的观念，被这些连环之"画"表现得明白晓畅。宗教戒律隔不断通向日常生活的路。妇孺的哭笑、篱边的炊香，犹在空气中响着，飘着，飞出幽丽的深谷，绝少隐秘玄奥的气氛。

走近牧牛图，能从田夫牧子的顽憨神态上看出一种无声音的调笑，也更富常人之情。被借以附会禅理，似显勉强，亦可知西来佛教对于巴山之民的牵扯是如何的挥而不去。在这组雕刻面前，我更愿听人哼起古老的田歌。"巴女骑牛唱竹枝，藕丝菱叶傍江时"，该有多美！

心间蓦地浮起浪漫诗意。我便在这个小小山湾里看佛，一站许久。万千菩萨在缤纷的花雨中曼舒飘飘的广袖，做飞天之舞。

有表情的石头，有生命的山。

大足石刻，出自民间。那些工匠的名字，有些留在崖壁上。我叫得出的只有伏小六、伏小八。他们或许都是四近小乡村里的普通石匠而非沙门释子。这些伏氏人家的子弟早已死了，雕出的作品却活在中国的艺术史里。

假定巴渝留我，把北山和南山的摩崖造像看尽，对这石刻之乡必有新的领受，会在佛陀的微笑里进到梦似的境界中去。比起到焚香的庙里听僧伽念咒，实在美丽得多。

麦积山石窟

　　麦积山，如翠衣秀女，落户陇东关西之野，弃脂粉而醉烟霞，秦岭、渭河相环护，山水至此而绝。《广舆记》谓"秦地林泉之冠"，名实颇能合一。人来，如入清凉界。

　　以山为根，结合久有的崖墓形制，镌凿窟龛，彩塑众佛，其外形，叫我看，在云冈、龙门和莫高三窟的高大之外，是要别添一种玲珑的。佛陀、菩萨、罗汉、天王、力士、飞天、供养人，亲聚一山，耐千秋风雨而共其冷暖。飞动于藻井的流云，飘散于壁上的彩花，满山岚光中轻飏的瑶草，随衣裙翩然而舞的锦帛长巾……壁画巧衬泥塑，实在是借着雕刀和画笔的力量，传达造型与色彩的神韵，最终来论释依旧斑斓的先朝遗梦。

　　是梦，我的兴趣也就全在怀着寻梦的心，专登凌驾于户牖般洞窟之间的飞桥云栈，依次去看人间之外的佛、现世之先的物。虽远，一时间却都集于眉睫之前，故也能亲近。

　　一路游下来，咀嚼，兴趣犹浓，留有印象者，举要说，先是七佛阁。不因这窟石檐列柱，广如殿堂；所塑佛、菩萨、天龙八部虽经历代妆銮，在我看也不如何新鲜，根本的，是它同文名甚大的北周作家庾信相关。我从文学史里知道他，在"上摩汉魏辞赋之垒，下启唐宋四六之涂"的骈赋之外，钱基博先生说"信以碑版之文擅名一代"，专门为秦州大都督李允信做的这一篇《秦州天水郡麦积崖佛龛铭并序》可见十之八九。其序是："麦积崖者，乃陇坻之名山，河西之灵岳。高峰寻云，深谷无量。方之鹫岛，迹遁三禅。譬彼鹤鸣，虚飞六甲。鸟道乍穷，羊肠或断。云如鹏翼，忽已垂天。树若桂华，翻能拂日。是以飞锡遥来，度杯远至。疏山凿洞，郁为净土。拜灯王于石室，乃假驭风。礼花首于山龛，方资控鹤。大都督李允信者，籍于宿植，深悟法门。乃于壁之南崖，梯云凿道，奉为亡父造七佛龛，似刻浮檀，如攻水玉。从容满月，照曜青莲。影现须弥，香闻忉利。如斯尘野，还开说法之堂；犹彼香山，更对安居之佛。昔者如来追福，有报恩之经；菩萨去家，有思亲之供。敢缘斯义，乃作铭曰……"郑振铎先生说"这几句话很空洞"，有道理，因为通篇的意思浮泛，读完仍是不得麦积山面貌。倒是序后的一段铭文还算精彩，谓："百仞崖横，千寻松直。荫兔假道，阳鸟回翼。载輂疏山，穿龛架岭。纠纷星汉，回旋光景。壁累经文，龛重佛影。雕轮月殿，刻镜花堂。横镌石壁，暗凿山梁……"但总不如读《哀江南赋》"钓台移柳，非玉关之可望；华亭鹤唳，岂河桥之可闻……西瞻博望，北临玄圃，月榭风台，池平树古。倚弓于玉女窗扉，系马于凤凰楼柱"一段得意。同样是出于钱先生笔下的话：庾子山青年时代"渐染南朝数百年之靡，乃其流转入周，重以漂泊之感，调以北方清健之音，故中年以后之作，能湔洒宫体之绮艳，而特见苍凉"。所撰麦积崖佛龛铭并序，当值创作盛年，文章诗赋已由重藻采转为崇骨力，当得"老更成"和"动江关"之褒了。庾历仕梁（南朝）、西魏（北朝）、北周（北朝），均显文才于庙堂之上。周武帝延揽之，其前曾随待周明帝左右，以至随帝前来秦州，做出这篇铭并序。谈及麦积山诗文，不能躲开它。庾信的这方石刻应当同七佛阁相始终。冯国瑞先生在他的《天水麦积石窟介绍》一文里说"独没有庾信作的石刻在阁内"。庾铭之失如果成真，后人就只能到《庾子山集》中去找了，这是很遗憾的一件事。

崖阁前檐廊旧筑散花楼，因有薄肉塑伎乐天人舞其上，笙笛阮咸箜篌，如奏北朝横吹曲，且散落缤纷花雨，考为隋唐作品。这已经是充满人间的浪漫情调了。壁画在麦积山不及莫高窟多，可从廊顶见到一些，"尽七窟之长，分三大段，完全绘以佛经故事"（出李丁龙《麦积石窟艺术》），显现西魏和北周风格，或为所遗旧制。如今仰观这些精绘人物、殿阁、车马的藻井画，已不复完整。

万佛堂在西崖，规模是如何的大，可看五代人撰《玉堂闲话》："由西阁悬梯而上，其间千房万室，缘空蹑虚，登之者不敢回顾。将及绝顶，有万菩萨堂，凿石而成，广古今之大殿，其雕梁画栱，绣栋云楣，并就石而成。万躯菩萨，列于一堂。"《玉堂闲话》今已不易见，仅从《太平广记》中约略得其片影。万佛，是述佛躯之多，四壁影塑，高未盈尺，自北魏留到如今的，十不及一，大约是盗剥多于风化。唯墙角残余的一片，但昔年满壁佛塑的灿烂却是可以凭此想象得来的。迎窟门而立的接引佛，唐塑宋修（一说宋塑明妆），形，丰腴端丽；神，温婉宁静，像是比照生活中的雍容妇人塑出的，总之是非常的生动。它尤其强调细部的处理，如那修长腴润的手指，微曲着，真有一种隐约的触觉感。我很赞同麦积山导游小姐的形容："如同盛开的兰花。"以此宝手，接引众生，此之谓也。这尊佛，少神秘感，多人情味，且明显地趋向于女性化，流溢娴雅柔媚之气。唐宋之塑，更接近于现世中人。眉目间的欣喜或忧怨，折射出微妙的心理状态。泥质的材料真像是变为轻软的丝帛，飘举于风中。流畅的衣褶下起伏着躯体柔润的曲线，似可透见鲜活的血肉。这里的接引佛和相依偎的那些眉目低垂、眼光向下、唇角充盈笑意的菩萨，特别能唤起我对晋祠里那些美丽宋塑的回忆。

堂内诸龛，多石刻造像，由大而小地各显姿态。这在麦积山的稠众佛像中并不普遍，故要别领一种风气，只是有些风化特甚，我们无缘再看。表情颇好的是那尊身在一旁的小沙弥，眉眼间含着纯稚的生趣，深陷的嘴角浮着一缕天真的笑意，已这样会心地笑了千百年，就不免惹人独爱。王朝闻先生曾谓："如果说有名的龙门古阳洞佛像的外形还显得过于清癯，那么，麦积山'碑洞'右侧的小佛像具备了柔和、圆润、丰满的特色。以面部而论，虽然面型和眉眼都是修长的，基本上是北魏末期流行的风格，在一定的光线和角度上看，那种微笑的神气，显得婉美动人。这些佛或菩萨像，透露出过渡向隋、唐艺术风格的端绪。"小沙弥虽未成佛，但于众像之外更添别样精神，升入王先生所夸赞的这一类造像行列，也是可能的。由这种造像小品广推，述及一山众佛，是佛气淡而人情浓。虽然也还有环以佛身的背光、莲座、龛窟在，弥陀的定印、弥勒的交脚和须式也不可能除去，但这些佛像的仪则实在只限于外表的装点，是"人间性的真实感超过了宗教性的神秘感，民族的典型形象和神态，替代了印度宗教人物的形象和神态"（出史岩《麦积山石窟北朝雕塑的两大风格体系及其流布情况》）。这类风格特征承袭汉晋石刻艺术传统，至晚在北朝后期就已形成了。

　　万佛堂别称碑洞，是因为这里尚存西魏、北周造像碑，其中几块所雕贤劫千佛，细密如钉，也在充当万佛之数中相当的一部分。

　　古碑，完整者为数十八块，以第十号、第十一号和第十六号三尊最为名贵难得，分述其详，我图省力，也为更权威，还是旁引专门家的话。常任侠先生《甘肃麦积山石窟艺术》："第十号碑雕刻佛传故事，把释迦牟尼的生平，择要的用画面表现出来。从燃灯受记、乘象入胎、树下诞生，到九龙灌顶、剃度、降魔、说法和涅槃，共刻成八个画面，成为一套连续性的故事画。因为故事不同，处理的手法也不同，所占的面积也不同。画面匀称和谐，轻重疏密，毫不板滞。在乘象入胎这一画面上，象作奔跑的姿势，扬起长鼻，张开四足，表现出奔驰的迅速；而且象背座上飘起两条带子，不仅为了装饰上的美，也为了增加飞奔的动力。从这一匹象上，就可以看出我们一千五百年前的艺术家的巧妙技法，如何把静止的画面，变成为活的生动的景象。在佛涅槃的画面上，佛卧着，弟子在背后围绕着，个个表现出不同的情绪，有的悲怆，有的惊惶，有的祈祷，有的留恋。从这样的构图表现上，使人忽然想到，比这迟了一千多年的、达·芬奇的那张名作《最后的晚餐》，深刻地表现出复杂交织的情绪，真有异曲同工之妙。"

"在第十一号碑上部，中座佛像，衣褶柔和。两侧有两组四个飞天，持花供养，身与膝部曲折相应，构成最美的线条。"

再及第十六号碑，以刘开渠先生的眼看，则是："我认为是北朝时代最好的作品之一。在一个轻罗帐下，坐着三个菩萨；这不是神，是三个身着软缎长裙，露胸的妇女，在面对面的相互倾谈心事。她们动作雅致，身段秀丽，衣纹犹如春波微荡。帐外两上方，从龙嘴下挂的两串缨穗香囊，刻法简洁，圆润，如似新鲜的小萝卜，十分可爱。整个浮刻的高低是支配得如此之妙，不管光线从哪边照过来，都让人像面对着一朵清晨中的玫瑰花。"佛界故事虽远人身而存在于另外的一端，却极能撩惹观赏者做种种幸福和美妙的遐想，在惊奇的叹息中，感受着难以言喻的兴奋和冲动，与常、刘之说正合。

洞窟近二百，造像七千数，加之以六朝壁画、碑刻题记，我没能全看，却也能够得到相当的满足。这感觉，以我不很少的佛窟之游看，是在云冈、龙门和莫高三窟就曾经有过的。也止于情绪性的获得，佛门的学问大，不像常人三餐一睡那样简单。故我也就效陶翁渊明，走不求甚解之路。

四大石窟，显示着古典雕塑的魅力，又是各有作风。那么，麦积山的优长是什么呢？自问过后，还真从他人那里找来个结论。冯国瑞先生是天水人，对陇原文物可谓详熟，言："麦积山石窟所存在的历史意义，是相当重大，无疑是起了东修云冈、龙门，西建莫高一定的示范作用和摹仿影响。"若再细论，则敦煌是造在沙漠里的历代壁画的大画馆，麦积山是耸于森林中的历代的一个大雕塑馆。至少，在我们的感觉里是可以如此说的。拉名家，刘开渠先生早就表示过相一致的看法。

或谓"有龛皆是佛，无壁不飞天"，却是多掩在洞窟崖阁深处了。抬眼可望的，是紧依峭岩的摩崖大佛，悲喜已不随眼前风雨变，气派态度，可同云冈的那几尊相比拟。俯瞰云物入眼，真也是身在"青云之半"了。此时，最宜飘来一天烟雨，让那一脸含情的笑容愈显朦胧。依常理，岁月无情而逝者如斯，较之于佛，人之在世，更如轻尘栖弱草，但生不满百的我们总还是心怀希望，这希望含有对遗产的珍爱，像是也关乎个人之微，仍是上面说过的，近于寻梦，以免美好的种种断灭，就是，山石能够不朽，使得佛陀的微笑成为永远。

须弥山石窟

　　须弥，是宝山，原本佛家语，返僧为俗，在我们常人看，这宝，应该是中古时期就开始雕刻在这片山里的众多佛像。

　　我是迎晚秋之阳而来，人，已少，漫山只晃动三五身影，眉目温静的诸佛反而成为可以交流心之声的朋友。这交流当然只能是默视。相为问答，也是无言。先民挥动斧凿赋予诸佛以近于人的形貌，却无力给予精神的滋养，全凭朝山者用自己的一双眼看出石质之躯上的感情。诸佛到底是老了，北魏造像是最初的一批，已经老得没了面目。以苦身修行为要义的佛传故事雕刻尽在岁月中风化，难见释迦"弃尊纲而就卑辱，舍壮观而安僻陋，弃华丽而服朴素，厌浓鲜而甘淡薄"的经历了。幽暗的洞窟里，中心塔柱虽然还在支撑，却如瘦尽的老竹，再也难有碧叶葱茏其上了。

　　北魏兴佛，都平城（今山西大同），迁洛阳以至晚期随东魏移京邺都（今河北临漳），不计太武帝的那次灭法，均走奉佛尊僧的路子。译经之事不绝，筑刹兼立塔，继之以凿窟造像，僧尼的数目当然也不会少。从口念"阿弥陀佛"的小民到谈空说寂的士大夫，由东汉明帝时初兴的中土佛教，至此像是极一时之盛了。武周之云冈石窟、伊阙之龙门石窟，乃至泾川之南石窟、庆阳之北石窟、庄浪之云崖寺、华亭之石拱寺、武山之拉梢寺、安西之榆林窟，皆起自这一时期。太原之天龙山、敦煌之莫高窟、永靖之炳灵寺、天水之麦积山和仙人崖，不乏其数的窟龛造像，北魏代有经营。

僧寺在北魏颇多，盛时，洛阳表里，凡一千余。杨衒之所著《洛阳伽蓝记》述其大略。如谓"去京师百里，已遥见之"的永宁寺："殚土木之功，穷造型之巧。佛事精妙，不可思议。绣柱金铺，骇人心目。至于高风永夜，宝铎和鸣，铿锵之声，闻及十余里。"寺内诸佛已多得挤不下，只好远走深山，落户安家。好处是不闻市井之声，心悦山清水秀，如逢欢喜日。

北周命短，造像却久有流传。须弥山中，这时期的佛像堂皇地居其一部分。当先的，是相国寺里的坐佛和菩萨，圆胖脸，长眉细目，有一种不好形容的宁静感，似乎瞧不出什么神气。武帝灭佛的悲苦是无处端详了。

南朝造像之风也颇盛，在我看，如北朝这般用大力开山造像，未之有也，至少是力不能及。为文，"江左宫商发越，贵于清绮；河朔辞义贞刚，重乎气质"，造像，也是南北各树风格。经隋及唐，摩崖风气未见衰也，造龛，不单是变北朝的平面方形中心塔柱窟为方形穹隆顶窟，佛像也多人间烟火气。须弥山诸佛中的天字第一号，即是唐代作品，不饰金妆也庄严。只是这庄严的深处，也隐含一丝温婉。人神二气是相融合了。这尊第五窟的弥勒大佛（或曰释迦，可备一说），远视负雪六盘群山，近临四口水库之水，坐如一座山，得般若之境，可同伊水之滨的奉先寺卢舍那佛相伯仲。我站在它身前，只觉得大，望洋向若而叹的同时，犹能移人气质。然大，也始于工匠的手中之凿，便知道人是可以创造另一种神话的。

编号为"五"的这座洞窟，依山凿为马蹄形，昔年曾有密檐楼阁，推想形制应该同云冈的第五窟、泾川的王母宫石窟、莫高窟的九层楼接近，故壁上"大佛楼"三字至今还在，禅窟也便犹如巍峨宫殿。

窟前香炉，积了厚厚的灰，远近礼佛之人真要跪拜吗？

赭红色崖壁间，斜逸出野树，如一片绿色的云。

沿桃花沟，可达山深处。若逢阳春日，满山野桃花极美丽，望过去一片锦绣。秋暮的今日，唯松枝不凋，杂以白雪，别饶情趣。这一带的窟室，横列几重，多为空洞，至多是几具残躯在黑暗中默立，貌若幽囚。神仙一路也无力驾轻云而游天，去寻逍遥。真如附近的一副联语："法相须弥坐弹指，千秋过时空本无。"

圆光寺与须弥石窟相始终，至今仍有规模。楼，两层，自掩洞窟于其后。石胎造像的面目还清晰，为唐代雕造，元代重妆。空荡的寺院，只一位打更老汉，朝夕所伴是一条白狗。虽有声声狂吠自寺中飞出，未免也是难挨的寂寞。但在佛家或山栖谷饮的隐士看，移住林泉，追求淡泊安乐，是灭苦之道。常人接受这套生活哲学，不容易，更难于实行。然做静夜之思，不避孤寂而远离尘俗，旦暮与山中之佛相往还，也能莫逆于心。

一步跨出山门，我回望那方漆板金书的寺匾久久，仿佛有所领悟。那道直上的层阶，也如通往禅境的路。

其时落日正红，诸峰峦赭色愈深，绿琉璃窟檐各抱其势，蔚成楼观之胜。夫昔日竭人之力，镌凿山骨，全凭一片心。

须弥山，应当耸在云雾间。

响堂山石窟

　　北齐文宣帝高洋崇佛灭道，往来邺（城）晋（阳）道上，在政治中心和军事中心之间，填补他精神世界的，是佛。鲜卑族自大兴安岭起家，从游牧的北荒而南下。北魏开云冈、伊阙，刻佛陀。高洋本为汉人，却以鲜卑自居，南人筑寺、北人开窟，到了他身上，流风不绝。邺城四千大寺、八万僧尼，气象宏盛，魏时洛阳永宁寺，虽有千余僧房楼观，也要等而下之。仰望太行，高洋又看中冀南和村镇东南的鼓山。峰凝翠霭，林麓的碧色映着他的眼睛，清秀幽美的净土世界仿佛就在这里了，遂命凿窟、立寺、造像，以供驻跸时礼拜。鲜卑骑伍，暴戾残虐，勇健刚猛而性善野战，军麾西指，攻取北凉，铁骑东驰，殄灭北燕，大河之朔的五胡十六国乱局终归北魏一统。渤海高氏以鲜卑习俗立齐国，一面掠袭北境边塞旧族，征柔然、讨匈奴、伐突厥、破敕勒、攻契丹，一面和宇文泰的西魏、萧衍的梁国为敌，虽如此，苦击而多杀的凶野之气，暂时要被神的力量收束，在享受天堂的欢乐中，寻求心灵的安宁，并且保持对于佛陀的畏惮敬服，也实证了宗教在征服者内心的意义。魏国的倡佛（魏太武帝灭佛在此不论）是怎样的隆盛，北齐的势焰更是怎样的炽烈，也不必我再来记述。

游山的身影隐入岩扉石径、云林烟岫间，松柏覆着的峰岭已迎着我了，虽还望不到幽深洞室里的坐佛，我的目光却和它接上了。窟口一律向西开着，改变它的力量一直没有出现，这样的姿势保持了十几个世纪，圆满完成了信念的坚守。佛在洞中安身，树不敢长在这里，躲到一旁去了。四围山岭一片茂绿，只有这里的石崖又秃又硬，仿若佛陀无感的表情。

响堂山是释迦的宫殿，雄宏的结构展开巨大的诱惑。这横屹于冀南的岩崖深处，隐藏着一座安详的王国。信仰与虔诚合成的外力，劲实地击穿它坚硬的躯架，让石体在錾锋下渐渐显出菩萨慈悲的眉目。徒众的感觉里，佛的存在增加了山的海拔，太行也昂起高傲的头颅，如唱诵充荡拙壮之风的北歌。若拿它的豪健之气去比古邺曹魏故都的建安风骨，真叫我不知怎样去说，并且觉得我的一篇新文字要在这里出来，虽然未必写得就行。以人生、自然和历史为题材做文章，自认是我的短处，写差了，等于把别一种无聊添在看客心上，怕是比搁笔而叹还不如。

"昔年宝刹开初地，几处花龛在碧空。"唐人真是吟得好。现今，王气已残，梵呗也叫时间带远了，留下残旧的石窟依然于一片悄寂中顽强地固守着庄严的秩序。丛树的翠影被风摇舞，仿佛漫天飞落的花雨，诱唤我进入它的内部，在一个陌生的国度徜徉。整座山在轰鸣。

石的纹理具有骨骼的硬度，支撑着庞大的崖体，而贴紧菩萨丰腴身子的衣纹，又柔软得可触。对于艺术的讲究，足供今人仿习，虽然艺术的力量始终服从于宗教的强势。千年之后，我所感叹者，是工匠未冷的指温。石刻、泥塑、彩画，繁丽的佛教艺术，皆导源于凉州。这些工匠，是从张掖流徙而来的吧。北凉故地，曾经有过宗教的繁华，崇宏雄大的绀坊，使祁连山下的苍茫大漠普照万丈佛光。他们跋涉的脚迹，遗落在敦煌的鸣沙山、天水的麦积山、永靖的积石山，遗落在大同的武周山、洛阳的龙门山。他们远离人们的视线，满怀虔诚地走进幽深的一隅，面对夕阳映照的峭崖、风沙狂卷的戈壁、流云穿度的林麓，击出清脆的錾声，莫高窟、榆林窟、炳灵寺、云冈窟、伊阙窟的石雕、泥塑、壁画诞生了。在冀南之地，响堂晚钟应和麦积烟雨同一壮概。劳动者只是完成一项工程、一件艺术品，唯愿把情怀在禅枝莲花、山花蕉叶和忍冬纹等刻饰上寄托。他们无意凭借佛躯延伸自己的生命，不像拜服于神佛脚下的统治者，礼佛的根由是为了自家江山得到佑护，或是寻求逃离精神的困境。窟龛犹如心中巨大的命符，或说佛像就是帝王的化身。云冈昙曜五窟诸佛，即以道武、明元、太武、景穆、文成五世魏帝为粉本。故此，征敛的财帛不用来建造大庇天下寒士的庐舍，而用以修筑供菩萨栖身的窟寺，靡费巨资而不吝，实在是替自己营构灵魂的憩所。菩萨的弯眉细目间藏不住人世的暖意。庞然的佛躯，到底还是财富的堆积、权力的物化。千年之后，没有谁知道芸芸工匠的下落。血肉之身存世的时间是短暂的，无生命的造像却能够长久。历史的记忆永留在崖刻、佛寺、宫观、楼台上面。

　　佛像的雕造最重形式感，石窟寺的空间为体量超大的佛身占据，不可亲近性使它保持着同现世的距离。被创造出来的一刻，就获得永恒的姿态，容貌更不会在年轻与苍老之间进行转换。佛相几乎一律，只在消瘦与丰满之间求些变化。至于手印的不同，怕只有细心的佛弟子才会注意到，才会从中领受无量的光明、神通与功德。大佛洞石坛上的释迦牟尼，神情如故，平和、温良，目光里没有尖锐、强硬，是一种躲过人间喧嚣的自在。洞口上方的明窗让阳光透射进来，给佛面添了些生动，在礼祭者看去，实在是颇庄严的。佛的衣饰不怕风化，纹线依然跳动，佛的冠服不怕残褪，色彩依然燃烧。在佛窟上面，古人表现了自己的审美观念和技术理性。中国佛教装饰艺术，最先在石窟运用，开端便在此期。农业文明主导的社会环境中，植物充当起人同自然之间的维系物，古人的咏花诗总是那么一往情深。花不只在纸上留香，还要在香界开放。你看，缠着廊檐的是莲，绕着柱础的是莲，裹着宝珠的是莲，覆着门楣的还是莲。飞动的图纹，仍然向今世传达着古老的信息。叶瓣柔软地贴着我们的心，幽淡的花香把我们沁得仿佛在梦里低回。呵，在鲜卑人的感觉中，佛就是圣洁、吉祥的莲花！被战马载着闯过烽火岁月的民族，又渴望在莲香中祈求国运的无忧。我的感叹也来了，占据思维世界的，是朝代的兴废史，充满视感的，是窟上花卉的纹饰。圆盘状的莲蓬，饱满、丰盈、结实；莲瓣向外放射着，太阳般温暖。花形的雍容华美，强化了宗教的神圣意味，使粗简的石窟也仿似雄丽的宫殿。莫说体大的建筑，连精巧的织锦、铜镜、瓷器，也被这种叫作宝相花的图案装饰得如同上帝的设计。

岩窟里的空气一点也不波动，失去任何声响。为玄妙感占据的古洞，幽邃得像是无底。中心塔柱，三面坐着佛，静得仿佛熟眠。阳光照不亮眉眼，只能辨着模糊的轮廓。四壁的塔形列龛更显其幽，前壁的帝后礼佛图，我能够放情想象艺术的华美，曼妙的刻纹却一丝也辨不清，真是枉对这工巧的浮雕。方柱的尽端靠近窟顶的地方，凿了一排小龛，中间无佛可供的一个，据传置放着执东魏之政十六年的神武帝高欢的遗骨。《武安县志》"东魏高澄虚葬其父高欢于漳水之西，潜凿鼓山石窟佛顶之旁为穴，纳其枢而塞之"一段，可证它的来历。这位鲜卑化的汉人，葬式也求异俗。东晋列国和南北朝的历史，在我原本就搅成总难辨清的一片，重述其详，目下却还未能。记起明人一联诗："遗德至今无可诵，樵苏犹自说高欢。"字句暗含深味。岂止肉身之人，古邺的高齐遗阙也早成灰，全无寻处。举头朝幽暗的洞龛望望，似乎看到了一抹历史的实影。

北魏匠师开凿武周山，变苍古的石崖为巨壮的佛身，尚无造像题记刻上去。到了龙门山，镂龛以外，铭记文字始镌于壁。古阳洞的《龙门二十品》为其代表。北齐也承刻经之风，响堂山南堂里外，端整的崖面，布满细密经文，北朝篆隶两体相杂的局面，在此可说见到了实物。主持刻写者是齐骠骑大将军、尚书令、晋昌都郡开国公唐邕。细看北岩一方摩崖，入眼的《唐邕写经碑》，叙述鼓山开窟端由较详。《维摩诘经》《弥勒成佛经》……皇皇释典，皆在笔画间。书写上，楷书兼以秦篆汉隶意味，放到书法史中看，颇富承古开新的意义，秀异超世当是无疑的。施蛰存曾有一节话说："很奇怪，一到北齐，书法就出现了变化。北齐字体与北魏大有不同，可以说是用魏隶的方笔来写楷书。但是还保存一些汉隶的分法。我以为北魏的书法是庄重古朴，北齐的书法则为妩媚秀逸。"这满壁的字，支撑着千古的佛山，在书法史上流芳。我心里没有碑版的学问，腕底也无书丹的技法，更不知勒石的手段，枯对这北碑的重宝，不胜愧汗。只能借古人之诗空寄一点感慨："碎壁冢文燃烛识，恍然百代笑谈中。""南北朝时期，佛学在中国思想界起了开拓的作用"，史学家这样评说。落着书写人姓名的法书，我虽不能含咀它的深味，至少也获得寻绎的满足，并且要在这文化遗产前起敬。

不只书法，从朝代的分期看去，审美观念的变化也在衣饰的纹样里。北魏佛，面瘦、颈长、肩宽，"秀骨清像"四字我们虽然听得多了，实际的所见却少得决不敢夸口。北齐造像，若说对前代有什么改变，则是趋向圆腴，减了几分枯味，添了几分活意。本尊佛前的二胁侍菩萨，已初显新异，守门的力士更不消说，纵使残损了头颅，亦不觉得僵死，身子微倾，腰部轻扭，柔顺的衣缕飘垂，圆润的断颈绕着一串精雕的璎珞，像一个世间人真的挨过来，似乎还溢着幽幽的体香，虽不及唐塑丰肥，细腰斜躯的模样却奠了隋唐造像之基，表现着审美取向上过渡的痕迹。印度犍陀罗风格影响着中国早期的造像艺术，佛服以"偏袒右肩式"或者"通肩式"为常见，后期则易作"冕服式"，朝着汉化的方向变去。早期的飞天，肥短粗实，后期把身形拉长，肩削，体修，衣带飘逸，不拘于真实人体而做着大胆的艺术变形。我朝释迦佛的背光看去，一尊飞天正在那里，带些残色，形象也模糊不清，造型和北凉人留在张掖金塔寺窟的肉雕飞天确有一些相像。伎乐神从西北翩翩飘临，在禅窟中做最后的舞蹈。建筑装饰史的演进过程，正由这种接续与更替构成。

北南二堂的究竟，草草看了大略。中堂"释迦洞"的里面似乎敞亮些。窟龛外凿三间四柱的前廊，门楣雕仿木构瓦顶，比起莫高窟佛阁的气派，具体而微。覆莲、大叶忍冬和火焰纹围饰着，把帷幕大龛里端坐的佛祖衬得无可形容了。

常乐寺的红墙里伸出八角九级的楼阁式砖塔，一遇灰白的雾，峭耸的姿影就朦胧了，也就愈加衬出它的遗墟旧基的古。山僧远去，佛坛早空，石台上的殿堂也无。断碑、残础、散木、荒草、寒烟、斜阳，牵留千载余情。目送飞鸿，口咏歌诗，可惜造庙的北齐故人听不到了，不禁怅叹。

赵 州 桥

上推千几百年，赵县是呼为赵州的。

隋代匠师李春在城南的洨河上造出一座桥，百姓叫它大石桥。风雅的文人，多以"安济桥"为题来咏它。到了我这里，只知"赵州桥"之名，是自小从语文课上学来的。

当地的不少好东西，都附着"赵州"两个字。

水大的时候，洨河上可以行船。夏秋的河面，船帆移过岸边的柳梢，田里的小孩子追着跑，真是一幅好景。一天下来，过多少船，他们数在心里。帆影如轻疾的云，翩翩朝天上飘，把美丽的想象捎到远处去。野花丛中的蝴蝶，飞不了这么高。

眼下的河槽，不瘦，满是水。水面却低，流势缓得很，失去速度感，平静如一面镜子。风不来时，潺潺的水声、泱泱的浪涛实难光顾，临水照影倒是再好没有。刮风了，悦乐的歌子是奔淌的河水唱出来的，不知倦。这自由的声音，汇入大自然的清籁。

最耐看的还数赵州桥。十几丈长的桥身临河一卧，逸宕的大弧线透出骨力，像是绷紧的弓。两端被坡岸抵住，券基坚牢，河心不立桥墩也无妨。跨径宽，荡起的弧线带着动感，明澈的水光又浮闪上来，真是"众里盈盈好身段"。桥形之美，最是中间那个大拱，隆着的姿影，到了水底也不叫涟漪搅破，上下一接，凑成一个静稳的椭圆。水上水下，一实一虚。实的被艳阳耀着，虚的被碧水浸着。还有，河床是直线，桥背是弯线，互配起来，虽则没有繁复的重叠与交错，可这简净真够意味，它使水景颇不单调，亦构成了画面。怀梦的人倚着岸，足能瞧上半天。

个头儿这么大的砂石建筑，横在河上，不显得沉重。它是轻盈的，灵动的。这种桥式，是李春测计出来的，所费苦心自是不消说。他一定沿着洨河勘察了很久，寻访过许多人家，弄懂赵州平原的水文与气象。我脚下的泥土，兴许是他当初踩过的。我甚至能够想出他走累了，停住步，蹲在荒坡上歇息的样子。田埂、麦垛、草堆、农舍、炊烟，潆洄的洨河、巍峨的太行山，让他浸在乡情里。岸边聚着待渡的人，他们一边迈上尖细的舟楫，一边望着空荡荡的河面，只恨缺了桥。数度风晨雨夕，一座桥的形状渐渐在李春脑子里浮了出来。我从前以为这个单孔桥洞是半圆拱。不是的。它是个圆弧拱。圆弧拱比半圆拱的弧度小，拱顶矮了不少，桥面坡缓，过人过车，省力。桥很强固，天闹涝害，河水暴涨也不怕，大拱之上叠着小拱呢！小拱四个，各在桥的两端。造为五孔，水从此间泻过去，够用了。受力又匀，大水扑来，桥身纹丝不动。

中国建筑在外形上的讲究固然为世人注意，而其结构上的价值更应引起重视。赵州桥在外形和结构两方面，都可在世界桥梁史上称绝。林徽因说"一座完善的建筑，必须具有三个要素：适用，坚固，美观"。这三个要素，在赵州桥皆可找见。

我看到的赵州桥，不老旧。铺设的桥面，砌置的券壁，雕饰着龙、兽、花、竹的楯板和望柱，去不掉几十年前翻修的痕迹。真是"焕然一新"。一篇文章里说：梁思成深以为憾。一个建筑的身上，总是带着时代与环境的影子，无论营造还是补葺。赵州桥，原始面目虽伤了些，秀整的轮廓还是在的。

昔年，梁思成来这里瞅见一座关帝阁。我上桥，过到水的那一边。抬眼，它果然矗在桥的南端。双层楼台，东西设梯，几步登顶，俯览桥面又得一个好角度。为这，游人都爱上去扫几眼。这个阁已不是当年的了。原先的关帝阁，骑街而建，门洞敞开，桥上来的人，打这儿一过，就进了前头的大石桥村。村里有他们的家或朋友，老远能闻到饭香，听见笑语。复建的关帝阁，好像没留门洞，无可通贯。殿里倒是供着关圣帝君，施了彩，架子端得很足。花棂明窗透进光，落在关老爷浓髯的脸上，添了几分忠勇气。不知为什么偏要加上衮袍冕旒，有了这身打扮，武圣成了一尊乡间神。

关羽跟赵州桥有什么关系呢？在此处，可敬之主应当是李春。李春的材料，不好找，连他的生卒年月也说不清，光剩下一个名字。对于这样一位事功卓异的人，岂不可叹！悠悠桥下水，理会世间的情感吗？

桥头的喇叭不闲，播着一出民间歌舞戏——《小放牛》。村姑和牧童的对唱，总是那么欢快。里面唱到了赵州桥。鲁班爷修桥、张果老骑驴、柴王爷推车……唱词一声一声地响，全是传说。听得入神，曲子断了，心还热着。

张嘉贞是唐朝宰辅，曾作《赵州桥铭》，劈头一句"制造奇特，人不知其所以为"，极尽揄扬。这篇铭，勒石，立于桥旁。站在时间里的碑铭，脉脉颂美，依稀透出钦敬的神情。洋人也看上了赵州桥。这个洋人，是李约瑟。李约瑟大概没有来过赵州桥，可在《中国科学技术史》里写到了它。一个乡间的匠师、一座乡间的石桥，古和今、中国与世界，因其而相连。

李春把骄傲的印记刻在家乡的桥上。他的身边，不离两位石工：李通和李膺。李春建桥，多亏有这二位鼎助。他俩应该被一同记住。

赵州三李，将生命融进亲手筑造的桥。

弘 济 桥

这座桥，弓形，架在滏阳河上，自有一种谦恭姿态。石板铺成的桥面，硬度似还不够，轮碾脚踩，遍是痕。单拱形桥身映进河里的那一弯，又好似美人入鬓的斜眉，带出一抹艳媚的风情。纵使挂一点残迹，风霜总也摧不尽姣好的姿态。岁岁年年的过桥人，脚底留下的该是心情的重量。

思情一浓，踏上桥头的我，心就给牵住了。便是眼不见二十四桥幽凉的明月，耳不闻玉人凄婉的箫声，也要倚栏凝想。我也想此刻有人伴于身侧，得尝庄子与惠子游于濠梁之上的深趣，纵使不辩鱼之乐，看看东流之水也好。

说起这桥，年深代久，可是拿它和同省的赵州桥比，就等而下之了。况且赵州和尚的履迹如果不到，遍覆大千的赵州门风更是疏矣哉。桥龄不及赵州桥高，典故也不及曾印寿陵少年足痕的学步桥多，身价却不会叫人看轻。你瞧栏板上的石雕，又是狮子又是麒麟，配着石榴蜜桃，还让武松八仙也凑上去，手艺比起曲阳匠人的活儿，一丝儿也不差。那个细心劲儿，好像在绣花。古代石匠把生活情趣刻在桥上了，给平淡的日子添一点浪漫诗意。轻抚着风雨磨蚀的雕刻，我觉不出冷硬，却感到了一点温度。镌饰灵魂最能延续生命的长度，先人用工艺语汇传递这个道理。这种内心的精致我是怎样接受的？真也说不清。

桥形的静中之动、筑工的拙中之巧，只有术业有专攻者方可道出。由物及心才是我下笔的理由，看桥，实在是遥想胼手胝足的工匠的身影。后人的品德文章，仰赖劳有功者创下的根基。可是在这样的古桥面前，又不免怀疑语言的力量。物象的艺术美，一碰字词，就要朦胧竟至苍白，反不如绘画与摄影的手段好。

桥身大而沉，滏阳河反被衬得细瘦了。就算水不枯，到底是顺着旧河道浅浅地流，承不住它。洪波涌起的壮势虽说能配得起桥的气派，可是农妇出村舍，临水而难浣洗，捣衣笑乐的田家光景还能寄于咏唱吗？就不能知道了。

我在兴凯湖边长大。朝夕守着一片大水。没有桥，也用不着在水上造桥，因为渡水全靠舟楫。我们那里，桥和水不一定相关，可是这并不影响我对于桥的想象。一个临水舞棹的青年，心里怀着单纯的意绪，很诗意，也就很美。我那时还诵不出"荒桥断浦，柳荫撑出扁舟小"（宋·张炎《南浦·春水》）、"杨柳又如丝，驿桥春雨时"（唐·温庭筠《菩萨蛮》）这样的旧句，也没有这番婉约情怀，却隐隐地对云树烟柳、荒江野桥的画境有一点浮想。俯仰湖天，也能让澄碧波心漾着的一弯冷月把神思带远。其时最是想家思亲，"年年伤别，灞桥风雪"的情感之怵，早就化作心底之泪。就地理空间说，有了桥，两岸人家不必隔水问渡；心理空间呢？很多时候，桥只怕无可为力。

逢着仲秋的午后，默伫弘济桥头，其上不见人，其下不见船，古桥为之空旷。尘飞人远，总会感到寂寞吧。好在燕赵之士性本放达，古来曾咏多少慷慨悲歌。就让一丝清愁随桥下波流而去吧。

学 步 桥

　　一座石桥，跨沁河之上。芦荻舞风，芰荷弄影，水面散浮红蓼青萍，被晚风吹得于夕阳下一闪一闪。夹岸杨柳依依情，紫山雾里连绵。

　　仿佛旧日里站在北京鼓楼下的银锭桥远望西山一抹碧痕的感觉。这时，最好从天上飘落几丝微雨，疏影如淡墨，疑是从古典诗词中走出的意境了。

　　一角好风景。

　　学步桥不是建筑史上的名桥，是千百年前的那位寿陵少年为邯城添一段故事。庄子把这个意味深长的典故记录下来，引人发笑之余，是对读书之道的教训语。

　　桥栏雕刻人物，有情节，多为口耳相传的民间故事。桥枕清流，将隔岸的北关街和城内中街连通，沿岸人家尽可于柳荫下享受郁达夫营造的"门对长桥，窗临远阜"那样的氛围了。只叹这里不是江南的渔梁渡头，亦无野寺悠扬的晚钟。但毕竟有山有水，搭配又好，尚不缺少中国画里疏散淋漓的逸韵。望着，可以叫人的心里飘起缕说不出的闲情，却不会无聊。

　　南北街口计四幅瓷砖壁画，题材亦是胡服骑射、邯郸学步、完璧归赵和负荆请罪等燕赵故实，放在这里，谁都会觉得亲切。

桥头"学步桥"石碑和"邯郸学步"人物雕像，除点题的作用外，大约是专为游人照相用的。咔嚓一响，就意味着领略了它。石像雕得很细腻，形神和姿态都很好。我只从《庄子·秋水》里读到很概括的几句："且子独不闻夫寿陵余子之学行于邯郸与？未得国能，又失其故行矣，直匍匐而归矣。"细节的描写却没有，因而想象不出邯郸人迈出的步子究竟是个什么样儿，有什么特别的高明。快哉？美哉？寿陵，燕之邑；邯郸，赵之都，并不是天涯之距，能相差到哪儿去？终究是一则寓言，要紧的是字面背后故意不挑明的话。忽然悟到了，会让人的心情大不一样。

有一位叫李光远的明代诗人，邯郸籍，为学步桥吟七律："学步邯郸未可非，寿陵余子古来稀。百川学海终成海，一钵传衣始得衣。西子捧心原暧昧，南车指路自光辉。国能未得无坚志，莫怪当年匍匐归！"诗者对学步的故事另有一番机杼。他对寿陵少年勇于学习他人长处的精神是嘉许的。匍匐归者，怪其心未坚，而教步的邯郸人责任尽得怎样？我看蔡志忠漫画里的寿陵少年形象，并无好讥好笑的地方，去拜异国之师以习人之生存中最起码的本领，庶几乎失步于他乡而为天下笑，倒也很可贵呢！这同庄子的另一则寓言《东施效颦》，应当区别。

李光远道常人所未道，他走出了自己的步子，不俗！

满桥好绿一片柳。

洛 阳 桥

桥，古来入得诗词。唐郑谷："和烟和雨遮敷水，映竹映村连灞桥。"宋晏小山："梦魂惯得无拘检，又踏杨花过谢桥。"一实一虚，都在纸上。终始灞浐，出入泾渭，相别的士女动了离情，折去桥头多少柳枝；而谢桥何处去觅？离了这首《鹧鸪天》，寻遍南北，只怕也无。

此时北国的寒空已降着疏疏的雪了，八闽临海的一边，入了冬也少受朔方的苦寒。刺桐、紫荆、木棉，不待春来，花瓣先红上枝头。默望，心里倒像有几分暖意似的。

走泉（州）惠（安）道上，过洛阳江，看了其上的宋桥。被桥头古榕衬着的这位，应是蔡襄了。峨冠宽袍，丰颐长髯，舒眉朗目间透着端肃的神仪，伟像也。江宽五里，两岸村户隔水相望。我在江之东，君在江之西，人艰于往来，物艰于互通。蔡襄知泉州，跨江筑桥，人与物皆可越过水之阻而交流始畅。他在官与民之间连筑起永远的津梁。每不自持地端详，未被时光磨损的历史记忆便在心上。转目去看镇风塔内的石人，倒像随身的仆役，几炷燃去大半的残香，已淡了气味。

弃古渡舟运之劳，取舆梁车载之便，这其实又是桥梁的一般功能。洛阳桥特别的好处，一是以船筏式桥墩分水，二是种蛎于础以为固。我登临古桥的一刻，即想从上面瞧出一点痕迹来。

桥面用阔厚的长石平铺而成，似有无尽的长。其上必有无数过往足痕，年深代久也磨不穿它。人迹稀疏，只两三个汉子骑着车从我身边过去，胶轮在石面轻轻颠动。逢着落潮，南通泉州湾的江水浅下去。锐角的桥墩裸出它的原形，直迎水浪的壮景我却看不到。想着奔涛至此分流，收敛威势匆匆地去了，就要赞叹造桥者巧思中杂以的雄劲。若移在诗里，豪放的字句未及吟出先已夺魄了。细看桥墩，受着阳光的一面，晒得枯了，斑驳如苍老的皴肤；背阴处，则挂着暗苔。怎样辨识牡蛎的影子呢？我自认毫无这方面的天分。

头上虽有暖暖的太阳，到底临了三九的天气，"小径红稀，芳郊绿遍"的光景只在长短句里勾牵我们的想象。四顾一大片沙砾，漫成寂寥的荒滩，愈显得水瘦波寒，景象更觉清旷了，像要等谁在这幅淡白的画上另外加些笔墨，着意给它添一点风姿似的。近桥泊着五六条首尾宽平的渔船，舱里满堆着网。一阵风来，双棹在水面划出数丝细痕，船影摆动，于静中蓦地添出几分凄迷。虽非曹魏的洛京，移想却也正好。凝视清波，竟至"精移神骇，忽焉思散"，如见"瑰姿艳逸，仪静体闲"的宓妃浮水而舞，云髻、修眉、丹唇、皓齿、明眸、笑靥，一派幽兰芳蔼，华容婀娜。更有南湘之二妃、汉滨之游女来做游侣，飘飘的仙影在朗阔的江天闪逝。

却有两个渔女行舟江上。潮水还没有升涨，大片的江滩露着湿黑的淤泥，其间倒潴积一湾浅水。近午的日彩叫静浮的云影掩着，半露出灿亮的金缕，照在野丛点缀的浅滩，闪出一抹灰白。天边的光霭流瀑似的泻落，映着渔女头上轻飘的花巾。看她们一下一下悠然荡桨，三分豪气又非婉媚的西湖船娘可比。舱间的谈笑可惜我听不到。也不知道炉中煨着的，是喷香的八叶牡蛎还是锦鳞子鱼。那船儿朝南面的海湾缓移，牵着我的目光，远了。我还不舍这桥上的徘徊。

　　我这个出入兴凯湖的渔民，破浪的膂力虽不如昨，思情却未断灭。便是尘飞人遐，温寻旧梦，心头腾跃的犹是一棹碧涛。

　　不知怎么又忆起北方来。唉，我这萦怀的乡恋。

五 里 桥

我领受五里桥上的静旷，当海风吹送闽南的清芬。

刚在石井镇吃了一桌鱼，鲜味还留在齿颊，就北行一程，到了水井镇，把覆船山下的郑成功陵墓仰瞻一回，径奔同晋江相接的这座长桥上来。如果不是观音殿的香篆尚未成烬，不是帐帘深处的咒曲尚未消歇，只看出水的墩础、粗硬的栏杆，更有苍古的石板，也不管腾跃的涛澜，也不管喧豗的湍流，平直地前伸，从容而舒展，我要错认它作洛阳江上的古桥。

两岸野滩叫萋萋荒草半遮，天气虽好，晴光里还是袅袅地浮着淡雾，露出水乡的本色来，南面连向围头湾的入海口也就辨不很清了。

水寂寂，暂无舟楫来扰它的眠梦。风不光顾，细涟也难皱一丝。唯受着午后日光的柔抚，水面闪成一片浅晕似的淡黄，明漪里，犹依枕睡着一位褪妆的妇人，梦里秋波盈盈。

总该给这泓水一个名字，我既没有打听，也没有想好，轮到说它，笔便拖了负累般踌躇不能下。若论我彼时的直感，它的无波的静谧，则丝毫也不让金陵城里的那湾青溪，虽则秦淮的风月艳迹这里是一点不见，而云光映处，媚香楼的书室琴房、桃叶渡的灯船画舫，兼以伴醉的唱曲随逐波的残脂柔腻地逝去，终可来慰我们的幽情。

桥身这般长，目光难及它的尽头，引领我的想象抵达的地方，自然远得很了。在石桥上散漫地走着，轻拍古时的桥栏，寻不见漫漶的刻迹，稍供后人追溯的点滴，无名的筑工都没有留下。既踏着这座血汗凝铸的大桥，他们的韧筋，他们的硬骨，便抵得炎炎之语，早已替代传世的文字而不隐灭。有这铁一样的证明在，何愁追怀不至呢？缓踱着步子，低思着旧事，一程一程地移近昨天，仿佛遥眺宋时的明月升上历史的天空，朗朗地俯照。

还沉陷在缅邈的追忆里，人已站到中亭前。平展的桥面，立着这样的建筑，颇有格局。五里的桥身，至此可说东西平分，也是南安和晋江两地间分壤的标识。心里微微地起了一丝异样的感觉，很快就平复了。亭那边，数峰暗碧隐约薄霭下，峦姿的妖娆正可为丹青添色。山水必会同此妍秀，民风必会同此淳朴。他日，我或许履其地，访其古，问其俗。我也自知，这当然要期于可巧遇却不可妄求的机缘了。

桥亭不闲，所供观世音恰如闽南渔户敬奉的妈祖，替天佑民。一步迈过低槛，淡红的烛焰就先于菩萨的眉目而跳入视线。垂帘后的烛光同寻常屋宅窗下的烛光原是不相似的，何况又有渺渺的梵歌伴响呢？观音在蜡炬的微芒里浮笑，观音在蜡炬的微芒里看我，以柔婉的、温和的双眸盈闪的神色。鼎中的香烬满了，烟消前的一刻，待添续新燃的宝篆。祭烛的暖红光缕，虚灵而缥缈，招诱蒲团上跪拜的众生把心沉陷于迷境。我明白这感觉在转身离去的一瞬便幻灭了。谁人能够久依着烛影里观音的明姿躲入避世的幽隅？跨出漆色剥落的木门，便了却拖牵；况且身无俗累的我，只在菩萨闲定的眼神里体味着千古的静，萦上心间的，如酒后一层浅浅的醉。

时间不肯停留，车马行过，只我这独游人痴伫在空空的桥上，剩一些冷清在心头。呵，岁月原是柔软的，千年光阴也只给粗硬的桥面磨蚀一片浅深的乱痕，不消说我这积了半世风雨的生命，更无影迹。

又朝亭额一眼瞥去，"水心古地"这四字的由来，并且刻上匾，巧妙断非常人揣摩得透。机锋却落下迹象，借问傍桥栏而立、神貌若金刚的护桥石将军，或可得解。

浮水的清光更其澄莹了，瞧不见鱼的影儿，一圈圈漪澜却悄然荡散，联翩而来的遥想也如它一样漫衍无边。